Michael Herbatsch

Globale Energiefragen

Michael Herbatsch

Globale Energiefragen

Der Beitrag von Rohöl zur weltweiten Energieversorgung 2003 bis 2020

VDM Verlag Dr. Müller

Bibliografische Information der Deutschen Nationalbibliothek:
Die Deutsche Nationalbibliothek verzeichnet diese Publikation in der Deutschen Nationalbibliografie; detaillierte bibliografische Daten sind im Internet über http://dnb.d-nb.de abrufbar.

Copyright © 2007 VDM Verlag Dr. Müller e. K. und Lizenzgeber
Alle Rechte vorbehalten. Saarbrücken 2007
Kontakt: VDM Verlag Dr. Müller e.K., Dudweiler Landstr. 125 a,
D-66123 Saarbrücken, Telefon +49 681/9100-698, Telefax +49 681/9100-988
Email: info@vdm-verlag.de
Coverbild: copyright www.purestockx.com
Covererstellung: Marc Geber

Schaltungsdienst Lange o.H.G., Zehrensdorfer Str. 11, D-12277 Berlin
Books on Demand GmbH, Gutenbergring 53, D-22848 Norderstedt

ISBN: 978-3-8364-2476-9

Executive Summary

In dieser Arbeit wird untersucht, wie sich die globale Versorgung mit Rohöl bis zum Jahre 2020 qualitativ und quantitativ entwickeln wird. Es wird eine Prognose erstellt, die die Entwicklung auf dem Rohölmarkt in diesem Zeitraum vorhersagt. Diese Prognose zeigt, daß sich die Situation auf dem Ölmarkt bald entspannen wird, obwohl der Verbrauch von Rohöl Tag für Tag zunimmt.

Das rasante Wirtschaftswachstum in Asien und die Industrialisierungsbemühungen in der Dritten Welt werden den weltweiten Primärenergiebedarf in Kürze explodieren lassen. Laut aktuellen Prognosen soll sich die globale Nachfrage nach Energie im Zeitraum von 2003 bis 2020 nahezu verdoppeln. Auch die Nachfrage nach Erdöl — dem Stoff, der den größten Teil des globalen Energiehungers stillt — soll in derselben Zeitspanne um fast 40% wachsen.

Viele Experten befürchten daß wir in Zukunft vor allem auf Öllieferungen aus dem Persichen Golf angewiesen sein werden. Die politische Probleme dieser Region könnten dann zu massiven Lieferengpässen führen und so den Ölpreis in astronomische Höhen treiben.

Trotz dieser Ängste wird uns weder in absehbarer Zeit das Erdöl ausgehen, noch werden wir in den nächsten 15 Jahren in eine verhängnisvolle Abhängigkeit vom Mittleren Osten geraten. Denn viele Fachleute unterschätzen die Wirkung von Angebot und Nachfrage auf den Ölmarkt. Volkswirtschaftliche Mechanismen werden dafür sorgen, daß die derzeit hohen Ölpreise von 60 bis 70 US-$ je Barrel bald der Vergangenheit angehören werden: Hohe Ölpreise eröffnen die Möglichkeit, bestehende Vorkommen intensiver auszubeuten und neue — bis dato unrentable — Fördergebiete zu erschließen. Auf diese Weise gelangt neues Öl auf den Weltmarkt und läßt den Ölpreis allmählich auf ein erträgliches Niveau sinken.

Um eine zunehmende Ölabhängigkeit vom Orient zu verhindern, ist zusätzlich das Erschließen neuer Fördergebiete außerhalb dieser krisengeschüttelten Region notwendig. Nachdem neuerdings in Zentralasien und Westafrika das Ölfieber ausgebrochen ist, bieten sich diese neuen Förderregionen an, die erschöpften Vorkommen des Golfs von Mexiko und der Nordsee zu ersetzen und darüber hinaus einen großen Teil des auf uns zukommenden globalen Energiehungers zu stillen.

Der menschliche Erfindungsgeist hinterläßt auch in der Förderbranche seine Spuren: Technische Innovationen im Bereich der Ölexploration und Ölförderung sorgen dafür, daß neues Erdöl gefunden wird und neue wie bestehende Ölvorkommen besser und billiger ausgebeutet werden können. Zusätzlich wurde in den letzten Jahren auch die Herstellung von synthetischem Rohöl aus Schweröl und Ölsand weiterentwickelt, so daß diese schon heute in Kanada wirtschaftlich und im großen Stil betrieben werden kann.

Diese Entwicklungen werden dafür sorgen, daß die derzeit hohen Ölpreise ab dem Jahre 2011 allmählich auf ein Niveau von 40 bis 50 US-$ (in Preisen von 2003) sinken werden, sich an der Ölabhängigkeit vom Nahen und Mittleren Osten und damit an der Ölversorgungssicherheit der Welt bis zum Jahre 2020 nichts ändern wird und Rohöl — bei gegenwärtigem Verbrauch — mindestens bis zum Jahre 2075 verfügbar bleibt.

Inhalt

TEIL A: Probleme

TEIL B: Lösungen

TEIL C: Zusammenfassung und Ausblick

Abbildungsverzeichnis

Abkürzungsverzeichnis

BP	British Petrol
BGR	Bundesanstalt für Geowissenschaften und Rohstoffe
BIP	Bruttoinlandsprodukt
EEG	Erneuerbare Energien Gesetz
EIA	Energy Information Administration
EU	Europäische Union
GMMR-Projekt	Great Man Made River Projekts
GPS	Global Positioning System
GUS	Gemeinschaft Unabhängiger Staaten
OECD	Organization for Economic Co-Operation and Development/ Organisation für Wirtschaftliche Zusammenarbeit und Entwicklung
OPEC	Organization of Petroleum Exporting Countries
OSZE	Organisation für Sicherheit und Zusammenarbeit in Europa
PPP	Kaufkraftparität
R/P	Reichweite, Ölreserven vs. Ölproduktion
SKE	Steinkohleeinheit
TACIS	Technical Assistance for the Commonwealth of Independent States
UNO	United Nations Organisation / Vereinte Nationen
USGS	United States Geological Survey

1. Einleitung

»Energie ist die Schlüsselfrage des 21. Jahrhunderts«[1]

Energie ist ein Grundbaustein unserer Zivilisation. Wir brauchen für jede einzelne Tätigkeit Energie. Die von unserem Körper produzierte Energie entspricht etwa der einer 100 Watt Glühbirne. Schon früh in der Entwicklungsgeschichte hat sich der Mensch Energie zunutze gemacht, vor allem durch Feuer, den Einsatz von Nutztieren und Sklaven. Später lernte der Mensch seinen technischen Verstand zur Energiegewinnung einzusetzen. Er konstruierte Segel für Schiffe oder Wind- und Wassermühlen. Aber erst mit der Erfindung von Watts Dampfmaschine 1769 war es der Gesellschaft möglich der Natur große Energiemengen abzutrotzen und diese für sich nutzbar zu machen. Dampfbetriebene Maschinen rationalisierten den Ackerbau und bewirkten, daß ein großer Teil der Bevölkerung nicht mehr in der Landwirtschaft benötigt wurde. Die im Agrarsektor nicht mehr benötigten Menschen zogen in die Städte und fanden dort in den neu entstandenen Fabriken Lohn und Brot. Die Dampfmaschine legte so den Grundstock für die industrielle Revolution, die in den nachfolgenden hundert Jahren die Produktions- und Lebensweise der Gesellschaft völlig veränderte: Von einer mittelalterlichen Gesellschaft, die ihre Energie aus der Landwirtschaft bezog zu einer industriellen Gesellschaft die ihre Energie aus fossilen Brennstoffen bezieht.[2]

Unsere industrielle Gesellschaft beruht darauf, sich die in fossilen Brennstoffen enthaltenen Energie nutzbar zu machen. In den Vereinigten Staaten werden allein für die Lebensmittelversorgung 17% des Energieverbrauchs aufgewendet.[3] Erst die gewaltigen Energiemengen, die wir aus fossilen Brennstoffen gewinnen, machen eine kapitalintensive Landwirtschaft, einen hochproduktiven Industriesektor, unsere hochspezialisierte Gesellschaft und damit unseren heutigen Wohlstand möglich. Verlieren wir diese Energiebasis, wird unser Wohlstand, unsere heutige Gesellschaftsstruktur und letztendlich die heutige Lebensweise in Frage gestellt.

Wenn wir es verhindern möchten, daß unser Planet in ein vorindustrielles Stadium zurückfällt, wenn wir uns damit nicht abfinden möchten in einer ärmlichen, dezentralisierten und von Landwirtschaft dominierten Welt zu leben, wenn wir uns weiter mit Autos, Hochgeschwindigkeitszügen und Flugzeugen anstatt mit Fahrrädern und Segelschiffen

---

[1] So Francois Roussely, der Vorstandschef des französischen Energieversorgers Electricité de France in seiner Eröffnungsrede zum Weltenergiekongreß 2004 in Sydney. Vgl. Gienke, Eckart: Energiebedarf wächst dramatisch, in: Frankfurter Rundschau, 06.09.2004

[2] Vgl. Lomborg, Bjørn: Apocalypse No! Wie sich die menschlichen Grundlagen wirklich entwickeln. Lüneburg 2002, S. 145

[3] Vgl. Rifkin, Jeremy: Die H2-Revolution. Frankfurt am Main 2002, S.168

fortbewegen möchten, dann sollten wir uns schon heute Gedanken über die Energieversorgung der Zukunft machen. Denn nur wenn wir heute eine reibungslose Energieversorgung für morgen sicherstellen, können wir den Grundstein für Wirtschaftswachstum, Wohlstand und eine bessere Zukunft legen.

Fragestellung

Diese bessere Zukunft gilt aber schon heute keineswegs als sicher. Erdöl hat an der gewaltigen Energiebasis, die Tag für Tag unsere hochindustrialisierte Welt befeuert, den größten Anteil. Der weltweite Verbrauch dieser kostbaren Ressource nimmt kontinuierlich zu. Bisher konnte die Ölförderung Schritt halten und den immerwährend steigenden Ölbedarf decken.[4] Dies muß aber nicht zwangsläufig so weitergehen. Pessimisten glauben, daß schon heute (2005!) der Punkt erreicht ist, an dem die weltweite Ölförderung den weiter steigenden Ölbedarf nicht mehr abdecken kann.[5] Doch im Gegensatz zu der politisch inszenierten Ölkrise von 1973 bewegen wir uns heute auf eine Energiekrise zu, die auf tatsächlichen Engpässen beruht. Das Zeitalter des billigen Erdöls neigt sich seinem Ende zu, der Ölpreis wird unaufhaltsam steigen, während sich Nationen, Unternehmen und Konsumenten um die verbleibenden Ölreste schlagen werden — so die Pessimisten.

Die Optimisten sind hingegen der Meinung, daß es zu diesen schwarzseherischen Prophezeiungen nicht kommen wird. Sie sind der Auffassung, daß bereits heute Möglichkeiten existieren, um unseren Planeten aus der sich am Horizont abzeichnenden Energiekrise herauszuführen.

In einer Aussage stimmen aber sowohl Pessimisten als auch Optimisten überein: Die Ölquellen in Alaska, im Golf von Mexico und in der Nordsee sind erschöpft und liefern bereits heute immer weniger Öl. Weil die Nachfrage nach dieser kostbaren Ressource Tag für Tag zunimmt, wird nur das ölreiche Gebiet des Persischen Golfs diesen Öldurst stillen können — so das Credo beider Parteien. Auch die Publikationen, die mir zu diesem Thema vorliegen, sind der Meinung, daß der Anteil des Mittleren Ostens an der weltweiten Ölversorgung in dieser und in der nächsten Dekade entscheidend wachsen wird. Da der Nahe und Mittlere Osten eine Krisenregion par excellence darstellt, fürchten sich sowohl Optimisten als auch Pessimisten vor Lieferengpässen oder einem Ausfall der Ölproduktion, die in Folge von Konflikten in und um den Persischen Golf entstehen könnten. Beide

---

[4] Vgl. Rudloff Felix / Kobert, Heide: Der Fischer Weltalmanach 2005. Frankfurt am Main 2004, S. 648f
[5] Vgl. Campbell, Colin J.: The Coming Oil Crisis, Brentwood 1999, S. 103

Parteien warnen davor, daß durch den steigenden Anteil der arabischen Förderländer die Versorgungssicherheit der Welt mit Erdöl zunehmend gefährdet sein wird.

Ich möchte diesen Sachverhalt in der vorliegenden Arbeit überprüfen und stelle mir deshalb die folgende Frage:

Wie wird sich bis zum Jahre 2020 die globale Versorgungssicherheit mit Rohöl entwickeln?

Um auf diese Frage detailliert eingehen zu können ist die Beantwortung einer Reihe weiterer Punkte nötig, also der Fragen wie:

- Wieso ist die Versorgung unseres Planeten mit Energie überhaupt so wichtig?
- Wie und weshalb wird sich die Nachfrage nach Energie entwickeln?
- Wieso ist gerade Erdöl als Energieträger so wichtig?
- Sind die Ölquellen außerhalb des Mittleren Ostens tatsächlich schon erschöpft oder gibt es Alternativen, die die Abhängigkeit vom Mittleren Osten verringern können?
- Wie wirken sich Konflikte im Nahen und Mittleren Osten auf die dortige Ölproduktion aus?
- Wie stabil oder wie instabil sind die Förderländer des Persischen Golfs?
- Wird der Ölpreis weiterhin so stark steigen?

Allgemeine Relevanz der Fragestellung

Energie ist ein elementarer Bestandteil unserer heutigen Existenz, ihr Ausbleiben hätte katastrophale Folgen für die Gesellschaften der heutigen Industrie- und Schwellenländer. Eine sichere Energieversorgung auch in Zukunft garantieren zu können, wird für diese Länder zu einer Frage des Seins oder Nicht-Seins. Da Rohöl heute zu den wichtigsten Energieträgern gehört kommt der Frage der Verfügbarkeit oder Nicht-Verfügbarkeit dieser Ressource eine entscheidende Rolle zu. Autoren, die sich selbst zu den kritischen Sozialwissenschaftlern zählen, argumentieren, Erdöl sei so wichtig, daß um seine Kontrolle sogar Kriege geführt würden und im Augenblick — im Irak — auch geführt werden.[6] Wollen wir diesen Autoren glauben, dann ist die Antwort auf die Frage nach der

---

[6] Vgl. Altvater, Elmar: Öl-Empire, in: Blätter für deutsche und internationale Politik 1/2005, S. 66f; Massarrat, Mohssen: Britisch-amerikanischer Ölimperialismus und die Folgen für den Mittleren und Nahen Osten, in: Massarrat, Mohssen: Mittlerer und Naher Osten. Eine Einführung in Geschichte und Gegenwart der Region. Münster 1996, S. 280-283 und Abdolvand, Behrooz / Adolf, Matthias: Verteidigung des Dollar mit anderen Mitteln. Der »Ölkrieg« im Kontext der kommenden Währungsbipolarität, in: Blätter für deutsche und internationale Politik. 2/2003, S. 180-182

Versorgungssicherheit mit Erdöl auch eine Antwort auf die Frage von Krieg und Frieden. Neben dieser politischen Dimension ist die Beantwortung der gestellten Fragen auch für die wirtschaftliche Entwicklung unseres Planeten wichtig: Die in jüngster Zeit steigenden Ölpreise schüren Ängste vor wirtschaftlicher Stagnation, steigender Arbeitslosigkeit und sozialem Abstieg. Sollte es uns also gelingen eine verläßliche und erschwingliche Energieversorgung — vor allem aber die sichere Versorgung mit Erdöl — zu gewährleisten, blieben wir von diesen Ängsten verschont.

Persönliche Relevanz der Fragestellung

Neben diesen wichtigen Fragen spielen auch persönliche Motive eine Rolle für die Wahl dieser Fragestellung. In zwei Hauptseminaren mit dem Titel »Kaspische Region Im Patt der Mächte«, die an der Freien Universität Berlin von Herr Dr. Behrooz Abdolvand veranstaltet wurden, bin ich mit der Situation in der Kaspischen Region konfrontiert worden, bei der auch Energiefragen eine vitale Rolle spielen. Meine von der Augsburger Wirtschaftsfakultät mitgebrachte neoliberale Auffassung traf auf hier die tendenziell kapitalismuskritische Einstellung des Dozenten, woraus sich im Verlauf der beiden Seminare interessante Diskussionen ergaben, die auch außerhalb der Veranstaltung fortgesetzt wurden. Diese Meinungsverschiedenheiten haben mein Interesse für globale Energiefragen geweckt. Im Rahmen eines Praktikums beim Forschungsinstitut der Deutschen Gesellschaft für Auswärtige Politik habe ich mich unter der Anleitung von Herrn Dr. Frank Umbach mit Fragen Internationaler Energiepolitik beschäftigt. Diese Arbeit motivierte mich, mich mit Fragen der Energiesicherheit eingehender zu beschäftigen.

Auch Karrieregründe spielten bei der Wahl dieses Themas eine Rolle. Ein Blick in den Wirtschaftsteil der Zeitung zeigt, daß die Aktienkurse global operierender Energiefirmen neuerdings steigen. Den steigenden Aktienkursen wird Neueinstellungsbedarf folgen. Die Entwicklungen auf dem Energiemarkt wirken sich auch direkt auf die Automobil- und Chemieindustrie aus. Außerdem erlebt die Branche der alternativen Energien einen zur Zeit einen nie dagewesenen Boom. Alle vier Branchen oder auch Unternehmensberatungen, die diese Wirtschaftszweige beraten, könnten an jungen Menschen interessiert sein, die sich mit Energiefragen auskennen.

Abgrenzung der Fragestellung

Genauso wichtig wie die Fragestellung an sich, ist die Darstellung dessen, was in dieser Arbeit *nicht* behandelt wird. Um die Energieversorgung der Zukunft sichern zu können, wären Lösungsansätze möglich, die verschiedene Energieträger wie Kohle, Erdgas, Kernenergie oder die erneuerbaren Energien einschließen. Ich beschäftige mich in dieser Arbeit jedoch ausschließlich mit Rohöl. Diese Einschränkung ist möglich, weil in meiner Arbeit keine langfristigen Prognosen erhoben werden. Es wird lediglich — wie der Titel der Arbeit bereits verrät — der Zeitraum bis zum Jahre 2020 untersucht. Und für diesen Zeitraum ist — zumindest global betrachtet — noch genügend Rohöl vorhanden.

In dieser Arbeit werden auch ethische Aspekte ausgeklammert, die gerne von Globalisierungskritikern angeführt werden. Es wird hier nicht debattiert, inwiefern der Nord-Süd-Handel mit Rohöl moralisch vertretbar oder für die Bevölkerung der Ersten oder Dritten Welt gerecht ist. Bei der Förderung, dem Transport, der Verarbeitung und dem Verbrauch von Erdöl oder Erdölprodukten entstehen eine Reihe umweltbelastender Stoffe. Auch diese Problematik wird hier weitgehend ausgeklammert. In dieser Arbeit werden die mit Rohöl zusammenhängenden Entwicklungen im globalen Maßstab betrachtet. Entwicklungen auf regionaler oder lokaler Ebene, die sich nicht direkt oder nur marginal auf die globale Versorgungssicherheit mit Rohöl auswirken — wie zum Beispiel Tarifverhandlungen der deutschen Chemieindustrie oder die Möglichkeit mancher Gemeinden aus Klärschlamm minimale Mengen an Rohöl zu gewinnen — sind hier nicht von Interesse. Wechselwirkungen zwischen Ölpreis und gesellschaftlichen Entwicklungen werden zwar diskutiert, diese Diskussion erfolgt aber lediglich auf der wirtschaftlichen und sicherheitspolitischen Ebene. Soziale oder ethische Aspekte werden nur dann aufgegriffen, wenn sie sich direkt auf wirtschaftliche und sicherheitspolitische Gesichtspunkte auswirken.

Hypothese

Die Diskussion der Fragestellung dieser Arbeit läßt sich am besten zusammenfassen, indem abschließend eine Hypothese formuliert wird. Ich möchte an dieser Stelle die folgende Vermutung aufstellen:

Die prozentuale Abhängigkeit unseres Planeten vom Öl des Nahen und Mittleren Ostens wird bis zum Jahre 2020 weitgehend konstant bleiben.

Theorie und Methodik

Um diese Hypothese zu beweisen, macht die Festlegung auf eine bestimmte politische Theorie oder Denkschule wenig Sinn. Für das Überprüfen meiner Hypothese sind politische, volkswirtschaftliche, geologische, technische und teilweise auch theologische Ansätze nötig. Keine der geläufigen Denkschulen schließt diese Ansätze vollständig ein. Auch eine Überprüfung mittels des von Karl Popper geforderten *Kriteriums der Falsifizierbarkeit* ist hier nicht möglich.[7]

Weil ich meine Hypothese dennoch überprüfen möchte, wähle ich ein Verfahren, das für die Beweisführung in der Mathematik verwendet wird. Diese typisch mathematische Methode besteht aus drei Schritten: Im ersten Schritt wird eine Hypothese formuliert. Im zweiten Schritt werden Vorraussetzungen vorgestellt, die für den Beweis der Hypothese notwendig sind. Danach erfolgt im dritten Schritt auf der Basis dieser Vorraussetzungen der eigentliche Beweis.

Den ersten Schritt dieser Methode habe ich mit dem Formulieren der Hypothese bereits getan. Auch der dritte Schritt des Verfahrens — der eigentliche Beweis — bietet, weil er mathematisch erfolgt — bis auf sich einschleichende Rechenfehler — keine Angriffspunkte. Die eigentliche Schwachstelle dieser Methode ist der zweite Schritt: Die Vorraussetzungen. Werden diese Vorraussetzungen falsch gewählt, steht der eigentliche mathematische Beweis auf tönernen Füßen — das ganze Verfahren bricht dann früher oder später in sich zusammen.

Da die Wahl richtiger Voraussetzungen entscheidend ist, wird sich auch der überwiegende Teil meiner Arbeit mit diesen Vorraussetzungen auseinandersetzen. Sowohl im Problemteil (Teil A) als auch im Lösungsteil (Teil B) werden die Voraussetzungen ausführlich analysiert und diskutiert. Nachdem in Teil A und Teil B der Arbeit gezeigt wurde, daß die Voraussetzungen korrekt sind, werden sie im Schlußteil (Teil C) zu sogenannten »Annahmen« zusammengefaßt. Mit diesen Annahmen wird dann der eigentliche Beweis angetreten und die aufgestellte Hypothese schließlich verifiziert. Um die Hypothese zusätzlich zu stützen erfolgt darüber hinaus eine Überprüfung auf Plausibilität, indem die Ergebnisse meiner Arbeit im Kontext anderer wissenschaftlicher Veröffentlichungen diskutiert werden.

---

[7] Im Gegensatz zu den meisten naturwissenschaftlichen Hypothesen, die sich als sogenannte »Allsätze« formulieren lassen, gehört meine Hypothese nicht in die Kategorie der Allsätze und ist damit auch nicht falsifizierbar. Vgl. Popper, Karl: Zwei Bedeutungen von Falsifizierbarkeit, in: Seiffert, Helmut / Radnitzky, Gerard: Handlexikon zur Wissenschaftstheorie, München 1989 S. 82 und Popper, Karl: Logik der Forschung (5. Aufl.) Tübingen 1973, S. 39f

Dennoch kann mit beiden Methoden die Richtigkeit meiner Hypothese nicht hundertprozentig nachgewiesen werden. Weil sich meine Hypothese mit zukünftigen Entwicklungen beschäftigt, kann ihre endgültige Verifikation auch erst in Zukunft erfolgen. Erst im Jahre 2020 werden wir definitiv wissen, ob die hier aufgestellte und nachgewiesene Hypothese tatsächlich wahr oder falsch ist.

Vorstellung der Gliederungspunkte

Um die aufgestellten Fragen zu beantworten und schließlich die getroffene Hypothese zu überprüfen gehe in dieser Arbeit wie folgt vor: Ich habe diese Arbeit in drei Teile aufgegliedert. Im Teil A werde ich mich mit Problemen befassen, die für die nächsten 15 Jahre die Versorgungssicherheit unseres Planenten mit Rohöl gefährden. Teil B zeigt Lösungen auf die im Teil A vorgestellten Probleme. Teil C der Arbeit untersucht, ob die empfohlenen Lösungen auch tatsächlich ausreichen, um den genannten Problemen angemessen zu begegnen.

Teil A beginnt mit dem Kapitel 2. Kapitel 2 zeigt, wie wichtig die kontinuierliche Versorgung unserer Zivilisation mit Energie ist. Den meisten Menschen ist die Bedeutung des Faktors Energie nicht bewußt. Viele sind der Auffassung, Energiefragen wären nicht wichtig, denn Energie komme ja schließlich aus der Steckdose. Ich möchte in Kapitel 2 diesen Ansichten begegnen. Daß unsere Welt permanent viel Energie verbraucht, ist die eine Sache. Viel problematischer als diese ständige Energieabhängigkeit ist die Tatsache, daß wirtschaftliches Wachstum — so wünschenswert es auch ist — den Energieverbrauch innerhalb kurzer Zeit vervielfacht. Nicht nur das wirtschaftliche Wachstum, sondern auch das weltweite Bevölkerungswachstum trägt dazu bei, daß insgesamt immer mehr Energie verbraucht wird. Treffen beide Phänomene — also Industrialisierung und Bevölkerungswachstum — zusammen, dann steigt die Nachfrage nach Energie explosionsartig. Für die nächsten 15 Jahre wir dieses in Asien der Fall sein, vor allem das dynamische Wirtschafts- und Bevölkerungswachstum Chinas[8] wird sich dramatisch auf das globale Energienachfrage-Konto auswirken. In der Summe können die Entwicklungen der

---

[8] Trotz der Ein-Kind-Politik wird die chinesiche Bevölkerung von 1,28 Millarden heute auf 1,45 Milliarden im Jahre 2025 anwachsen. Vgl. United Nations Population Division: World Population Prospects. The 2002 Revision. S. 31
www.un.org/esa/population/publications/wpp2002/wpp2002annextables.PDF
Download am 27.12.05 um 17:03

aufstrebenden asiatischen Volkswirtschaften unseren Planeten schon bald vor unlösbare Energieprobleme stellen.

Es gibt verschiedene Möglichkeiten den globalen Energiehunger zu stillen. Neben Erdöl gibt es auch weitere Energieressourcen wie Erdgas, Kohle, Uran oder auch erneuerbare Energieträger wie Wind, Solarenergie oder Wasserkraft. Weil Erdöl gegenüber allen anderen Energieträgern besondere Vorzüge besitzt, ist es heute die Energieressource schlechthin. In Kapitel 3 werde ich zeigen, wieso Erdöl so besonders ist und was diesen Energieträger so unverzichtbar macht.

Wie wichtig Erdöl tatsächlich war, zeigte sich erstmals Anfang der 1970er Jahre. Kapitel 4 spricht davon, daß 1973 die Organisation Erdölexportierender Länder (OPEC) aus politischen Gründen die Ölpreise massiv erhöhte. Diese Aktion der OPEC führte zu einer globalen Energiekrise, in deren Folge im Westen Forderungen laut wurden, die Erdölabhängigkeit seitens der OPEC zu verringern. Um das Preisdiktat der OPEC zu brechen suchten Amerikaner wie Europäer nach Alternativen und wurden direkt vor der eignen Haustür fündig: Alaska, der Golf von Mexico und die Nordsee wurden als Fördergebiete entdeckt. Heute, drei Jahrzehnte später, mehren sich die Zeichen, daß diese Fördergebiete ein Stadium erreicht haben oder in Kürze erreichen werden, an dem sie Tag für Tag weniger Öl an die Erdoberfläche befördern. Weil die Nachfrage nach Öl unaufhörlich steigt, die Fördergebiete in Europa und Amerika immer weniger Öl fördern werden und auch anderswo auf der Welt bald der Punkt erreicht werden soll, an dem die Ölproduktion stagniert, bleibt nur der Nahe und Mittlere Osten mit seinen unsagbaren Ölreichtümern als letzter Rettungsanker.

Doch hier — wie Kapitel 5 zeigt — gibt es nicht nur Unmengen Mengen von Öl, sondern auch Unmengen von Schwierigkeiten. Vor allem die sozioökonomischen Probleme in den wichtigsten Förderländern der Region, Saudi-Arabien und im Iran geben Anlaß zur Besorgnis. Beide Länder leiden heute unter horrender Arbeitslosigkeit und wachsender Armut. Die Ursachen sind das starke Bevölkerungswachstum und eine seit Jahrzehnten verfehlte Wirtschaftspolitik. Weder das saudische Königshaus noch die iranische Regierung gehen die Misere entschieden an. Da grundlegende Reformen ausbleiben, werden sich die sozialen und wirtschaftlichen Schwierigkeiten beider Länder noch weiter verschärfen. Doch genau diese sozialen und wirtschaftlichen Schwierigkeiten sind das Problem. Steigende Arbeitslosigkeit und Armut sorgen vor allem unter den jungen Saudis und Iranern für Unmut und Hoffnungslosigkeit. Radikal-islamische Organisationen machen sich diese

Perspektivlosigkeit zunutze. Ihre Prediger werben mit dem sozialen Charakter des Islam und erhalten dafür in der von Armut und sozialem Abstieg geplagten Bevölkerung breite Zustimmung. Leider vertreten diese religiösen Eiferer die Auffassung, daß das Herstellen von sozialer Gerechtigkeit nur mit dem Sturz der bestehenden Eliten und der Schaffung eines islamischen Gottesstaates möglich ist. Um dieses Ziel zu erreichen werden sie alles versuchen, die unzufriedene Bevölkerung gegen die existierenden Eliten zu instrumentalisieren.

Außer diesen innenpolitischen Problemen bietet die Region ein Sammelsurium an weiteren Streitigkeiten, die die reibungslose Förderung und den Abtransport von Erdöl beeinträchtigen können. Neben Streitigkeiten um Territorium, regionale oder internationale Macht werden in Zukunft vor allem die Verteilungskonflikte um Ressourcen wie Wasser, Erdöl oder fruchtbares Ackerland zunehmen. Um sicherzustellen, daß die vielen Krisen und Kriege den Strom von Erdöl aus dem Persischen Golf nicht abreißen lassen, wird die Region militärisch abgesichert. Die Industrieländer — allen voran die USA — geben heute bereits Milliarden für die militärischen Schutz der Region aus. Weil die Probleme des Nahen und Mittleren Ostens eher zu- als abnehmen werden, könnten die finanziellen und politischen Kosten dieser Sicherungsstrategie für die Industrieländer bald untragbar werden.

Wie sich die Probleme des Nahen und Mittleren Ostens auf die Ölförderung der Region auswirken könnten wird in Kapitel 6 dargestellt. Ich habe hierzu sechs Krisenszenarien entwickelt, deren Eintreffen schon in Kürze möglich ist. Sie haben alle gemein, daß sie den Ölexport aus dem Persischen Golf in Mitleidenschaft ziehen. Drei Szenarien befassen sich mit den Folgen innenpolitischer Instabilität der Region, drei weitere mit Auseinandersetzungen, die sich aus der außenpolitischen Instabilität des Nahen und Mittleren Ostens entwickeln können.

In Kapitel 7 werden die in Kapitel 2 bis 6 diskutierten Probleme zusammengefaßt. Die in Kapitel 2 bis 6 diskutierten Probleme können schon bald zu Versorgungsschwierigkeiten mit Erdöl führen und damit Ölkrisen provozieren. Hier wird dargestellt, welche Auswirkungen diese Ölkrisen auf die wirtschaftliche Entwicklung und damit den Wohlstand eines jeden Einzelnen in den westlichen Industrieländern haben. Um besser zu verstehen, wieso eine stagnierende Ölversorgung gravierende Auswirkungen für unsere Wirtschaft hat, diskutiere ich zunächst allgemein, was in einer Volkswirtschaft passiert, wenn die Ölversorgung ins Stocken gerät und die Ölpreise steigen. Ich gehe auch darauf ein welche Möglichkeiten die Politik hat, um die negativen Wirkungen einer Ölkrise abzufedern. Schließlich wage ich eine

Prognose darüber, welche konkreten Auswirkungen heute eine Ölkrise auf die Volkswirtschaften Westeuropas haben würde.

Während die Pessimisten davon sprechen, daß unser Globus bereits in kurzer Zeit am Tropf des Persischen Golfs hängen wird, die dortigen Krisen seine Ölförderung treffen, die so entstehenden Versorgungsengpässe die Weltwirtschaft in die Knie zwingen und damit den Wohlstand und letztendlich die Existenz eines jeden Einzelnen in Frage stellen, haben die Optimisten, deren Argumente im Teil B dieser Arbeit vorgestellt werden, vollkommen andere Ansichten. Sie sind der Meinung, daß die düsteren Prognosen der Schwarzmaler nicht eintreffen werden, weil es mehrere Wege gibt unseren Planeten aus der sich am Horizont anbahnenden Energiekrise herauszuführen. Diesen Lösungen stelle ich in Teil B meiner Arbeit vor.

Volkswirtschaftliche Ansätze stellen eine dieser Lösungen dar. Die in Teil A zu Wort gekommenen Pessimisten betrachten die Erdöldebatte zu statisch. Sie unterschätzen das Spiel von Angebot und Nachfrage, das eine beachtliche Wirkung auf die globale Rohölsituation hat. Nur so läßt es sich erklären, daß die Prognosen, die diese Weltuntergangspropheten in der Vergangenheit aufgestellt haben, bisher nicht eingetroffen sind. Ich werde mich in Kapitel 8 mit diesen Volkswirtschaftlichen Wechselwirkungen beschäftigen. Es wird ein Modell entworfen, das zeigt, daß die zur Zeit hohen Ölpreise schon bald auf ein erträglicheres Niveau fallen werden. Zusätzlich zeige ich Möglichkeiten, wie das Spiel von Angebot und Nachfrage die Förderrisiken in politisch instabilen Fördergebieten — wie dem Persischen Golf — minimieren kann.

Neben diesen volkswirtschaftlichen Methoden gibt es weitere Möglichkeiten die drohende Ölabhängigkeit vom Nahen und Mittleren Osten zu brechen. Wenn in der Nordsee und dem Golf vom Mexico das Öl knapp werden sollte, ist es — wie Kapitel 9 zeigt — das Naheliegenste, nach neuen Fördergebieten Ausschau zu halten. Wichtig an diesen Alternativen ist, daß sie ähnlich wie die alten Fördergebiete in Westeuropa und Nordamerika eine sichere Ölversorgung garantieren können. Anders als die Ölfelder des Nahen und Mittleren Ostens sollten diese neuen Fördergebiete *nicht* in einer Region liegen, deren Krisen die Förderung oder den sicheren Abtransport von Öl gefährden. Neue Fördergebiete in Zentralasien und in Afrika erfüllen diese Bedingung. Obwohl Zentralasien sicherheitspolitische Probleme hat, und sich auch wegen der Binnenlage seiner Ölquellen Schwierigkeiten beim Abtransport des geförderten Öls ergeben, betrachte ich es als

Alternative. Ich werde zeigen, welche Maßnahmen zur Zeit unternommen werden oder in naher Zukunft unternommen werden sollten, damit sich Zentralasien zu einer echten Alternative zur Nordsee entwickelt. Im Falle Afrikas stellt sich die Frage der politischen Stabilität nicht. Die hier zu erschließenden Fördergebiete befinden sich vor der Küste Westafrikas und sind damit weit genug von den Krisen und Kriegen des afrikanischen Kontinents entfernt. Damit ist in den neuen afrikanischen Fördergebieten eine unterbrechungsfreie Förderung gewährleistet und der Kontinent so ebenfalls eine Alternative zu den erschöpften Ölquellen in Westeuropa und Nordamerika.

Außer der Möglichkeit neue Fördergebiete zu erschließen bestehen auch technische Möglichkeiten, die sich anbahnende Erdölkrise abzuwenden. Wie in Kapitel 10 ausgeführt, ist die Ölsuche ein mühsames und kostspieliges Geschäft. Es ist sehr ärgerlich für die Untersuchung eines potentiellen Ölgebiets Millionenbeträge auszugeben und schließlich feststellen zu müssen, daß dort gar kein Öl vorhanden ist oder die gefundenen Ölvorkommen weit hinter den Erwartungen zurückbleiben. Weil der menschliche Erfindungsgeist auch die Ölbranche nicht unberührt läßt, wurden neue Verfahren entwickelt, die die Wahrscheinlichkeit erhöhen, daß ein Ölfeld getroffen wird. Moderne Explorationsmethoden erleichtern die Ölsuche und senken deren Kosten. Auch bei der Ölförderung an sich hat sich in der letzten Zeit viel verändert. Im Augenblick wird Öl aus Vorkommen gefördert, deren Erschließung man vor wenigen Jahren noch nicht einmal im Traum für möglich hielt — beispielsweise in der Tiefsee. Außerdem hat die Forschung auch anderorts ihre Spuren hinterlassen: Die Gewinnung von Rohöl aus ölhaltigen Sanden hielten bis vor kurzem viele Energieexperten für Zukunftsmusik. In Kanada wird aber auf diese Weise schon heute Rohöl im großen Stil gewonnen. Das Potential dieser neuen Ölgewinnungsmethode ist so gewaltig, daß Kanada unter die größten vier Ölproduzenten aufsteigen und den Iran auf die Plätze verweisen wird.

In Teil C wird schließlich abgewogen, ob die hier aufgeführten Möglichkeiten tatsächlich ausreichen, um die im Teil A formulierten Probleme zu beheben. Nachdem in den Kapiteln 2 bis 10 die Pros und Kontras der heutigen Erdöldebatte vorgestellt wurden, kann ich in Kapitel 11 ein Modell entwickeln, das meine oben aufgestellte Hypothese letztendlich beweist. Ich erstelle hierzu zwei Szenarien, die die Entwicklung auf dem globalen Rohölmarkt bis zum Jahre 2020 voraussagen. Das erste Szenario spricht davon, daß die Abhängigkeit von den Quellen des Nahen und Mittleren Ostens nicht überhand nehmen wird. Das zweite Szenario schließlich beweist meine Hypothese: Es zeigt, daß die Abhängigkeit der Welt vom arabischen Öl weitgehend konstant bleiben wird. Im Jahre 2020 soll die Welt sogar weniger von diesem Öl abhängig sein als sie es heute ist. Zusätzlich wird das zweite Szenario auf Plausibilität geprüft. Ich werde das Ergebnis dieses Szenarios mit den Ergebnissen anderer Veröffentlichungen vergleichen und zeigen, daß mein zweites Szenario und sein Ergebnis plausibel sind und sich gut in die wissenschaftliche Landschaft einfügen.

Die zu Beginn aufgestellte Hypothese wird also in Kapitel 11 bewiesen. Weil sich an der Versorgungssicherheit mit Rohöl bis zum Jahre 2020 im großen und ganzen nichts ändern wird, eröffnen sich hier neue Möglichkeiten für die Politik. Aus diesem Grunde werde ich im letzten, dem 12. Kapitel meiner Abeit einige Vorschläge machen, die meiner Meinung nach in den nächsten 15 Jahren von einer »guten Energiepolitik« berücksichtigt werden sollten.

Wie bereits erwähnt reichen für die Betrachtung des Themas Begriffe aus der Politikwissenschaft nicht aus. Um das Thema vernünftig bearbeiten zu können, kommen in einigen Abschnitten Begriffe aus den Disziplinen Politik, Volkswirtschaft, Geologie, Technik und Theologie zum Einsatz. Diese Begriffe werden an den Stellen erklärt, an denen sie erstmals verwendet werden. Zusätzlich existiert zum besseren Verständnis dieser Begriffe am Ende der Arbeit ein Glossar, in dem auf diese ausführlich eingegangen wird.

Teil A: PROBLEME

2. Zunahme des Energiebedarfs

Der weltweite Energiebedarf wird sich in den nächsten Jahrzehnten voraussichtlich verdoppeln. Die wichtigsten Faktoren für diese Entwicklung sind das globale Bevölkerungswachstum und die Industrialisierungsbemühungen in der Dritten Welt. Vor allem in den Schwellenländern China und Indien nimmt die Energienachfrage seit Jahren erheblich zu und wird auch in Zukunft weiter zunehmen. Zunächst möchte ich aber der Frage nachgehen, wieso Energie für die gesellschaftliche Entwicklung und für das Erreichen von Wohlstand so wichtig ist.

2.1 Energie und der Aufstieg und Fall von Zivilisationen

Tag für Tag badet die Sonne unsere Erde mit einer unvorstellbaren Menge an Energie. Ein Teil dieser Energie wird von Pflanzen gespeichert, der Rest wird in den Weltraum zurückgeworfen. Tiere ernähren sich von diesen Pflanzen und nutzen so die in den Gewächsen absorbierte Sonnenenergie.

Über den längsten Zeitraum seiner Geschichte war der Homo Sapiens ein Jäger und Sammler und lebte damit von der in Wildpflanzen und Tieren gespeicherten Energie. Durch den Übergang vom Jagen und Sammeln zu Ackerbau und Viehzucht gelang es dem Menschen der Umwelt größere Energiemengen abzutrotzen. Der Umgang mit Nutzpflanzen und Nutztieren verschaffte eine kontinuierliche und verläßliche Energiezufuhr.

Viele Anthropologen sehen daher Ackerbau und Viehzucht als Motor der Zivilisation. Ihrer Meinung nach korrelieren die kulturellen Errungenschaften eines Volkes mit seinem Energieverbrauch. Nicht zufällig entstanden unmittelbar nach der Erfindung des Ackerbaus in Ägypten und Mesopotamien vor circa 10 000 Jahren die ersten Hochkulturen: Die aus der Land- und Viehwirtschaft erhaltenen Nahrungsüberschüsse ermöglichten es, daß ein Teil der Bevölkerung nicht mehr in der Landwirtschaft arbeiten mußte und sich neuen Aufgaben zuwenden konnte — zum Beispiel dem Bau hydraulischer Konstruktionen, mit denen sich Felder bewässern ließen. Die Felder wurden durch die Bewässerung fruchtbarer und warfen mehr Getreide und neue Nahrungsüberschüsse ab. Sie erhöhten damit die zur Verfügung stehende Energiemenge. Wieder konnte ein Teil der Bevölkerung von der Landwirtschaft entbunden werden. Weil genug Nahrung vorhanden war, konnten diese Menschen zum Beispiel als Soldaten eingesetzt werden, die dann neue Ländereien und Sklaven erbeuteten. Auf den neuen Ländereien konnte man die erbeuteten Sklaven arbeiten lassen. Außerdem ließen sich die Sklaven für den Bau von Gebäuden, als »Zugtiere« im Landtransport oder als »Antrieb« auf den Galeeren nutzen. Die »Erfindung« der Sklaverei steigerte also erneut die Energiemenge der sklavenhaltenden Kultur.

Der Übergang von der Landwirtschaft zur industriellen Produktion vervielfachte die Energiemenge, die sich gesellschaftlich nutzen ließ. Nur wurde die Energie nicht mehr allein aus der Landwirtschaft beziehungsweise der Vieh- und Sklavenhaltung bezogen. Diesmal basierte der Aufschwung auf fossilen Brennstoffen und Maschinen. Die Maschinen übernahmen dabei die Rolle des Sklavenheers, nur daß diesmal die Sklaven nicht mit Getreide genährt wurden: Die nun »mechanischen« Sklaven verspeisten gewaltige Mengen an Kohle und Erdöl. Auf diese Weise steigerte die Industrialisierung die zur Verfügung stehende Energiemenge gewaltig und verschaffte den industriellen Gesellschaften nie dagewesenen Wohlstand und Macht.[9]

Um den Zusammenhang zwischen Energieverbrauch und Entwicklungsniveau einer Kultur zu verdeutlichen, eignet sich das Römische Reich hervorragend als Fallbeispiel. Rom verdankte seinen Aufstieg bis dahin nicht dagewesenen militärischen Erfolgen. Nach und nach eroberten die römischen Legionen den Mittelmeerraum und große Teile Westeuropas. Die eroberten Sklaven, Erze, Wälder und Äcker steigerten die Energiemenge, die dem Imperium Romanum zur Verfügung stand. So war es in der Zeit der späten Republik (133 bis 44 v.Chr.) möglich den römischen Bürgern Steuern zu erlassen. Während der Herrschaft von Julius Cäsar erhielt fast ein Drittel der Einwohner Roms irgendeine Form der öffentlichen Unterstützung.

Nach einer Reihe von Niederlagen gegen die Germanen und andere Stämme blieben neue Eroberungen und damit neue Reichtümer aus. Kaiser Augustus sah sich gezwungen eine fünfprozentige Erbschafts- und Schenkungssteuer einzuführen um Defizite in der Staatskasse auszugleichen. Dieses verärgerte die Römer, weil sie erstmals seit mehr als einem Jahrhundert wieder Steuern zahlen mußten. Zudem verschlang die Logistik für die weit

---

[9] Vgl. Rifkin 2002, S. 48f

entfernten Reichsteile große Summen. Die Garnisonen, die Ausbesserung des Wegenetzes sowie die Verwaltung des Reiches wurden immer teurer, während immer weniger Geld aus dessen Territorien nach Rom strömte. Weil es keine Aussicht gab, neue Ländereien und neue Reichtümer zu erobern, besann sich das Imperium auf die einzig verbleibende Energiequelle: Die Landwirtschaft.

Die Annahme, das Römische Reich habe sich überdehnt und sei der überlegenen Angriffstaktik der Ostgermanen erlegenen, ist sicher richtig; die tieferen Ursachen für den Zusammenbruch Roms waren jedoch die nachlassende Fruchtbarkeit der Böden und die sinkenden Ernteerträge. Die in der Landwirtschaft produzierte Energie reichte einfach nicht mehr aus, um die Infrastruktur des Reiches zu erhalten und den Wohlstand seiner Untertanen zu sichern. Die Versorgung der unproduktiven Stadtbevölkerung setzte die Bauernhöfe unter Druck. Die Getreideproduktion wurde ausgeweitet, um die wachsende Nachfrage von Städten und Armee zu befriedigen. Durch Überwirtschaftung verlor das Ackerland seine Fruchtbarkeit. Um die Erträge konstant zu halten, bewirtschafteten die Bauern ihre Äcker noch intensiver. In die bereits erschöpften Böden wurde wieder eingesät; langfristig gingen die Ernteerträge aber immer weiter zurück. Viele Kleinbauern konnten wegen der zurückgehenden Erträge ihre Steuern, die nach der bewirtschafteten Landfläche und nicht nach dem Ertrag erhoben wurden, nicht mehr bezahlen. Sie mußten sich bei Großgrundbesitzern verschulden oder gaben auf und traten ihr Land an diese ab. Die verarmten und entwurzelten Bauern strömten in die Städte, in denen sie staatliche Wohlfahrtsleistungen erhielten.

Damit war ein selbstzerstörerischer Kreislauf in Gang gesetzt: Aufgrund der einsetzenden Landflucht fehlten der Landwirtschaft Arbeitskräfte. Die Felder wurden nicht mehr gepflegt, was ihre Erosion zunehmend verstärkte. Äcker wurden nach Überschwemmungen nicht mehr entwässert und verwandelten sich zu Sümpfen, die Erträge gingen weiter zurück. Gleichzeitig stieg die Stadtbevölkerung und damit die Zahl der Konsumenten öffentlicher Leistungen. Die Städte mußten nun mehr Geld für die Armenwohlfahrt, öffentliche Bauvorhaben, Amphitheater und Gladiatorenkämpfe ausgeben — Geld, das sie nicht hatten und das sie über erhöhte Steuern aus dem ohnehin unter Druck stehenden Agrarsektor erhielten. Die nächste Welle von Bauern, die die Steuern nicht mehr bezahlen konnten und dichtmachten, schwappte in die Städte. Die vom Agrarsektor bezogenen Erträge — beziehungsweise Energiemengen — gingen Jahr für Jahr zurück.

Diese verhängnisvolle Abwärtsspirale drehte sich so lange, bis der römische Staat selbst grundlegende Dinge nicht mehr bereitstellen konnte. Es kam der Zeitpunkt an dem die Energie nicht mehr für die Instandhaltung der Infrastruktur und die Versorgung des Militärs ausreichte. Die Truppen waren zu schwach, um marodierende Stämme abzuwehren. Das Imperium verlor Provinz um Provinz. Anfang des fünften Jahrhunderts nach Christus standen dann Germanenhorden erstmals vor den Toren Roms, im Jahre 410 nach Christus wurde die ewige Stadt dann eingenommen und geplündert.[10]

Innerhalb kurzer Zeit verleibte sich die römische Maschinerie gewaltige Energiemengen aus dem Mittelmeerraum, Nordafrika und weiten Teilen Kontinentaleuropas ein. Diese Energiemengen bescherten dem Imperium Romanum einen für damalige Verhältnisse unbeschreiblichen Wohlstand und natürlich auch Macht. Als dieser Energiefluß zurückging und schließlich ausblieb, fiel Rom genauso schnell, wie es einst zur Weltmacht aufgestiegen war.

Auch die Industriestaaten haben — ähnlich wie das Römische Reich — eine komplexe Infrastruktur aufgebaut um Energie zu gewinnen und zu nutzen. Im Gegensatz zum Römischen Reich beziehen unsere heutigen Volkswirtschaften den größten Teil ihrer Energie jedoch nicht aus der Landwirtschaft. Unsere heutige Industriegesellschaft hängt am Tropf der fossilen Energieträger. Sollte dieser Energiefluß teurer und damit knapper werden oder irgendwann ganz ausbleiben, könnte ein ähnlicher Dominoeffekt ausgelöst werden, wie ihn einst das Römische Reich erlebt hat.

Es besteht also ein direkter Zusammenhang zwischen Wohlstand, Macht und Entwicklungsniveau einer Kultur und dem Energieverbrauch ihrer Individuen. Das Vorhandensein beziehungsweise Nicht-Vorhandensein von Energie entscheidet über den Aufstieg und Fall von Zivilisationen.

---

[10] Vgl. Ploetz, Carl: Der Grosse Ploetz. Die Daten-Enzyklopädie der Weltgeschichte. Freiburg im Breisgau 1998, Seiten 233f, 269f, 272, 358f und Rifkin 2002, S. 68-72

2.2 Beitrag der Industrialisierung der Dritten Welt zum zunehmenden Energiebedarf

Wir leben heute in einer Welt, in der die Industrieländer den größten Teil der globalen Energie verschlingen, obwohl sie nur einen kleinen Prozentsatz der Weltbevölkerung stellen. Der größte Teil der Erdenbürger lebt in Entwicklungsländern, konsumiert aber nur eine kleine Menge der weltweit produzierten Energie. In Indien leben immer noch drei Viertel der Bevölkerung ohne Elektrizität. Insgesamt haben heute etwa 1,8 Milliarden Menschen keinen Zugang zu Benzin, Heizöl oder Strom. Während die reichste Milliarde der Erdenbürger mehr als die Hälfte der globalen Energie verschlingt, bleiben für die ärmste Milliarde gerade einmal 5% dieser Energie übrig.[11]

Diese Verteilung wird sich aber schon in naher Zukunft ändern. Um Armut zu bekämpfen und langfristig Wohlstand zu sichern streben Entwicklungsländer die Industrialisierung ihrer Gesellschaften an. Sie werden sich ein größeres Stück aus dem globalen Energiekuchen herausschneiden wollen. So gut dieses Entwicklungsstreben für die armen Menschen dieser Welt auch sein mag, unseren Planeten wird es vor nie dagewesene Energieprobleme stellen.

Ein Blick in die Vergangenheit zeigt, welche energetischen Auswirkungen die industrielle Entwicklung einer Gesellschaft hat: Ähnlich wie viele Entwicklungsländer heute, deckten die USA im Jahre 1870 drei Viertel ihres Energiebedarfs mit Holz. Holz wurde nicht nur zum Heizen verwendet, es trieb auch Eisenbahnen, Schaufelraddampfer und stellte via Dampfmaschine mechanische Energie für das verarbeitende Gewerbe bereit.[12] Ab 1900 wurde das Holz zunehmend vom Erdöl abgelöst. Im Zuge der fortschreitenden industriellen Entwicklung der Vereinigten Staaten nahm der Energieverbrauch — vor allem der Erdölverbrauch — drastisch zu: Von 1900 bis 1970 hat sich der amerikanische Gesamtenergieverbrauch verachtfacht; der Erdölverbrauch nahm sogar um den Faktor 60 zu.[13]

Der große Anreiz zur Industrialisierung und vor allem zur flächendeckenden Versorgung einer Gesellschaft mit elektrischem Strom entstammt der Tatsache, daß dieses wirtschaftliche Chancen mit sich bringt: In Südafrika entstehen durchschnittlich 10 bis 20 neue Unternehmen, wenn 100 Haushalte an das Stromnetz angeschlossen werden. Elektrizität setzt menschliche Arbeitskraft frei. Die Suche nach Brennholz, um das Haus zu heizen oder Essen zuzubereiten, kann jeden Tag viele Stunden kosten. Hat man Zugang zu Kraftstoffen oder

---

[11] Vgl. Umbach, Frank: Globale Energiesicherheit. Strategische Herausforderungen für die europäische und deutsche Außenpolitik. München 2002, S. 54
[12] Vgl. Rifkin 2002, S. 75
[13] Vgl. Lomborg 2002, S. 146

Elektrizität, läßt sich diese Zeit für andere produktive Aktivitäten nutzen. Strom oder Benzin bieten die Möglichkeit landwirtschaftliche Geräte zu betrieben beziehungsweise Handwerksbetriebe und kleine Fabriken zu eröffnen.[14]

Die industrielle Entwicklung einer Gesellschaft bietet also Vorteile. Problematisch an ihr ist, daß sie den Energiebedarf einer Gesellschaft vervielfacht. Das streben der Dritte-Welt-Länder nach einem besseren und bequemeren Leben wird ihren Energiebedarf gewaltig steigern. Neuere Prognosen gehen davon aus, daß aufgrund dieses Entwicklungsbedarfs die weltweite Nachfrage nach Energie jährlich um 2% steigen wird. Analog dazu soll auch die Nachfrage nach Erdöl um bis zu 2% pro Jahr zunehmen.[15]

Internationale Entwicklungshilfeorganisationen wollen hier noch einen Schritt weitergehen. Weil heute noch immer ein Drittel der Weltbevölkerung ganz ohne Strom auskommen muß, haben sie sich das ehrgeizige Ziel gesetzt, bis zum Jahre 2050 auch den letzten Winkel unserer Erde mit Elektrizität zu versorgen. Wollte man all diesen Menschen so viel Elektrizität bieten, wie ein US-Amerikaner im Jahre 1950 verbrauchte, müßten bis zum Jahre 2050 neue Kraftwerkskapazitäten in Höhe von 10 000 Gigawatt (GW) bereitgestellt werden. Um diese Kapazität zu erreichen müßte bis 2050 alle 48 Stunden ein neues Kraftwerk mit 1 GW Leistung — das entspricht der Leistung eines größeren Kernkraftwerks[16] — ans Netz gehen. Die Umsetzung dieses Ziels würde den Energiebedarf enorm steigern. Sollten 2050 wirklich alle Erdbewohner Zugang zu Elektrizität haben, würde der Energiebedarf jährlich um 5% und nicht wie erwartet nur um 2% steigen.[17]

Ein jährlicher Anstieg der Energienachfrage von 5% mag auf den ersten Blick gering erscheinen. Allerdings handelt es sich hier um eine exponentielle Wachstumsfunktion. Und exponentielle Funktionen haben die Eigenschaft sehr schnell zu wachsen. In Abbildung 1 sehen wir einen Vergleich zwischen einem zweiprozentigen und einem fünfprozentigen Wachstum. Die Aussage dieser Abbildung ist die Folgende: Sollte der zukünftige Energiebedarf pro Jahr mit 2% wachsen, bewegen wir uns auf der roten Linie und der globale Energiebedarf verdoppelt sich alle 35 Jahre. Sollte das jährliche Wachstum allerdings 5% betragen, kommen wir auf die grüne Kurve. Weil diese viel steiler als die rote Linie ansteigt, verdoppelt sich der globale Energiebedarf bereits nach 14 Jahren. Wir sehen also welche

---

[14] Vgl. Rifkin 2002, S. 247

[15] Vgl. Eichhammer, Wolfgang / Jochem, Eberhard: Europäische Energiepolitik - die Herausforderungen beginnen erst. In: Energiewirtschaftliche Tagesfragen Heft 3/2001, S. 101

[16] Vgl. Bundesministerium für Wirtschaft und Technologie: Energie Daten 2002. Nationale und internationale Entwicklung. Berlin 2002, S. 30

[17] Rifkin 2002, S. 248

Abb. 1: Exponentielle Wachstumsfunktionen

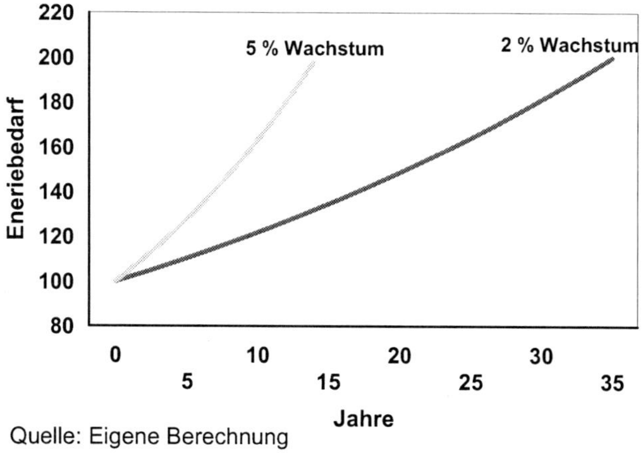

Quelle: Eigene Berechnung

gewaltigen Auswirkungen ein scheinbar kleiner prozentualer Unterschied beim Wachstum haben kann.

Die industrielle Entwicklung eines Landes ist also unweigerlich mit einer enormen Zunahme des Energiebedarfs verbunden. Die Industrialisierung hat im 20. Jahrhundert die Energienachfrage in den USA vervielfacht. Die derzeitigen Industrialisierungsbemühungen in den Entwicklungsländern werden den Energiebedarf auch dort explodieren lassen. Sollten gar die ehrgeizigen Ziele internationaler Entwicklungshilfeorganisationen umgesetzt werden, kommen wir auf die grüne, fünfprozentige Wachstumslinie, was unseren Planeten schon sehr bald vor unlösbare Energieprobleme stellen kann.

2.3 Der Beitrag des globalen Bevölkerungswachstums zum Energiebedarf

Die Weltbevölkerung wird bis zum Jahre 2050 ungefähr um die Hälfte wachsen. Mitte 2004 lebten 6,3 Milliarden Menschen auf der Erde. Schätzungen der UNO gehen davon aus, daß die Weltbevölkerung trotz sinkender Kinderzahlen und dem verheerenden Einfluß von HIV/Aids weiter zunehmen wird. Die vereinten Nationen haben drei Szenarien aufgestellt. Das erste geht von einem geringen, das zweite von einem mittleren und das dritte von einem sehr hohen Bevölkerungswachstum aus. Ich ziehe an dieser Stelle die mittlere Schätzung der UNO heran. Sie geht davon aus, daß im Jahre 2050 die Weltbevölkerung auf 9 Milliarden

Menschen anwachsen wird.[18] Abbildung 2 stellt diese mittlere Schätzung der Vereinten Nationen bis zum Jahre 2025 dar.

Das Bevölkerungswachstum hat massive Wirkungen auf den weltweiten Energiebedarf. So ist die Weltbevölkerung seit 1870 um das Vierfache gewachsen[19], der Energieverbrauch nahm aber im gleichen Zeitraum um das 60-fache zu.[20] Diese große Zunahme lag daran, daß im Jahre 1870 weite Teile der Welt noch nicht industrialisiert waren und so gut wie niemand über elektrischen Strom verfügte.

Um das weitere Vorgehen zu verstehen, sollte man wissen, daß es verschiedene Einheiten gibt, mit denen man Energie Messen kann. Stromverbrauch wird zum Beispiel

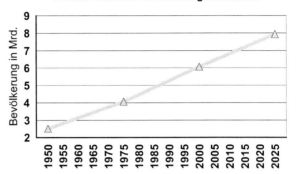

Abb. 2: Globales Bevölkerungswachstum

Quelle: United Nations Department of Economic and Social Affairs: World Population Monitoring 2003. Population, education and development. New York 2004, S. 6

in Kilowattstunden (kWh) gemessen. Betrachtet man die Rückseite einer Müsliverpackung oder den Deckel eines Joghurtbechers, stellt man fest, daß die in den Lebensmitteln enthaltene Energie nicht in Kilowattstunden, sondern in Kalorien oder Joule gemessen wird. Briten und Amerikaner messen Energie in sogenannten »British Thermal Units« (BTU). Es gibt noch viele andere Energieeinheiten. Um einen internationalen Standart festzulegen, hat man sich im Jahre 1978 darauf geeinigt Energie in der Einheit Joule (J) zu messen. Ein Joule aber ist eine verschwindend kleine Energiemenge — allein ein Kilogramm Holz setzt bei seiner Verbrennung eine Energie von ungefähr 14 000 000 Joule[21] frei, ein Kernkraftwerk produziert in einem Jahr circa 80 000 000 000 000 000 Joule[22]. Hier wird deutlich, daß angesichts der enormen Energiemengen, die heute umgesetzt werden der Umgang mit den vielen Nullen verwirren würde. Deshalb werden Vorsilben verwendet. Während die Vorsilbe »Kilo« das Tausendfache einer Einheit bezeichnet, ist »Peta« eine Billiarde einer Einheit. Abbildung 3 stellt die Vorsilben sowie ihre Abkürzungen vor.

---

[18] Vgl. Rudloff 2004, S. 698
[19] Vgl. Baratta, Mario: Der Fischer Weltalmanach 2003, Frankfurt am Main 2002, S. XXXIV
[20] Vgl. Umbach 2002, S. 55
[21] Vgl. Bundesministerium für Wirtschaft und Technologie: Energie Daten 2002, S. 53
[22] Block B und C des Kernkraftwerks Grundremmingen haben im Jahr 2001 75 974 673 600 000 000 Joule Strom hergestellt Vgl. Bundesministerium für Wirtschaft und Technologie: Energie Daten 2002, S. 30

Abb. 3: Vorsilben und ihre Abkürzungen

Vorsilbe	Abkürzung	Wert in Worten	Zahlenwert
Kilo	k	Tausend	$10^3 = 1000$
Mega	M	Million	$10^6 = 1\ 000\ 000$
Giga	G	Milliarde	$10^9 = 1\ 000\ 000\ 000$
Tera	T	Billion	$10^{12} = 1\ 000\ 000\ 000\ 000$
Peta	P	Billiarde	$10^{15} = 1\ 000\ 000\ 000\ 000\ 000$
Exa	E	Trillion	$10^{18} = 1\ 000\ 000\ 000\ 000\ 000\ 000$

Quelle: Bundesministerium für Wirtschaft und Technologie: Energie Daten 2002.
Nationale und Internationale Entwicklung, Berlin 2003, S.57

Physiker klassifizieren den Terminus Energie in mehrere Begriffe. Am Anfang der Energieversorgungskette steht die Primärenergie. Das ist die Energie, die in Braunkohle, Steinkohle, Erdgas, Holz, Wind, Sonnenstrahlen, strömendem Wasser oder Uran enthalten ist. Weil Haushalte und Industrie im allgemeinen mit Braunkohle, Erdöl oder Uran wenig anfangen können, wird die in den Rohstoffen enthaltene Energie zur sogenannten Sekundärenergie oder kommerzieller Energie umgewandelt. Sekundär- oder kommerzielle Energieträger sind zum Beispiel Heizöl für den Brenner, Benzin fürs Auto, Strom für Licht oder Fernwärme für die Heizung. Sekundärenergie oder kommerzielle Energie wird also aus Primärenergie gewonnen. Um eine Aussage darüber treffen zu können, wieviel Energie unsere Zivilisation verbraucht, ist es also sinnvoll den Primärenergieverbrauch zu betrachten. Den globalen Primärenergieverbrauch sehen wir in Abbildung 4. Hier wird deutlich, daß sich der Energiebedarf der Welt bis zum Jahre 2020 von 426 Exajoule auf 824 Exajoule nahezu verdoppeln wird.[23]

Interessant wird es, wenn wir das globale Bevölkerungswachstum mit der Zunahme des globalen Energieverbrauchs vergleichen. Diesen Vergleich zeigt Abbildung 5. Um eine für den Vergleich brauchbare Grafik zu erhalten, werden hier die Bevölkerungszahl in Milliarden und der weltweite Energieverbrauch in 100 Exajoule dargestellt.

Auffällig ist, daß die rote Linie, die den Energiebedarf darstellt, wesentlich stärker ansteigt als die grüne Linie, die die weltweite Bevölkerung darstellt. Der Anstieg des Energiebedarfs ist so hoch, daß die rote Kurve im Jahre 2016 die grüne Bevölkerungsentwicklungskurve überholt. Die in Abschnitt 2.2 aufgestellte These, die Industrialisierung würde den Energieverbrauch drastisch erhöhen, kann man also auch empirisch nachweisen. Dieser

---

[23] Vgl. Cordesman, Anthony H. / Hacatoryan, Sarin: The Changing Geopolitics of Energy - Part I. Key Global Trends in Supply and Demand, Washington DC 1998, S. 12

erhebliche Zuwachs des Energiebedarfs läßt sich vor allem durch Entwicklungen in Asien erklären.

Abb. 4: Globaler Primärenergieverbrauch

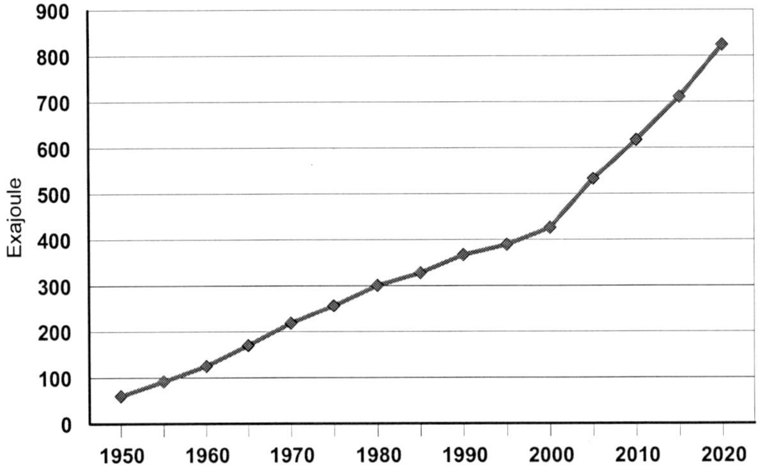

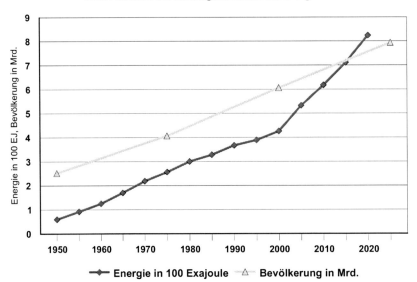

Quellen: Cordesman, Anthony H.: The Changing Geopolitics of Energy - Part I. Key Global Trend in Supply and Demand 1990-2020. Washington, DC 1998, S. 12 und Lomborg, Bjorn: Apocalyps No! Wie sich die menschlichen Lebensgrundlagen Wirklich entwickeln. Lüneburg 2002, S.149

Abb.5: Globales Bevölkerungswachstum und Energieverbrauch

Quellen: Abbildung 2 und Abbildung 4

2.4 Der Beitrag Asiens und Chinas zur globalen Energienachfrage

Quellen des weiter zunehmenden globalen Energiebedarfs sind vor allem die Entwicklungen in Asien. Hier wirken zwei Effekte auf den zunehmenden Energiebedarf: Der Bevölkerungsreichtum der Region und das dynamische Wirtschaftswachstum.

Die Volkswirtschaften vieler asiatischer Länder wachsen im zweistelligen Prozentbereich. Welche Auswirkungen diese Wirtschaftsentwicklung haben kann, habe ich bereits in Abbildung 1 (Abschnitt 2.2, S. 27) beim Vorstellen der exponentiellen Wachstumsfunktionen beschrieben.

In Asien lebt mehr als die Hälfte der Weltbevölkerung. Das hohe Wirtschaftswachstum gepaart mit der großen Bevölkerungszahl führt zu einer explodierenden Energienachfrage. Der weltweite Ölbedarf lag 1990 bei ungefähr 66 Millionen Barrel[24] pro Tag.[25] Im Zeitraum von 1990 bis 2000 nahm die tägliche, globale Nachfrage um 9 Millionen Barrel zu. Asien war an diesem Zuwachs mit 7 Millionen Barrel beteiligt. Asien ist also zu drei Vierteln für die Zunahme der weltweiten Ölnachfrage verantwortlich.[26]

Der Energiehunger Chinas hat Japan auf den dritten Platz verdrängt. Das Reich der Mitte ist damit zum zweitgrößten Ölkonsumenten aufgestiegen.[27] Beim Gesamtenergieverbrauch belegt China mittlerweile auch Platz zwei der Weltrangliste. Das Bevölkerungswachstum ist nur zu einem geringen Teil für den Energiehunger Chinas verantwortlich. Der Energiebedarf nimmt wegen der beschleunigten landwirtschaftlichen Automatisierung, der zunehmenden Verstädterung und dem rasant ansteigenden Konsum zu. Immer mehr Chinesen legen sich Kühlschränke, Waschmaschinen, Fernseher oder Klimaanlagen zu. Ein Auto steht bei vielen chinesischen Haushalten als nächster Posten auf der Wunschliste. Bis zum Jahr 2010 sollen bis zu einer Million Autos verkauft werden. Experten erwarten, daß China bis zum Jahr 2025 zum drittgrößten Automarkt aufsteigen wird.[28]

---

[24] Ölmengen werden entweder in Tonnen oder in Barrel gemessen. Ein Barrel entspricht 159 Litern. Ich werde in meinen Darstellungen immer die Maßeinheit »Barrel« verwenden.

[25] Vgl. BP p.l.c.: BP Statistical Review of World Energy 2004 - Excel Workbook, http://www.bp.com/statisticalreview2004 Download am 11.04.05 um 18:36

[26] Vgl. Umbach 2002, S. 103

[27] Vgl. Botschaft der Volksrepublik China in der Bundesrepublik Deutschland: China wird 2004 zum weltweit zweitgrößten Ölkonsumenten. http://www.china-botschaft.de/det/jj/t93448.htm Download am 03.04.04 um 20:26

[28] Vgl. Umbach 2002: S. 109

Ein weiterer wichtiger Faktor für die Entwicklung des asiatischen Energiebedarfs ist die Energieeffizienz. Die Energieeffizienz wird gemessen, indem man den Energieverbrauch einer Volkswirtschaft in Relation zu ihrer Wirtschaftsleistung setzt. Abbildung 6 zeigt eine Auflistung der Energieeffizienzen verschiedener Länder und Kontinente. Die Energieeffizienz ist hier in Gigajoule je 1000 US-$ dargestellt. Je effizienter in den jeweiligen Ökonomien mit Energie umgegangen wird, desto kleiner ist die Zahl in der Tabelle. Deutlich wird, daß entwickelte Volkswirtschaften wie die amerikanische, deutsche oder japanische wesentlich sparsamer mit Energie umgehen als die schlechter entwickelten Ökonomien wirtschaftlicher Entwicklungs- und Schwellenländer. Gleichzeitig heißt das aber auch, daß die wirtschaftliche Entwicklung in Asien viel stärker Energieabhängig ist als die in der westlichen Welt. Während ein Deutscher 5,4 Gigajoule Energie braucht um 1000 US-$ zu erwirtschaften, braucht ein Chinese die achtfache Energiemenge. Im asiatischen Durchschnitt wird sogar das 16-fache benötigt. Abbildung 6 zeigt uns auch, daß Wirtschaftswachstum in

Abb 6: Energieverbrauch pro Einheit Bruttoinlandsprodukt 1990 - 1999
in Gigajoule / 1 000 US-$

Jahr	1990	1991	1992	1993	1994	1995	1996	1997	1998	1999
Afrika	35,4	36,1	36,7	37,2	37,4	37,6	36,6	36,8	36,6	36,0
Nordamerika	12,9	13,1	13,0	12,9	12,6	12,5	12,4	12,1	11,7	11,6
USA	12,4	12,5	12,4	12,3	12,0	11,9	11,8	11,5	11,1	11,1
Südamerika	12,0	11,8	11,7	11,5	11,6	11,6	11,7	11,6	11,9	12,0
Asien	99,0	97,1	95,4	94,0	91,8	90,3	88,6	86,1	85,8	83,3
China	73,4	68,1	62,7	59,1	55,4	54,0	51,9	47,7	44,5	41,6
Japan	3,8	3,8	3,8	3,8	4,0	4,1	4,0	4,0	4,0	4,0
Europa (OECD-Länder)	7,7	7,7	7,5	7,6	7,4	7,4	7,5	7,3	7,2	7,0
Deutschland	6,6	6,2	6,0	6,0	5,8	5,8	5,9	5,8	5,6	5,4
Europa (nicht OECD-Länder)	41,9	40,3	40,8	42,3	38,0	38,2	39,1	36,6	34,9	32,0
Frühere UdSSR	70,1	73,9	80,1	82,3	83,4	84,0	85,3	80,7	81,6	81,4

Quelle: Bundesministerium für Wirtschaft und Technologie: Energie Daten 2002. Nationale und Internationale Entwicklung. Berlin 2002, S. 39

der westlichen Welt zu einem wesentlich geringeren Energieanstieg führt als im Rest der Welt. In Entwicklungs- und Schwellenländern führt bereits ein geringes Wirtschaftswachstum zu einer explosionsartigen Ausweitung des Energiebedarfs.

Kombiniert man also die schlechte Energieeffizienz asiatischer Volkswirtschaften mit ihren zweistelligen Zuwachsraten, ist es nur allzu verständlich, daß die Entwicklungen in Asien den zukünftigen Energieverbrauch der Welt — wie schon in Abbildung 5 prognostiziert — weitaus stärker als das globale Bevölkerungswachstum steigen lassen wird.

3. Die Notwendigkeit von Erdöl

Wie bisher ausgeführt, wird die Welt von Morgen mehr und mehr Energie verbrauchen. Dabei spielt Rohöl in naher Zukunft — wie auch schon in der Vergangenheit — eine wesentliche Rolle. Erdöl besteht aus Plankton, das vor 2 bis 140 Millionen Jahren auf den Meeresboden absank. Pflanzliche Zersetzungsprozesse, Druck und Hitze führten letztendlich zu den heute vorhandenen Öllagerstätten.[29] Weil Zeiträume von mehreren Millionen Jahren notwendig sind, um fossile Ressourcen zu generieren, sind diese Ressourcen nicht erneuerbar. Erdöl ist also eine begrenzte Ressource: Jedes Faß Erdöl, das wir heute verbrauchen steht zukünftigen Generationen nicht mehr zur Verfügung.

Der Anteil von Erdöl am Primärenergiebedarf der Welt ist zwar seit Jahren tendenziell rückläufig; weil aber der globale Energiebedarf weiter zunimmt, steigt auch die Nachfrage nach Erdöl kontinuierlich. Rohöl ist heute mit einem Anteil von 35% am Energieverbrauch der wichtigste Primärenergieträger.[30] Aktuelle Prognosen der amerikanischen Energie Information Administration — das ist die Statistikabteilung des US-Energieministeriums — gehen davon aus, daß die globale Nachfrage nach Erdöl von 78 Millionen Barrel/Tag im Jahre 2002 auf 118 Millionen Barrel/Tag im Jahre 2025 steigen wird.[31]

Die beständig steigende Nachfrage nach Erdöl kommt dadurch zustande, daß diese Ressource in manchen Wirtschaftsbereichen unverzichtbar ist. Im Transportsektor zum Beispiel bleibt Erdöl die dominante Ressource, weil es sich nur schwer durch andere Primärenergieträger ersetzen läßt.

Unter der Annahme stetigen wirtschaftlichen Wachstums bestehen für den Transport von Gütern die folgenden wirtschaftlichen Zusammenhänge: Wirtschaftliches Wachstum beruht auf Produktivitätsgewinnen. In der Industrie lassen sich Produktivitätsgewinne durch Spezialisierung erzielen. Anstatt daß ein einzelnes Unternehmen eine Vielzahl von Gütern herstellt, haben sich viele Unternehmen darauf spezialisiert, nur ein bestimmtes Gut zu produzieren. Beispielsweise stellt Nokia Mobiltelefone und Osram Glühlampen her. Beide Unternehmen haben gemeinsam, daß sie sowohl Handys, als auch Glühlampen in hoher Stückzahl produzieren. Einerseits führt die Produktion in hohen Stückzahlen dazu, daß sowohl Handys als auch Glühbirnen sehr billig hergestellt werden können. Weiterhin führt die Massenproduktion zu expandierenden Absatzmärkten: Weil die Handys und Glühbirnen

---

[29] Vgl. Lomborg 2002, S. 145

[30] Zum Vergleich: Kohle 26,5%, Erdgas 26,9%, Uran 7,8%, Wind-, Wasserkraft, sonstige 3,3%. Zahlen aus dem Jahre 2000 Vgl. Rudloff 2004, S. 641

[31] Vgl. Sandrea Rafael: Imbalances among oil demand, reserves, alternatives define energy dilemma today, in: Oil & Gas Journal. July 12, 2004, S. 34

in einer Stückzahl hergestellt werden, die der heimische Markt nicht absorbieren kann, muß exportiert werden. So kommt es, daß deutsche Konsumenten finnische Handys benutzen und in finnischen Haushalten deutsche Glühbirnen leuchten.[32] Expandierende Absatzmärkte bedeuten also, daß die Anzahl von Gütern, die über längere Strecken transportiert werden, stetig zunimmt.

Wegen dem im Fertigungssektor generierten Wirtschaftswachstum steigen gleichzeitig auch die Einkommen der Haushalte. Bei steigendem Einkommen tendieren die Individuen einer jeden Volkswirtschaft sowohl beruflich als auch in ihrer Freizeit zu mehr Mobilität: Es werden öfter längere Strecken mit höheren Geschwindigkeiten gefahren.

Interessant an diesem Zusammenhang zwischen steigenden Einkommen und steigender Mobilität der Haushalte ist, daß die in letzter Zeit explodierenden Kraftstoffpreise den Kraftstoffverbrauch und das Fahrverhalten der Konsumenten nur marginal beeinflussen. Volkswirtschaftler erklären dieses Phänomen mit den für den Kraftstoffmarkt typischen Elastizitäten[33]: Die Nachfrage nach Kraftstoff hat eine niedrige Preiselastizität und eine hohe Einkommenselastizität.[34] Niedrige Preiselastizität bedeutet, daß bei extrem steigenden Kraftstoffpreisen die Nachfrage nach Sprit nur minimal zurückgeht. Die hohe Einkommenselastizität bedeutet, daß bei minimal steigenden Einkommen der privaten Haushalte der Bedarf nach Benzin und Diesel erheblich zunimmt.[35] Auch empirische Daten bestätigen diesen Zusammenhang: Obwohl die deutschen Kraftstoffpreise von 1999 bis heute um 80% angestiegen sind, ging die Nachfrage nach Kraftstoffen im gleichen Zeitraum nur um 10% zurück.[36]

Außerhalb des Transportsektors besteht die Möglichkeit zur Substitution von Erdöl durch andere Primärenergieträger. Wie in Abbildung 7 dargestellt, wird neben dem Transportsektor ein großer Teil der Primärenergie von der Industrie, dem Handels- und Dienstleistungssektor sowie den privaten Haushalten verbraucht. Energie wird hier für das Heizen oder Kühlen von Gebäuden und Nutzwasser oder in Form von Elektrizität benötigt.

Bei der Klimatisierung von Gebäuden konkurriert Erdöl mit den Energieträgern Elektrizität, Erdgas und in manchen Fällen auch Kohle oder Holz. In der Elektrizitätsherstellung

---

[32] Vgl. Krugman, Paul R. / Obstfeld Maurice: International Economics. Theory and Policy, Boston 2003, S. 135
[33] Im Glossar wird der volkswirtschaftliche Begriff »Elastizität« ausführlich erklärt.
[34] Vgl. Noreng, Oystein: Crude Power. Politics and the Oil Market. New York 2002, S.31
[35] Vgl. Hanusch, Horst / Kuhn Thomas: Einführung in die Volkswirtschaftslehre. Berlin 1998, S. 84
[36] Vgl. Pressestelle des Statistischen Bundesamtes: Belastung der privaten Haushalte durch die gestiegenen Rohölpreise. Pressemitteilung vom 24.11.2004,
http://www.destatis.de/presse/deutsch/pm2004/p4990121.htm Download am 12.05.05 um 16:32

**Abb. 7: Anteil der Wirtschaftssektoren am Endenergie-
verbrauch in Deutschland im Jahr 2000**

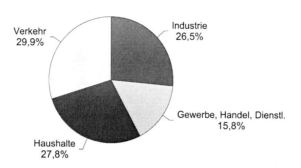

Quelle: Bundesministerium für Wirtschaft und Technologie: Energie Daten 2002.
Berlin 2002, S. 11

konkurriert Erdöl mit Kohle, Erdgas, Uran, Wasserkraft und zunehmend auch Wind- und Solarenergie. Der Trend der Nutzung von Energieträgern geht allgemein in Richtung höherer Effizienz, Sauberkeit und Bequemlichkeit. Aus diesem Grund wurde — wie schon weiter oben angesprochen — Holz und der Einsatz von Nutztieren zunächst von Kohle und anschließend von Erdöl abgelöst.[37]

Der Anteil von Erdöl am Gesamtenergieverbrauch ist auch deshalb so hoch, weil Erdöl gegenüber anderen Primärenergieträgern wie Erdgas, Kohle, Uran etc. Vorteile besitzt: Im Vergleich zu Kohle enthält Erdöl einen bis zu 50% höheren Heizwert. Im Vergleich zu Erdgas, Kohle oder Uran läßt sich Erdöl wegen seines flüssigen Aggregatzustandes besonders leicht transportieren und lagern. Der hohe Heizwert sowie die Einfachheit des Transports und der Lagerung wirkt sich auf die Produktionskosten und letztendlich den Preis der Ressource aus: Erdöl ist zum Beispiel, gemessen an der in ihm enthaltenen Energie, beinahe um 35% kostengünstiger als Kohle.[38]

Steigt der Preis von Erdöl erheblich, sollte dies eigentlich bei der Klimatisierung von Gebäuden und der Elektrizitätsherstellung dazu führen, daß Erdöl durch andere Primärenergieträger substituiert wird. Dennoch benötigt der Wechsel von Erdöl zu anderen Primärenergieträgern Jahrzehnte: Technologien, die Energieträger wie Kohle, Erdgas, Uran oder alternative Ressourcen in nutzbare Energie verwandeln können, müssen zunächst

---

[37] Vgl. Noreng 2002, S. 30f
[38] Vgl. Ghaffari, Amir: OPEC. Entwicklung und Perspektive. Osnabrück 1989, S. 52

entwickelt werden und Marktreife erlangen. Danach muß die Energieinfrastruktur eines Landes auf Nicht-Erdöl-Energieträger angepaßt werden. Auch die Konsumenten benötigen lange Vorlaufzeiten um zum Beispiel die Klimatechnik ihrer Häuser an einen neuen Energieträger anzupassen. Es bedarf also vieler Jahre und großer finanzieller Anstrengungen, um die Zentralheizungen, Klimaanlagen, Wasserboiler oder Kraftwerke einer Gesellschaft auf Nicht-Erdöl-Energieträger anzupassen.[39]

Zusammengefaßt führern sowohl das Wirtschaftswachstum als auch steigende Einkommen der privaten Haushalte zu einer Ausdehnung des Transportsektors. Das Fehlen von alternativen Kraftstoffen macht Erdölprodukte im Transportsektor unverzichtbar. Außerhalb des Transportsektors konkurriert Erdöl mit anderen Primärenergieträgern. Allerdings führen in diesen Bereichen kurzfristig hohe Ölpreise nicht zur Anpassung der Energieinfrastruktur. Trotz hoher Ölpreise bleibt Rohöl — zumindest kurz- und mittelfristig — eine unverzichtbare Ressource.

---

[39] Vgl. Noreng 2002, S. 30f

4. Schwindende Reserven in politisch sicheren Förderländern

Weil Erdöl gegenüber anderen Energieträgern Vorteile besitzt, erlebte diese Ressource nach dem zweiten Weltkrieg einen regelrechten Boom. Im Jahr 1960 deckte Erdöl 35% des Weltenergiebedarfs. Im Jahre 1973 stieg der Anteil sogar auf 50,7%. Der Anteil des Erdöls, der aus dem Nahen und Mittleren Osten kam, lag in jenem Jahr bei 36%.[40] Aus der Golfregion wurde so viel Erdöl bezogen, weil dort im Vergleich zu anderen Förderregionen die Produktionskosten sehr niedrig lagen — und immer noch liegen. Abbildung 8 vergleicht die Produktionskosten von Erdöl in der USA mit denen im OPEC-Raum.

Naher und Mittlerer Osten
In dieser Arbeit wird der Begriff »Naher und Mittlerer Osten« noch sehr oft verwendet. Dieser Begriff ist leider unhandlich lang. Auch im angloamerikanischen Raum wird von »Middle East« gesprochen, wenn in Wirklichkeit der Nahe und Mittlere Osten gemeint ist. Aus diesem Grund wird im Folgenden ausschließlich der Terminus »Mittlerer Osten« verwenden, wenn ich in Wirklichkeit den Nahen und Mittleren Osten gemeint ist.

Reale oder inflationsbereinigte Daten
Der in Abbildung 8 verwendete Begriff »In US-$ Preisen von 1997« heißt nichts weiter, als daß es sich in dieser Abbildung um sogenannte *reale Werte* handelt. Die in Abbildung 8 verwendeten Werte sind also *inflationsbereinigt*. Wenn Ökonomen einen wirtschaftlichen Zustand in der Vergangenheit mit dem wirtschaftlichen Zustand von heute vergleichen wollen, verwenden sie immer inflationsbereinigte Daten. Um einen aussagekräftigen Vergleich der Produktionskosten von 1962 mit denen von 1982 durchzuführen habe ich in Abbildung 8 die Inflation herausgerechnet. Verzichtet man bei einem Vergleich von zwei zeitlich so weit entfernten Zuständen darauf, die Inflation herauszurechnen, wäre es als ob man »Äpfel mit Birnen« vergleicht. Weil die Verwendung realer Werte noch bei anderen Abbildungen notwendig ist, werde ich auch an weiteren Stellen dieser Arbeit inflationsbereinigte Daten verwenden. Wenn also in einer Abbildung Preise als »in Preisen von XXXX« angegeben werden, dann sind diese Preise auf Basis des Jahres XXXX inflationsbereinigt.

In Abbildung 8 wird also deutlich, daß in den OPEC-Ländern aufgrund günstigerer geologischer Bedingungen die Produktionskosten erheblich niedriger sind als in den USA. Die OPEC kann Öl 2,5 bis fast 7 mal billiger herstellen als dies in der USA möglich ist. Saudi-Arabien hat sogar die günstigsten Produktionsbedingungen der Welt: Im Vergleich zur USA sind dort die Produktionskosten sogar 20 mal niedriger.[41]

---

[40] Vgl. Umbach, Frank: Internationale Energiesicherheit zu Beginn des 21. Jahrhunderts, in: BAKS (Hrsg.): Sicherheitspolitik in neuen Dimensionen, Ergänzungsband I, Hamburg-Berlin-Bonn 2004, S. 354
[41] Dietz, Harald: Zeitbombe Nahost. Vom Golfkrieg zur Neuen Weltordnung? Asslar 1991, S.17

Abb. 8: Produktionskostenvergleich zwischen US-Erdöl und OPEC-Öl auf dem amerikanischen Energiemarkt in US-$ je Barrel, inflationsbereinigt in Preisen von 2003

Jahr	USA	OPEC
1962	8,27	1,79
1976	10,03	1,50
1983	8,05	3,23

Quellen: Ghaffari, Amir: OPEC. Entwicklung und Perspektive. Osnabrück, 1989, S. 54; Pocock, Emil: Consumer Price Index 1950-1997, Homepage der Eastern Connecticut State University, http://www.easternct.edu/personal/faculty/pocock/CPI.htm Download am 14.05.05 um 16:07; eigene Berechnung

4.1 Erschließen von politisch sicheren Fördergebieten als Reaktion auf den Ölpreisschock von 1973

Wie wichtig das Erdöl aus der Golfregion für die Industrieländer war und ist, zeigte sich deutlich in der Ölkrise von 1973. Wegen der Parteinahme der Vereinigten Staaten und der Niederlande im arabisch-israelischen Konflikt nutzten die arabischen Ölförderländer 1973 Erdöl als politische Waffe. Die massiven Ölpreissteigerungen der OPEC im Jahre 1973 führten in den Industrieländern zu einem wirtschaftlichen Schock und zeigten dem Westen,[42] wie abhängig dieser vom Öl aus dem Persischen Golf war. Als Antwort auf diese Energiekrise wurde das sogenannte *traditionelle Konzept der Energieversorgungssicherheit* entwickelt. Eckpunkte dieses Konzepts sind:

Abb. 9: Traditionelles Konzept der Energieversorgungssicherheit

1. Diversifizierung von Energieträgern
2. Diversifizierung des Energieimportes
3. Maximale Ausnutzung heimischer Ressourcen
4. Maximierung von Energiesparmöglichkeiten
5. Bildung strategischer Ölreserven von mindestens 90 Tagen
6. Auf- und Ausbau guter politischer Beziehungen mit Erdölproduzenten und Öltransitländern

Quelle: Umbach, Frank: Globale Energiesicherheit. Strategische Herausforderungen für die europäische und deutsche Außenpolitik. München 2003, S. 38f

---

[42] Auch der Begriff »Westen« wird in dieser Arbeit häufig vorkommen. Wenn ich vom »Westen« spreche, meine ich in Wirklichkeit die OECD-Länder. Welche Länder zur OECD gehören ist im Glossar aufgeführt.

Um sich aus der Erdölabhängigkeit der OPEC zu befreien befolgten die westlichen Industrieländer vor allem Punkt 2 und Punk 3 des in Abbildung 9 vorgestellten Energiesicherheitskonzepts: Sie verlagerten die Ölproduktion von den OPEC-Staaten entweder in andere Länder oder gleich ins heimische Territorium:[43] Amerikaner orientierten sich Richtung Golf von Mexico und Alaska. Die Europäer erschlossen neue Förderkapazitäten in der Nordsee. Diese Maßnahmen führten dazu, daß der Westen die Anzahl seiner Öllieferanten steigerte. Bereits Mitte der 1980er Jahre ist der Anteil des OPEC-Öls an der globalen Energieversorgung auf 19% zurückgegangen. Durch die Diversifikation seiner Erdöllieferanten und die verstärkte Nutzung heimischer Ölproduktion machte sich der Westen weniger abhängig von den politisch instabilen Förderländern des Mittleren Ostens. Zusätzlich eröffnete der Zusammenbruch der Sowjetunion und die politisch-wirtschaftliche Öffnung ihrer Nachfolgestaaten die Möglichkeit zur energiepolitischen Kooperation. Europa, Japan und die USA intensivierten ihre Zusammenarbeit mit den GUS-Staaten, was die Energieverwundbarkeit des Westens von der instabilen Golfregion weiter verringerte.[44]

An dieser Stelle ist eine weitere Begriffsdefinition nötig. Ich werden in den folgenden Ausführungen von *politisch sicheren Fördergebieten* und von *politisch nicht-sicheren Fördergebieten* sprechen. Politisch sichere Fördergebiete sind jene Fördergebiete, die in krisenfreien Weltregionen liegen und deren Ölproduktion nicht von politischen Krisen gefährdet ist. Politisch nicht-sichere Fördergebiete sind Fördergebiete, in denen es aufgrund von politischen Instabilitäten zu einer Beeinträchtigung oder einem Totalausfall der Ölförderung kommen kann. So gehört die USA, Mexico und die Nordsee zu den politisch sicheren Fördergebieten, während die Ölstaaten des Persischen Golfs zu den nicht-sicheren Fördergebieten gezählt werden.

Trotz dieser positiven Entwicklungen in der Vergangenheit sind Pessimisten wie zum Beispiel der namhafte amerikanische Geologe Colin J. Campbell der Meinung, daß die Öllagerstätten in diesen politisch stabilen OPEC-Ausweichländern erschöpft seien. Optimisten sprechen dagegen von neuen Fördermethoden, mit denen sich weitere Lagerstätten ausbeuten und von neuen Bohrtechniken, die bereits stillgelegte Ölquellen wieder sprudeln lassen sollen.

---

[43] Vgl. Ghaffari 1989, S. 126
[44] Vgl. Umbach 2004, S. 354

4.2 Die Problematik verläßlicher Daten

Unter den Geologen herrscht Einigkeit darüber, daß bis zum heutigen Tag ungefähr 800 Milliarden Barrel Erdöl gefördert wurden. Nicht einigen können sich Optimisten und Pessimisten über die Menge, die noch im Erdinneren ruht. Dieser Dissens beruht zum einen auf den verschiedenen Auslegungsmöglichkeiten des Wortes **Reserven** und zum anderen auf verschiedenen Institutionen, die im Erdölsektor Datenmaterial erheben.

4.2.1 Reserven und Ressourcen

Zunächst unterscheiden Geologen und Ingenieure zwischen Reserven und Ressourcen. Lagerstätten aus denen sich Erdöl oder Erdgas mit der heutigen Technologie zu vernünftigen Kosten abbauen läßt, werden als **Reserven** verbucht. Unter dem Begriff **Ressourcen** versteht man die theoretisch geschätzte Ölmenge einer Region, die zu den derzeitigen Marktbedingungen mit den derzeitigen Techniken *nicht* wirtschaftlich gefördert und verarbeitet werden kann.

4.2.2 P-Wahrscheinlichkeiten

Geowissenschaftler ordnen Reserven verschiedener Ölfelder Wahrscheinlichkeitswerte zu. Das verkompliziert die Diskussion zwischen Optimisten und Pessimisten zusätzlich. Am Beispiel des norwegischen Oseberg-Ölfelds läßt sich dieses veranschaulichen. Die Erdölingenieure schätzen die Wahrscheinlichkeit, daß dieses norwegische Ölfeld 700 Millionen Barrel förderbares Erdöl enthält auf 90%. Die Wahrscheinlichkeit, daß sich dort noch weitere 2500 Millionen Barrel hochpumpen lassen, geben die Ingenieure mit 10% an. In der geowissenschaftlichen Fachsprache heißt die 700 Millionen Barrel-Schätzung P90-Schätzung, die 2500 Millionen Barrel-Schätzung bezeichnen die Geologen mit P10-Schätzung (der Buchstabe P steht für probability).

Die U.S.-Börsenaufsicht schreibt vor, daß amerikanische Erdölkonzerne Ressourcen nur dann als *nachgewiesene Reserven* deklarieren dürfen, wenn diese Reserven mit einer P90-Schätzung ermittelt worden sind. Allerdings halten sogar die Pessimisten um Colin Campbell die P90-Schätzung für zu restriktiv, weil sie die tatsächlichen Reserven eines Erdölfeldes in der Regel unterschätzt. Sogar sie plädieren für eine mittlere Schätzung — also für die P50. Im Gegensatz zu den in den USA vorgeschriebenen P90-Schätzungen verwenden andere Staaten erheblich niedrigere Wahrscheinlichkeiten. Die Nachfolgestaaten der Sowjetunion verwenden zum Beispiel konsequent die P10-Schätzung. Die Regierungen der

GUS-Staaten überschätzen also die auf ihrem Gebiet vorhandenen Erdölreserven systematisch.[45]

Die Praxis, die Reserven einer Region zu überschätzen, scheint nicht nur bei den Regierungen der GUS-Staaten üblich zu sein. Auch die Chinesen haben in der Vergangenheit Berichte über Ressourcenfunde im Südchinesischen Meer übertrieben. Zum einen locken Ölförderländer mit dieser »Schönrechnerei« westliche Energiefirmen, welche dann vor Ort die Erdölinfrastruktur ausbauen.[46] Zum anderen dienen die Ölreserven der Förderländer als Sicherheiten gegenüber ihren Gläubigern: Um leichter Kredite von der Weltbank oder dem Internationalen Währungsfonds zu erhalten beziehungsweise bessere Konditionen für Darlehen zu bekommen, beurteilen viele Förderländer ihre Reservensituation zu optimistisch.[47]

4.2.3 Datenbasis der Erdölbranche

Die Frage, wieviel Öl noch im Erdinneren lagert, ist in der Erdölbranche umstritten. Im Folgenden stelle ich fünf wichtige Quellen vor, die Daten zu Ölreserven und -ressourcen veröffentlichen.

- Das *Oil & Gas Journal* veröffentlicht Daten über Reserven und die Produktion von Ländern. Die Daten werden über einen Fragebogen ermittelt, der von den Ölministerien der Förderländer beantwortet wird. In den letzten Jahren werden die Daten aber immer weniger verläßlich. Dieses liegt an den schon oben dargestellten politischen Motiven der Regierungen ihre Ölreservensituation zu überschätzen.[48]

- Die Firma British Petrol (BP) veröffentlicht jedes Jahr die *BP Statistical Review of World Energy*. Diese Broschüre bietet umfassende, globale Daten über Reserven, Produktion, Verbrauch und Raffineriekapazitäten für die Energieträger Öl, Gas, Kohle, Atom- und Wasserkraft. Auch dieses Jahr werden die Daten dieser Broschüre vom Vorstandsvorsitzenden der BP Gruppe als »eine aussagekräftige Basis für geschäftliche wie politische Entscheidungen«[49] angepriesen. Auch viele Branchenanalysten nehmen an,

---

[45] Vgl. Rifkin 2002, S. 25 und S. 28
[46] Vgl. Umbach 2002, S. 107
[47] Vgl. Rifkin 2002, S. 29
[48] Vgl. Campbell 1999, S. 67
[49] Eigene Übersetzung des Statements von Lord Browne of Madingley, Group Chief Executive der British Petrol p.l.c.: »In a period of great volatility and uncertainty in world energy markets, it is important to establish

daß die in der BP-Broschüre enthaltenen Daten richtig sind, weil sie von einem angesehenen Konzern mit beachtlicher Erfahrung veröffentlicht werden. Allerdings reproduziert die BP Statistical Review of World Energy im Falle der Ölreserven lediglich die vom Oil & Gas Journal erfaßten Daten.[50] Die in der BP-Broschüre veröffentlichten Förderdaten hingegen beruhen auf tatsächlich produzierten Ölmengen und werden deshalb in dieser Arbeit oft benutzt.

- Die Zeitschrift *World Oil* veröffentlicht vergleichbare Reserve- und Produktionsdaten wie das Oil & Gas Journal. Für eine Vielzahl von OPEC-Ländern sind die Daten allerdings verläßlicher als die Daten des Oil & Gas Journals. Die Zeitschrift erscheint nur in einer kleinen Auflage und ist für Bibliotheken sehr teuer. Sie ist daher nur in einigen exklusiven Fachbüchereien einsehbar und stand für diese Arbeit — mit Ausnahme eines Artikels im Internet — leider nicht zur Verfügung.

- Die Beraterfirma *Petroconsultants* versorgt Energieunternehmen mit Informationen über Konzessionen, Explorationsbohrungen, Ölproduktion, Reserven und vielem mehr. Die Berater arbeiten eng mit allen großen Ölkonzernen zusammen und erhalten von diesen eine Vielzahl interner Daten. Die Expertise von Petroconsultants wird von allen großen Ölfirmen ausgiebig genutzt. Petroconsultants erhebt Daten für jedes einzelne Ölfeld. Reserven dieser Ölfelder werden nach der P50-Schätzung bewertet, was bedeutet, daß das Risiko einer niedrigeren Ölausbeute der Chance einer höheren Ölausbeute gleichkommt. Auch der namhafte Geologe Colin Campbell, der zu den Pessimisten unter den Geologen gehört, arbeitet für die Beraterfirma Petroconsultants. Seine Vorhersagen zur zukünftigen Ressourcensituation werde ich in Abschnitt 4.3 vorstellen.

- Die *United States Geological Survey* (USGS) veröffentlicht Analysen über weltweite Reserven und bisher nicht genutzte Ressourcen. Tatsächlich basieren die USGS-Einschätzungen auf Materialien von Petroconsultants. Weil die USGS von der US-Administration finanziert wird, muß sie Regierungsinteressen berücksichtigen und ist bei ihren Veröffentlichungen dementsprechend vorsichtig.[51]

---

the facts, because only facts can provide a sound basis for judgement and policy«, in: BP p.l.c.:BP Statistical Review of World Energy 2004 - gedruckte Ausgabe. London 2004, S. 2
[50] Vgl. Campbell 1999, S. 67
[51] Vgl. Campbell 1999, S. 67f

Neben diesen fünf besonders wichtigen Quellen verwende ich noch zwei weitere Quellen. Dabei handelt es sich um Daten der deutschen *Bundesanstalt für Geowissenschaften und Rohstoffe* und der amerikanischen *Energy Information Administration*:

- Die *Bundesanstalt für Geowissenschaften und Rohstoffe (BGR)* veröffentlicht ebenso Daten über die weltweite Reserven und Ressourcensituation. Weil die BGR eine nachgeordnete Behörde des deutschen Bundesministeriums für Wirtschaft und Arbeit ist, muß sie ebenso wie die amerikanische USGS Regierungsinteressen berücksichtigen.[52] Ihre Prognosen sind eher pessimistisch.[53]

- Die *Energy Information Administration (EIA)* bietet Daten, Vorhersagen und Analysen zu den Energieträgern Erdöl, Erdgas, Kohle, Atom, Wasserkraft sowie erneuerbaren Energieträgern. Die EIA veröffentlicht diese Daten für nahezu alle Länder der Welt. Vorteilhaft ist, daß im Gegensatz zu anderen Instituten die Analysen und Prognosen der EIA via Internet frei zugänglich sind. Die EIA ist dem amerikanischen Energieministerium unterstellt und wird direkt vom US-Kongress finanziert.[54]

Was die Situation der weltweiten Ölreserven betrifft, repräsentieren das Oil & Gas Journal, das BP Statistical Review of World Energy, World Oil und die EIA die Sicht der Optimisten, während die Daten von Petroconsultants, der USGS und der BGR eher die Meinung der Realisten und Skeptiker wiedergeben.

4.2.4 Midpoint of Depletion und Fördermaximum

Neben Reserven, Ressourcen und den P-Wahrscheinlichkeiten müssen zunächst die Begriffe *Midpoint of Depletion* und *Fördermaximum* definiert werden, um eine Aussage über die Rohölsituation verschiedener Fördergebiete treffen zu können.

Der Begriff *Midpoint of Depletion* wurde von dem amerikanischen Geologen M. King Hubbert entwickelt. Im Jahre 1956 berechnete er, daß die Produktion der USA ohne Alaska um das Jahr 1970 einen Höhepunkt erreichen und danach kontinuierlich zurückgehen

---

[52] Vgl. Homepage der Bundesanstalt für Geowissenschaften und Rohstoffe,
`http://www.bgr.de/index.html?/menu/service.htm` Download am 19.08.02 um 22:28
[53] Vgl. Schrader, Christopher: Die Suche nach dem letzten Tropfen, in: SZ Wissen 01/2005, S.59 und S.62
[54] Vgl. Energy Information Administration: About Us,
`http://www.eia.doe.gov/neic/aboutEIA/aboutus.htm` Download am 15.09.05 um 22:06

würde.[55] Nach Hubberts Auffassung verläuft die Ölförderung entsprechend einer klassischen Normalverteilungskurve (siehe Abbildung 10). Die Ausbeutung der Vorkommen beginnt langsam und beschleunigt sich mit der Entdeckung großer Lagerstätten. Sind die größten Felder gefunden und ausgebeutet, verlangsamt sich die Förderung. Es werden dann zwar noch kleinere Öllagerstätten gefunden, diese verursachen aber bei der Exploration und Ausbeutung höhere Kosten. Gleichzeitig fließt daß Öl der großen Quellen langsamer, weil ihr Öldruck mit voranschreitender Ausbeutung abnimmt. Die Kombination von

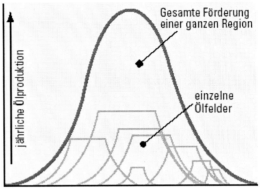

Abb. 10: Hubberts Normalverteilungskurve

Gesamte Förderung einer ganzen Region

einzelne Ölfelder

Quelle: Rechsteiner, Rudolf: Grün Gewinnt. Die letzte Ölkrise und danach. Zürich 2003, S..2

sinkender Entdeckungsrate und verlangsamter Förderung kulminiert in einem Plateau, das als *Förder-* oder *Produktionsmaximum* bezeichnet wird. Der höchste Punkt der Normalverteilungskurve ist erreicht. Von dort an fällt die Produktion genauso rasch wie sie

Abb. 11: Ölproduktion der USA ohne Alaska

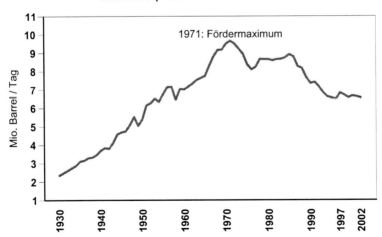

Quellen: Jahre 1930-1996: Campbell, Colin J.: The Comming Oil Crisis, Brentwood 1999, S.205; Jahre 1997-2002: BP p.l.c: Statistical review of US-Energy 2003; Download 21.05.05 um 15:12 http://www.bp.com/sectiongenericarticle.do?categoryId=119&contentId=2004165

[55] Vgl. Campbell 1999, S. 85

angestiegen ist und verleiht dem Graph seine charakteristische Glockenform.[56] Abbildung 11 zeigt, daß Hubberts Prognose von 1956 richtig war. Die Ölproduktion der USA ohne Alaska erreichte tatsächlich um 1970 einen Maximalwert und ist seitdem Jahr für Jahr rückläufig.

Die Produktion von Erdöl beginnt also bei Null, steigt auf ein Maximum an und endet wieder bei Null. Interessant an dieser Kurve ist, daß das Produktionsmaximum einer Förderregion genau an dem Punkt liegt, an dem die Hälfte des Erdöls dieser Region gefördert wurde. Aufgrund dieser Tatsache bezeichnen Ölexperten das Maximum der Hubbert-Kurve als *Midpoint of Depletion*. Der *Midpoint of Depletion* markiert also den Punkt, ab dem die Ölproduktion einer Förderregion rückläufig ist.

4.3 Rückgang der Produktion in den OPEC-Ausweichländern

Wie in Punkt 4.1 dargestellt reagierten sowohl Europäer als auch Amerikaner auf die OPEC-Ölpreissteigerungen von 1973 mit einem Ausbau der Ölproduktion in politisch sicheren Fördergebieten direkt vor der eigenen Haustür. Heute decken Quellen auf eigenem Gebiet einen großen Teil des Ölbedarfs: So stammt circa 40% des in der USA konsumierten Erdöls aus heimischen Ölquellen.[57] Auch die EU deckt etwa 40% ihres Eigenbedarfs aus eigener Produktion, von welcher Großbritannien den größten Anteil stellt.[58] Die fehlenden 60% werden importiert. Sowohl Amerikaner als auch Europäer halten sich an das klassische Konzept der Energieversorgungssicherheit und haben ihre Bezugsländer für Erdöl diversifiziert. Zusätzlich gewährleisten sowohl die Vereinigten Staaten als auch die EU ihre Energiesicherheit, indem sie den größten Anteil aus Ländern importieren, die politisch relativ stabil sind (Abbildung 12 und 13). Es wird zwar noch Erdöl aus dem konfliktträchtigen Mittleren Osten bezogen, der Anteil kann aber dank der OPEC-Ausweichländer sowohl in Europa als auch in Amerika gering gehalten werden.

Abbildung 14 zeigt, daß genau die politisch stabilen Länder, die einst den Westen aus der Abhängigkeit der OPEC befreiten ihren Midpoint of Depletion bereits erreicht oder schon überschritten haben. Deshalb bietet die heimische Produktion auch keinen Ausweg aus der

---

[56] Vgl. Die H2-Revolution S. 35f
[57] Vgl. BP p.l.c: BP Statistical Review of US-Energy 2003 - Excel Workbook, http://www.bp.com/sectiongenericarticle.do?categoryId=119&contentId=2004165 Download am 21.05.05 um 15:12
[58] Vgl. Rempel Hilmar / Thielemann, Thomas / Thorste, Volker: Geologie und Energieversorgung. Rohstoffvorkommen und Verfügbarkeit, in: Osteuropa 9-10/2004, S. 95

Abb. 12. Rohölimport der USA 2002

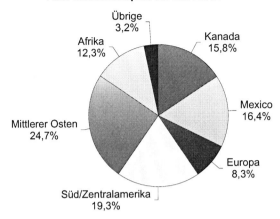

Quelle: BP p.l.c.: BP Statistical Review of US-Energy 2003
http://www.bp.com/sectiongenericarticle.do?categoryId=119&contentId=2004165
Download am 21.05.05 um 15:12

Abb. 13: Röhölimport der EU 1999

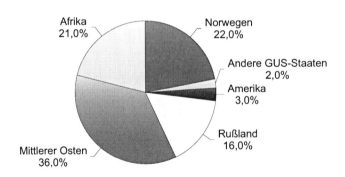

Communication from President Prodi, Vice President de Palacio and Commis
sioner Patten to the Commission http://europa.eu.int/comm/energy_transport/
/russia/comm-final-en.pdf S.11 Download am 22.05.03 um 16:07

arabischen Ölabhängigkeit: In den Vereinigten Staaten ist die Ölförderung seit Anfang der 1970er Jahre rückläufig. Die Länder der EU haben laut Campbell ihren Midpoint of Depletion bereits in den Jahren 1997/98 überschritten. Zusätzlich verfügen die Regionen, aus denen Europa und Amerika ihr Erdöl beziehen, über relativ geringe Ölreserven. Campbell scheint also mit seinen Vorhersagen recht zu behalten, denn den Briten geht tatsächlich das eigene Öl aus: Im Sommer 2004 wurde Großbritannien vom Netto-Exporteur zum Netto-Importeur von Erdöl.[59]

Um sich aus dem Würgegriff der OPEC zu befreien, erschlossen also Amerika und Europa als Reaktion auf die Ölkrisen von 1973 und 1979 Fördergebiete in Alaska, dem Golf von Mexico und der Nordsee. Obwohl unter Geologen Uneinigkeit darüber besteht, wieviel Ölvorkommen sich noch in Alaska, dem Golf von Mexico und der Nordsee befinden, sind sich sowohl Pessimisten als auch Optimisten der Branche einig, daß das Fördermaximum dieser OPEC-Ausweichgebiete erreicht ist und ihre Ölproduktion zurückgehen wird. Das Gros der weltweiten Ölproduktion wird sich damit in Richtung Persischer Golf verlagern. Im Gegensatz zu Ländern, die ihr Fördermaximum schon erreicht haben und

Abb. 14: Verteilung der verbleibenden Erdölreserven und Jahr des Fördermaximums

	Reserven 1996 in Mrd. Barrel	Midpoint of Depletion
Nach Land		
Saudi-Arabien	223	2013
ehemalige UdSSR	147	2000
Irak	92	2017
Iran	74	2007
Kuwait	68	2013
Ver. Arab. Emirate	66	2017
Venezuela	42	1993
USA incl. Alaska	37	1973
China	34	2001
Mexico	27	1998
Libyen	25	2000
Nigeria	22	1999
Norwegen	18	1999
Großbritannien	16	1997
Algerien	13	1999
Nach Region		
Mittlerer Osten	534	2013
Eurasien	183	2000
Lateinamerika	92	1995
Afrika	74	1998
Nordamerika	45	1975
Westeuropa	37	1998

Quelle: Campbell, Colin J.: The Coming Oil Crisis, Brentwood 1999, S. 95

deren Ölproduktion damit rückläufig ist, können Staaten wie Saudi-Arabien, der Iran oder Kuwait ihre Förderkapazitäten weiter auszubauen und so die steigende weltweite Nachfrage nach Rohöl auch in Zukunft befriedigen.

---

[59] Vgl. Wagenknecht, Eberhardt: Den Briten geht das Öl aus - das Ende des Aufschwungs scheint gekommen. In: Eurasisches Magazin, 29.09.04, http://www.eurasischesmagazin.de/artikel/?thema=Europa&artikelID=20040910 Download am 05.04.04 um 19:31

5. Probleme in nicht-sicheren Förderländern

Wie in Punkt 4 dargestellt wird in den sicheren Förderländern die Ölproduktion immer weiter zurückgehen. Im Mittleren Osten lagern noch zwei Drittel der bekannten Welterdölreserven. Schon in naher Zukunft werden wir deshalb einen viel größeren Anteil unseres Erdöls aus der Golfregion beziehen müssen. So zahlreich die Erdölvorkommen dieser Region sind, so zahlreich sind allerdings auch ihre politischen Probleme.

Abb. 15. Mittlerer Osten - Politisch

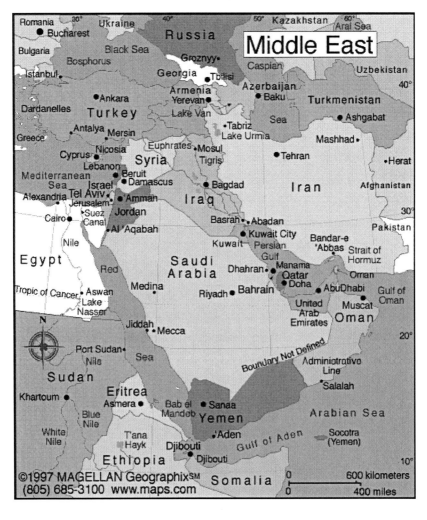

Quelle: infoplease.com: http://www.infoplease.com/atlas/middleeast.html Download am 13.10.05 um 22:36

Abb. 16: Mittlerer Osten - Ölreserven und Ölressourcen

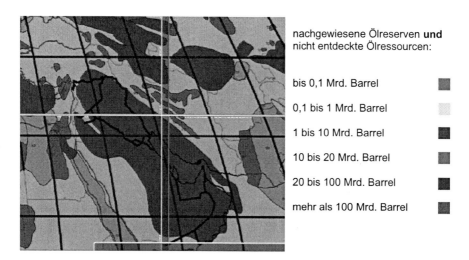

nachgewiesene Ölreserven **und** nicht entdeckte Ölressourcen:

bis 0,1 Mrd. Barrel

0,1 bis 1 Mrd. Barrel

1 bis 10 Mrd. Barrel

10 bis 20 Mrd. Barrel

20 bis 100 Mrd. Barrel

mehr als 100 Mrd. Barrel

Quelle: United States Geological Survey: World estimates of identified reserves and undiscovered ressources of convetional crude oil - Middle East, http://energy.er.usgs.gov/products/papers/World_oil/oil/meast_map.htm Download am 13.10.05 um 22:37

5.1 Rentierstaat-Charakter der nicht-sicheren Förderländer

Die Ölförderländer der Golfregion sind sogenannte Rentierstaaten. Charakteristisch für einen Rentierstaat ist, daß er über wichtige natürliche Ressourcen, wie zum Beispiel Erdöl verfügt und durch den Verkauf dieser Ressource auf dem Weltmarkt regelmäßig sehr hohe Einkommen — die sogenannte *Rente* — erhält. Ein weiteres Merkmal ist, daß nur ein geringer Prozentsatz der Bevölkerung für das Entstehen der Rente verantwortlich ist. Im Falle eines Staates im Persischen Golf ist dies die Ölförderindustrie und die sie managende Regierung. Der andere, zahlenmäßig weit überwiegende Anteil der Bevölkerung wird nur an der Verteilung und Nutzung der Rente beteiligt. Charakteristisch für einen Rentierstaat ist, daß nur wenige die Kontrolle über die Rente besitzen. Hieraus resultiert die alleinige und freie Dispositionsgewalt des Staates oder der politischen Führung über die Rente.

Im Vergleich zum Rentierstaat bezieht ein normaler Staat seine Einnahmen durch Besteuerung von Wirtschaftssubjekten und Unternehmen. Durch die Besteuerung sozialer Schichten in modernen Gesellschaften möchten diese nach dem Motto »No taxation without representation« auch im Staat zu genüge — meist durch demokratische Strukturen — vertreten werden.

Dagegen hat der Rentierstaat zwei Hauptfunktionen: Die außenpolitische Absicherung des Rentenflusses und die Verteilung dieser Rente auf die Bevölkerung. Der Rentierstaat kennt weder Repräsentation noch Steuern: Er »erkauft« sich die Loyalität seiner Untertanen und deren Verzicht auf politische Mitbestimmung, indem er auf die Besteuerung seiner Einwohner verzichtet. Das politische Aufbegehren wird seitens der Regierungsklasse durch massive Wohlfahrtsleistungen, wie ein kostenloses Gesundheits-, Bildungs- und Verkehrssystem oder diverse Subventionen im Konsumbereich neutralisiert. Falls es doch zu Demonstrationen gegen die Regierung kommt, werden diese mit folgenden Maßnahmen unterdrückt: Einerseits schlagen Sicherheitskräfte den Aufstand nieder, andererseits erhöht die Regierung im betroffenen Wirtschaftszweig die Löhne, was den Demonstranten jede weitere Motivation entzieht sich gegen die Herrscherriege aufzulehnen. Weil der Rentierstaat über Einnahmen von außen verfügt, und die Versorgung der Bevölkerung mit dieser Rente sicherstellen muß, ist ein großer, nicht-produktiver Verwaltungsapparat notwendig. All diese Maßnahmen führen letztendlich zu einer weit verbreiteten Alimentationsmentalität der Bevölkerung.

Problematisch ist, daß ein Rentierstaat ein politisch relativ instabiles Konstrukt ist. Sinken die Staatseinnahmen als Folge sinkender Ölpreise, so bleibt die Rente in den oberen Etagen der Verteilungspyramide hängen. Die Rente dringt zum einfachen Volk, das an der untersten Stufe der Verteilungspyramide angesetzt ist, dann nicht mehr durch. In diesem Fall ist das Volk vom Verteilungsprozeß ausgeschlossen und bestrebt, sich durch politische Umstürze Zugang zu den Ölrenten zu verschaffen.[60]

Genauso wie sinkende Ölrenten, stellt auch ein hohes Bevölkerungswachstum eine Gefahr für die Loyalitätsstruktur des Rentierstaates dar: Wenn die Bevölkerung zunimmt, ist pro Einwohner weniger Rente verfügbar. Es kann dann zu ähnlichen Verteilungskämpfen um die Ölrente kommen, wie im Falle sinkender Öleinnahmen.

Typisch für einen Rentierstaat ist auch, daß der hohe Lebensstandard Arbeiter aus ärmeren Nachbarländern anlockt. Dennoch sind die Gastarbeiter auffällig unterprivilegiert: Sie erhalten im Vergleich zu den Einheimischen relativ niedrige Löhne und werden gesellschaftlich ausgegrenzt.[61] Dieses schafft zusätzliche soziale Spannungen.

---

[60] Vgl. Schütt, Klaus-Dieter: Öl und die Rentierstaaten: Saudi-Arabien und Libyen, in: Massarrat, Mohssen: Mittlerer und Naher Osten. Eine Einführung in Geschichte und Gegenwart der Region. Münster 1996, S. 302f und Schmidt, Manfred G.: Wörterbuch zur Politik. Stuttgart 1995, S. 829f
[61] Vgl. Noreng 2002, S.17

5.2. Sozioökonomische Probleme ölfördernder Golfstaaten

Abbildung 14 (Abschnitt 4.3, S.45) zeigt, daß Saudi-Arabien, Irak und Iran die Länder mit den größten Ölreserven in der Golfregion sind. Der Irak befindet sich immer noch im festen Griff eines verwüstenden Konfliktes. Weil dessen Ausgang noch nicht abzusehen ist, müssen wir davon ausgehen, daß der Irak zumindest in naher Zukunft als globaler Öllieferant nur eine unbedeutende Rolle spielen wird.[62] Saudi-Arabien und der Iran haben dagegen die Möglichkeit, die sinkende Ölproduktion in den OPEC-Ausweichländern aufzufangen. Allerdings herrschen in beiden Ländern politische Spannungen, die sich negativ auf das Ölgeschäft auswirken können und so die reibungslose Ölversorgung der westlichen Welt gefährden.

5.2.1 Sozioökonomische Probleme in Saudi-Arabien

Saudi-Arabien besitzt aufgrund der besonders günstigen Produktionsbedingungen und seiner weltweit größten Ölreserven eine herausragende Stellung unter den Ölförderländern. Das Land fördert täglich 7 bis 8 Millionen Barrel und steuert so ungefähr 10% zur globalen Ölproduktion bei, die heute bei 80 Millionen Barrel pro Tag liegt. Außerdem ist Saudi-Arabien für die globale Ölversorgung wichtig, weil es als einziger ölfördernder Staat die Möglichkeit besitzt seine Ölproduktion jederzeit zu variieren. Entweder bei großer Ölnachfrage oder einer internationalen Krisensituation, die zum Ausfall der Erdölproduktion von einem oder mehreren Förderländern führt, kann Saudi-Arabien seine Produktion ausweiten. Das Land besitzt die Fähigkeit seine Produktion von den 7 bis 8 Millionen Barrel pro Tag auf über 10 Millionen Barrel pro Tag auszuweiten.[63]

Das saudische Königreich ist auch ein Paradebeispiel für einen Rentierstaat: Fast 90% der Staatseinnahmen[64] und 35 bis 40% des erwirtschafteten Bruttoinlandsprodukts stammen aus dem Erdölgeschäft.[65]

In Saudi-Arabien lassen sich drei Mechanismen der Rentenallokation unterscheiden: Erstens weit überhöhte Gehälter und Löhne für Staatsbedienstete. Zweitens wohlfahrtspolitische Leistungen des Staates für die Bevölkerung in den Bereichen Verkehr, Kommunikation,

---

[62] Vgl. Luft, Gal: Iraq's oil sector one year after liberation, in: Saban Centre for Middle East Policy, Memo #4, 17. Juni 2004, `http://brookings.edu/fp/saban/luftmemo20040617.htm` Download am 11.07.04 um 16:03
[63] Vgl. Umbach 2002, S. 276
[64] Vgl. Auswärtiges Amt: Länder- und Reiseinformationen - Saudi-Arabien, `http://www.auswaertiges-amt.de/www/de/laenderinfos/laender/laender_ausgabe_html?type_id=12&land_id=146` Download am 25.05.05 um 14:30
[65] Vgl Bensahel, Nora / Byman, Daniel L: The Future Security Environment in the Middle East. Conflict, Stability and Political Change, Santa Monica, California 2004, S. 108

Bildung und Gesundheit. Zu diesen gehören auch weitreichende Konsumsubventionen. Außerdem gelangt ein großer Teil der Ölrente über staatliche Subventionen in die Privatwirtschaft.

Auch dem landwirtschaftlichen Sektor kommen beachtliche Transfers zu. Staatlich garantierte Abnahmepreise für Getreide führten zu einer gewaltigen Ausweitung der landwirtschaftlichen Produktion. Die jährliche Weizenproduktion steigerte sich zwischen 1978 und 1991 von 17 000 Tonnen auf über 4 Millionen Tonnen (!), wobei der jährliche Eigenbedarf Saudi-Arabiens nur bei circa 1 Million Tonnen liegt. Saudi-Arabien entwickelte sich so zum sechstgrößten Weizenexporteur der Welt. Durch teure Bewässerung mit Hilfe von Meerentsalzungsanlagen und fossilem Wasser erzielte das Land auch in anderen Bereichen der Agrarproduktion große Zuwachsraten.

Allerdings bezahlt die Regierung für diese politisch initiierte agrarische Entwicklung einen hohen Preis. Aufgrund der extremen klimatischen Bedingungen in den Anbaugebieten liegen die saudischen Produktionskosten weit über den Weltmarktpreisen. Das Königshaus muß allein den Weizenexport mit ungefähr 1 Milliarde US-$ jährlich subventionieren um Abnehmer auf dem Weltmarkt zu finden.

Ähnlich ergeht es dem industriellen Sektor des Landes. Bis Anfang der 1970er Jahre gab es neben dem traditionellen Handwerk und dem Bausektor keine bodenständige Industrie. Erst ab dem Jahr 1973 war über die gestiegenen Öleinnahmen ausreichend Kapital für die Industrialisierung des Landes vorhanden. Seitdem versucht die saudische Regierung über Subventionen und Investitionsanreize einen Industriesektor aufzubauen. Allerdings orientiert sich die saudische Industrie fast ausschließlich auf den Export von Produkten, die auf Kohlenwasserstoffen basieren, was die Abhängigkeit des Landes von Erdöl nicht vermindert. Außerdem blieben aufgrund fehlgeleiteter Wirtschaftspolitik sogenannte vor- und nachgelagerte Industrialisierungseffekte aus, die normalerweise zu einem selbsttragenden industriellen Sektor führen. Genauso wie der Agrarsektor hängt auch die saudische Industrie am Tropf staatlicher Transferleistungen.[66]

Problematisch aber wurde die hohe Ölabhängigkeit erst durch das explosionsartige Bevölkerungswachstum des Landes. Von 1981 bis heute hat sich die Landesbevölkerung von circa 13 Millionen auf circa 24 Millionen Einwohner verdoppelt. Gleichzeitig hat sich das jährliche Pro-Kopf-Einkommen von 18 000 US-$ (1981) auf 10 664 US-$ (2004) halbiert.[67] Diese Entwicklung ist nicht verwunderlich, ist doch ein großer Teil des saudischen

---

[66] Vgl. Schütt 1996, Seiten 318 und 320-322
[67] Vgl. Auswärtiges Amt: Saudi-Arabien - Länderinformationen

Wohlstands von der Ölrente abhängig. Nimmt die Bevölkerung zu, muß die Ölrente auf eine größere Zahl von Menschen verteilt werden, was zu sinkenden Pro-Kopf-Einkommen führt. Die Zuwachsraten der Bevölkerung werden in Zukunft nur leicht sinken — es ist also weiterhin mit einem beachtlichen Bevölkerungszuwachs zu rechnen.

Ein solcher Bevölkerungszuwachs stellt die Regierung vor gewaltige ökonomische Herausforderungen: Auf der einen Seite steigt die Zahl der Erwerbspersonen; Ursache sind hohe Geburtenraten und eine steigende Zahl von Frauen, die ins Erwerbsleben drängen. Beide Faktoren führten dazu, daß die Zahl der Erwerbspersonen im Mittleren Osten in den letzten zehn Jahren so rapide, wie nirgendwo anders auf der Welt gestiegen ist — durchschnittlich um 3,4% pro Jahr. Auf der anderen Seite wuchs die Nachfrage nach Arbeit nur träge. Die Wirtschaftswissenschaften lehren uns, daß in einem solchen Fall entweder die Löhne fallen werden oder die Arbeitslosigkeit ansteigen wird. Am wahrscheinlichsten ist aber ein Mix von sinkenden Löhnen und einer Zunahme von Arbeitslosen. So sind in Saudi-Arabien die Löhne gesunken, während die offizielle Arbeitslosenquote auf 14% bis 18% gestiegen ist.[68] Inoffizielle Quellen sprechen sogar von Erwerbslosenquoten bis zu 30%.[69]

Schuld an der Misere ist das saudische Königshaus; es sorgt sich wenig um neue Beschäftigungsmöglichkeiten für die Bevölkerung. Außerdem tut die saudische Regierung kaum etwas, um die Arbeitsmärkte zu flexibilisieren und so für mehr Beschäftigung zu sorgen. Staatliche Arbeitsplatzgarantien für Hochschulabsolventen sind der Grund, daß junge Menschen irgend etwas studieren, anstatt Fächer zu belegen, die von der Wirtschaft gefragt sind. Denn ein Hochschulabschluß allein war lange Zeit die Garantie für eine Anstellung in der Verwaltung oder einem staatlichen Betrieb. Auf diese Weise produziert das saudische Bildungssystem eine große Zahl junger Leute, die sich aufgrund ihrer Bildung weigern manuelle Fabriktätigkeiten auszuüben, gleichzeitig aber nicht über das Know-how verfügen, um sich in die heutige globalisierte Wirtschaft einzubringen.[70]

Insgesamt führt das Bevölkerungswachstum dazu, daß die Gewinne aus dem Ölgeschäft auf eine größere Zahl von Menschen verteilt werden müssen. Weil die saudische Politik es versäumt hat, eine sich selbst tragende Ökonomie aufzubauen, ist auch heute ein großer Teil der Wirtschaft von der Ölrente abhängig. Weil die Öleinnahmen aber relativ gleichbleibend sind, kann die Regierung keine neuen Stellen in den Staatsbetrieben schaffen, in denen die

---

[68] Vgl. Bensahel 2004, S. 65f
[69] Vgl. Auswärtiges Amt: Saudi-Arabien - Länderinformationen
[70] Vgl. Bensahel 2004, S. 66

Jugend des Landes aufgefangen werden kann. Das Resultat ist eine hohe Jugendarbeitslosigkeit. 43% aller Arbeitslosen sind zwischen 14 und 20 Jahren alt.[71] Im Vergleich dazu machen in den OECD-Staaten Jugendarbeitslose nur einen Anteil von 13,1% aus.[72]

Bei den Saudis ist nicht nur die Perspektivlosigkeit auf dem Arbeitsmarkt ein Thema, auch die Verschwendungssucht des saudischen Königshauses sorgt für Unmut. Saudi-Arabien wird von einigen älteren Brüdern der königlichen Familie Saud regiert. Das saudische Königshaus umfaßt ungefähr 7000 Mitglieder. Diese Oligarchie ist durch Heirat mit allen wichtigen Bereichen der Gesellschaft des Landes verbunden. Werden diese Verbündeten des Königshauses hinzugerechnet, stehen ungefähr 100 000 Menschen an der Spitze der sozialen und politischen Pyramide des Landes. Problematisch ist, daß die Saud-Familie die Bodenschätze des Landes als ihr privates Eigentum betrachtet und die erwirtschafteten Öleinnahmen ausgibt, wie es ihr paßt. Der ehemalige saudische Botschafter in Washington, Prinz Bander Bin Sultan behauptet, daß von den 400 Milliarden US-$, die seit den frühen 1970ern für Modernisierungsmaßnahmen ausgegeben werden sollten nur 350 Milliarden Dollar an ihrem tatsächlichen Bestimmungsort angekommen sind. Die restlichen 50 Milliarden versickerten für private Zwecke des saudischen Königshauses.[73] Solch ein »lasterhafter Lebenswandel« ihrer Dynasten wird von der saudischen Bevölkerung kritisch beäugt,[74] gehört sie doch der wahhabitischen Glaubensrichtung des Islam an, welche einen bescheidenen Lebensstil predigt und alle Neuerungen, die zu Zeiten des Propheten Muhammad nicht bekannt waren — von Feuerwaffen über Tabakgenuß bis zum Telefon — verbietet.[75]

Zusätzlich tut das Königshaus wenig, um die Menschen des Landes an den politischen Entscheidungen zu beteiligen und auf diesem Wege seine eigene politische Macht zu legitimieren. Obwohl sich die Regierung gern als modern und reformistisch darstellt, hat sie es bisher versäumt, Rechtsstaatlichkeit, Gewaltenteilung und die Beachtung von Menschenrechten einzuführen.[76]

---

[71] Vgl. United Nations Youth Unit. Contry Profiles on the Situation of Youth. Saudi-Arabia, http://esa.un.org/socdev/unyin/country3c.asp?countrycode=sa Download am 24.04.05 um 21:00 Uhr
[72] Vgl. United Nations Development Programme: Unemployment in OECD Countries, http://hdr.undp.org/statistics/data/pdf/hdr04_table_20.pdf Download am 01.06.05 um 18:26
[73] Vgl. Saikal, Amin: Iraq, Saudi-Arabia and oil: risk factors, in: Australian Journal of International Affairs, December 2004, S. 417 und Schütt 1996, S. 321
[74] Vgl. Scholl-Latour, Peter: Kampf dem Terror – Kampf dem Islam?, München 2003, S. 363
[75] Vgl. Khoury, Theodor / Hagemann, Ludwig / Heine, Peter: Islam-Lexikon, Freiburg im Breisgau 1991, S. 752
[76] Vgl. Saikal 2004, S. 417

Der kumulative Effekt einer solchen Politik ist katastrophal: Vor allem junge Saudis trauen ihrem Königshaus weder in wirtschaftlichen, politischen noch — wie ich in Abschnitt 5.3 zeigen werde — religiösen Fragen. Zusätzlich wächst die Enttäuschung und die Frustration, weil die Regierung es nicht schafft für jüngere Saudis Arbeitsplätze bereitzustellen, die sie — aufgrund ihres Hochschulabschlusses — glauben verdient zu haben. Radikal-islamische Organisationen münzen diesen Frust und diese Enttäuschung der Jugend in neue Mitglieder um. Die verfehlte Politik des saudischen Königshauses bietet damit dem fundamentalistischen Islam reichlich Nährboden.

5.2.2 Sozioökonomische Probleme im Iran

Nach Saudi-Arabien und dem Irak besitzt der Iran die drittgrößten Ölreserven im mittleren Osten (siehe Abbildung 14, Abschnitt 4.3, S. 47). Außerdem ist der Iran nach Saudi-Arabien, Rußland und den USA der viertgrößte Ölproduzent auf der Welt. Die Ölproduktion des Landes beträgt heute circa 4 Millionen Barrel pro Tag, was etwa 5% der Weltförderung entspricht.[77] Mit einer Einwohnerzahl von fast 70 Millionen Menschen ist Iran das bevölkerungsreichste Land im mittleren Osten.[78] Dieser demographische Vorteil macht Teheran zu einem wichtigen Akteur in der Region. Der ehemalige Sicherheitsberater Präsident Carters, Zbigniew Brzezinski, bezeichnet das Land als geopolitischen Dreh- und Angelpunkt.

Geopolitische Dreh- und Angelpunkte sind Staaten deren Bedeutung aus ihrer besonderen geographischen Lage resultiert. Staaten die geopolitische Dreh- und Angelpunkte sind, können entweder den Zugang zu einem geopolitisch wichtigen Gebiet festlegen oder Großmächten[79] den Zugang zu wichtigen Ressourcen verweigern.[80] Da der Iran diesen besonderen Status besitzt, ist eine langfristige Stabilität des Mittleren Ostens ohne dieses Land unwahrscheinlich.

Iran steht vor ähnlichen sozioökonomischen Problemen wie Saudi-Arabien. Genauso wie Saudi-Arabien hat Iran eine staatlich gelenkte Kommandowirtschaft. 75% des Bruttoinlandsproduktes werden von staatlichen Betrieben oder religiösen Stiftungen

---

[77] Vgl. BP Statistical Review of World Energy 2004 - Excel Workbook

[78] Vgl. Rudloff 2004, S. 212,

[79] Laut Brzezinski besitzen Frankreich, Deutschland, Rußland, China, Indien und die USA Großmachtstatus. Großbritannien kommt diese Rolle nicht mehr zu, weil es aufgrund seines relativen Niedergangs nicht mehr in der Lage ist als Schiedsrichter auf dem Eurasischen Kontinent aufzutreten. Vgl. Brzezinski, Zbigniew, Die einzige Weltmacht. Amerikas Strategie der Vorherrschaft. Frankfurt am Main 1999, S. 67 und 69

[80] Vgl. Brzezinski 1999, S. 66f

erwirtschaftet. Das Land kämpft mit einer hohen Inflationsrate von 14,8% und einer stagnierenden Wirtschaft. Laut iranischer Regierung soll die Arbeitslosenquote nur ungefähr 10% betragen,[81] inoffizielle Quellen sprechen jedoch von 20% bis 25%[82], andere sogar von über 50% (!).[83] Ähnlich wie in Saudi-Arabien geht es der iranischen Bevölkerung heute schlechter als zur Zeit der islamischen Revolution im Jahre 1979.[84] Seit 1992 ist das Pro-Kopf-Einkommen um 38% gesunken, die Lebensverhältnisse sind von weitverbreiteter Armut gekennzeichnet.

Dieser miserable Zustand läßt sich mit zwei Faktoren erklären. Erstens ging wegen der relativ niedrigen Ölpreise im Zeitraum von 1986 bis 1999, ökonomischem Mißmanagement und dem Krieg mit dem Irak die Wirtschaftsleistung des Landes zurück. Zweitens hat der Iran wegen der religiös motivierten Familienpolitik seines Mullah-Regimes mit einem hohen Bevölkerungswachstum zu kämpfen. Das derzeitige Bevölkerungswachstum ist mit 1,7% pro Jahr[85] zwar nur etwa halb so hoch wie in Saudi-Arabien, allerdings gab es in der Vergangenheit erhebliche Wachstumsschübe. Anfang und Mitte der 1980er Jahre nahm die Bevölkerung sogar um sagenhafte 3,9 bis 6,2% pro Jahr zu.

Diese Bevölkerungsexplosion der Vergangenheit hat für den heutigen Iran die folgenden Konsequenzen: Die Mehrheit der Iraner ist jung, 50% der Bevölkerung ist jünger als 18, zwei Drittel sind jünger als 30 Jahre. Die geburtenstarken Jahrgänge der 1980er kommen ins erwerbsfähige Alter und verlangen nach Arbeit. Die Wirtschaft des Landes konnte und kann diesem Wunsch nicht annähernd entgegenkommen. Dieses steigerte die Arbeitslosigkeit von etwa 10% in den frühen 1980ern auf die heutigen 20% bis 50%. Seit den frühen 1980ern wurden mehr als zwei Drittel aller neuen Stellen im öffentlichen Sektor geschaffen. Der überwiegende Teil der Hochschulabsolventen arbeitet für den Staat. Genauso wie in Saudi-Arabien belegten oder belegen junge Menschen in der Hoffnung auf eine staatliche Stelle Studiengänge, die in der freien Wirtschaft niemals gefragt wären und verschärfen so das Problem der hohen und steigenden Arbeitslosigkeit im Iran. Die iranische Wirtschaft müßte jährlich um 6,7% wachsen um allein die Menschen, die neu in den Arbeitsmarkt eintreten mit Arbeitsplätzen zu versorgen. Ein so hohes Wirtschaftswachstum würde aber nur

---

[81] Vgl. Auswärtiges Amt: Länder- und Reiseinformationen - Iran. Wirtschaftspolitik, http://www.auswaertiges-amt.de/www/de/laenderinfos/laender/laender_ausgabe_html?type_id=12&land_id=63 Download am 06.06.05 um 18:05

[82] Vgl. Bensahel 2004, S. 67

[83] Vgl. Rudloff 2004, S.212

[84] Vgl. Bahghat, Gawdat: American Oil Diplomacy in the Persian Gulf and the Caspian Sea. Gainesville 2003, S. 109

[85] Vgl. Auswärtiges Amt: Länder- und Reiseinformationen - Iran.

die Neuzugänge absorbieren und an der hohen Arbeitslosenquote nichts ändern.[86] Die Volkswirtschaft des Landes verfügt nicht einmal annähernd über ein solches Wachstum. Im Zeitraum von 1990 bis 2002 betrug das jährliche Wachstum des BIP gerade einmal 3,8%.[87] Zwar ist von 2002 auf 2003 das iranische Bruttoinlandsprodukt um 6,5% gestiegen und wird dieses Jahr wahrscheinlich auch überdurchschnittlich steigen,[88] allerdings ist nur der hohe Ölpreis für diese Entwicklung verantwortlich. Der Ölpreis hat sich seit dem Jahre 2002 verdoppelt.[89] Damit stiegen auch die Einnahmen Irans aus dem Erdölgeschäft von circa 19 auf 26 Milliarden US-$ [90] und sorgten für einen Zuwachs des Bruttoinlandsprodukts. Leider ist dieser ölpreisinduzierte BIP-Zuwachs nur einmalig: Wenn der Ölpreis in Zukunft auf seinem hohen Niveau von circa 50 US-$ je Barrel bleibt, verharren die Erdölerlöse gleichbleibend bei 26 Milliarden US-$ und das Land fällt damit auf seine »natürliche« Wachstumsrate von ungefähr 4% zurück. Wenn der Ölpreis gar sinken sollte, was — wie ich noch darstellen werde — durchaus eintreten kann, würde das BIP-Wachstum auf einen Wert weit unter 4% fallen, vielleicht sogar auf 2% bis 3% absacken. Wie aber schon angemerkt, braucht der Iran ein Wachstum von mindestens 6,7%, um seine horrende Arbeitslosigkeit abzubauen.

Ein so hohes Niveau läßt sich im Iran aber mit der heutigen Wirtschaftsordnung nicht erreichen. Der Krieg mit dem Irak stimulierte die Zentralisierung der iranischen Wirtschaft, die seitdem einem statisch-planwirtschaftlichem Allokationsmechanismus gleicht. Die Regierung führte Preiskontrollen, die Rationierung von Konsumgütern, eine absichtlich überhöhte Wechselkursrate, strikte Importbeschränkungen und eine strenge Kontrolle des Bankensektors ein. Der Konsum von Nahrung, Wasser und Energie wird großzügig subventioniert.[91] So kostet ein Liter Benzin im Iran umgerechnet nur ungefähr 0,08 €.[92] Auf diese Weise werden fast 20% des iranischen Bruttoinlandsproduktes allein für Konsumsubventionen ausgegeben.

---

[86] Vgl. Bensahel 2004, S. 99f
[87] Vgl. Rudloff 2004, S.212
[88] Vgl. Auswärtiges Amt: Länder- und Reiseinformationen - Iran.
[89] Von 25 US-$ im Jahre 2002 auf mehr als 50 US-$ im Jahre 2003, Vgl. OPEC erwägt höhere Förderung, in: Handelsblatt 07.06.05, Online-Ausgabe,
http://www.handelsblatt.com/pshb?fn=tt&sfn=go&id=1048275 Download am 07.06.05 um 19:49 und BP Statistical Review of World Energy 2004 - Excel Workbook
[90] Erlöse Irans aus dem Erdölgeschäft: 19 Mrd. US-$ (Wirtschaftsjahr 2001/2002), 26 Mrd. US-$ (Wirtschaftsjahr 203/2004), Vgl. Auswärtiges Amt: Länder- und Reiseinformationen - Iran.
[91] Vgl. Bensahel 2004 S. 101
[92] Vgl. Gruber Reinhold: Erdöl aus dem Iran. Karriere des Schwarzen Goldes. Bayerischer Rundfunk 2004, Reportage ausgestrahlt auf Phönix am 09.06.05 von 20:15-21:00 Uhr

Einschneidende marktwirtschaftliche Reformen, die die ökonomische Lage im Land verbessern würden, sind unwahrscheinlich, weil das iranische Regime von gesellschaftlichen Gruppen gestützt wird, die im Falle marktwirtschaftlicher Reformen zu den Verlieren gehören würden.[93] Zusätzlich werden Vorschläge des Regierungschefs Chatami, der als Reformer gilt, aber de facto nur moralische Macht im Iran besitzt, von der religiösen Führung des Landes blockiert, die die eigentliche politische Macht innehat: Religionsführer Chamenei und sein Wächterrat tun alles, um Reformvorhaben mit dem Hinweis auf die Unvereinbarkeit mit den Grundsätzen des Islam im Keim zu ersticken.[94] So wurden die Parlamentswahlen vom Februar und Mai 2004 seitens des Wächterrates manipuliert, worauf die Konservativen eine Zweidrittelmehrheit erreichten, während Präsident Chatamis Reformpartei von der absoluten Mehrheit auf 20% abgesackt ist.[95] Auch in Zukunft scheint sich an dieser Lage nichts zu ändern. Aus den Präsidentschaftswahlen im Juni 2005 ging der ultrakonservative Teheraner Bürgermeister Mahmud Ahmadimedschad als Sieger hervor. Notwendige wirtschaftliche Reformen scheinen damit in weite Ferne gerückt zu sein.[96]

Außerdem ist an eine Steigerung der Ölproduktion und damit an zusätzliche Einnahmen aus dem Erdölgeschäft — zumindest kurzfristig — nicht zu denken: Obwohl das iranische Regime langfristig eine Verdoppelung der Förderquoten plant, geht der Ausbau des Erdölsektors nur schleppend voran. Ein Grund ist das US-Embargo, das amerikanischen Firmen untersagt, wichtige Ersatzteile an die iranische Ölindustrie zu liefern. Ein Weiterer ist der selbstgewählte Isolationismus des Landes, der ausländisches Know-how und Kapital nur begrenzt ins Land läßt. Zusätzlich steigt der Inlandsverbrauch von Öl aufgrund der großzügigen Subventionierung von Erdölprodukten rasant an.[97] Für den Export bleibt also weniger Öl übrig, was sich negativ auf die Öleinnahmen, die zu verteilende Ölrente und schließlich auf die gesamtwirtschaftliche Lage des Landes auswirkt.

Um die sozioökonomische Situation im Iran ist es also schlecht bestellt und sie wird sich in Zukunft eher verschlechtern als verbessern. Verschlechternde wirtschaftliche Bedingungen führen zu Unzufriedenheit der Bevölkerung. Ähnlich wie in Saudi-Arabien macht sich vor allem bei den jungen Menschen des Landes Enttäuschung, Frust und Perspektivlosigkeit

---

[93] Vgl. Bensahel 2004, S. 100 und 105
[94] Vgl. Ross, Dennis: Iran und Syrien, die Brandstifter, in: Die Zeit, 01.08.2002
[95] Vgl. Rudloff 2004, S. 214f
[96] Vgl. Bednarz, Dieter: »Wir schützen unsere Freiheiten«. Interview mit der iranischen Friedensnobelpreisträgerin Schirin Ebadi, in: Der Spiegel 27/2005, S. 96
[97] Vgl. Gruber Reinhold: Erdöl aus dem Iran. Karriere des Schwarzen Goldes. Bayerischer Rundfunk 2004, Reportage ausgestrahlt auf Phönix am 09.06.05 von 20:15-21:00 Uhr

breit. Dieses macht die Menschen anfälliger für radikale Konzepte und erleichtert fundamentalistischen Predigern den Fang neuer Anhänger.

5.2.3 Sozioökonomische Situation der restlichen ölfördernden Golfstaaten

Die sozioökonomische Situation der restlichen ölfördernden Golfstaaten spielt für die Betrachtung der globalen Versorgungssicherheit mit Rohöl keine Rolle. Weil die restlichen Golfstaaten entweder wirtschaftlich und politisch stabil sind oder so wenig Erdöl exportieren, daß ein Produktionsausfall nur marginale Folgen für die Erdölmärkte hätte, werden sie hier nur kurz abgehandelt.

Abb. 17: Wirtschaftsdaten ausgesuchter Länder

	BIP pro Kopf, Jahr 2002	reales BIP pro Kopf nach PPP, Jahr 2002
USA	36 100 $	36 100 $
Deutschland	22 740 $	26 980 $
Polen	4 570 $	10 450 $
Griechenland	11 660 $	18 770 $
Portugal	10 720 $	17 820 $
Kuwait	16 340 $	17 780 $
Ver. Arab. Emirate	22 050 $	24 030 $

Quelle: Rudloff, Felix / Kobert, Heide: Der Fischer Weltalmanach 2005, Frankfurt am Main 2004, Seiten 452 und 509-512

Um die wirtschaftliche Situation dieser Länder besser beurteilen zu können, wird an dieser Stelle der Begriff *Pro-Kopf-Bruttoinlandsprodukt nach Kaufkraftparität* eingeführt.

Pro-Kopf-Bruttoinlandsprodukt nach Kaufkraftparität (Pro-Kopf-BIP nach PPP[98])
Das Pro-Kopf-BIP nach PPP wurde von Entwicklungspolitikern und Ökonomen eingeführt, um die wirtschaftlichen Verhältnisse verschiedener Länder besser zu vergleichen. Das Pro-Kopf-BIP nach PPP ist ein Vergleich für die internationale Kaufkraft der Währung eines Landes. Sie gibt an, wie viel Einheiten der jeweiligen Währung erforderlich sind um den gleichen, repräsentativen Waren- und Dienstleistungskorb zu kaufen, den man für 1 US-$ in den USA erhalten könnte. Wie Abbildung 17 zeigt, betrug im Jahre 2002 das normale Pro-Kopf-Einkommen in Deutschland 22 740 US-$ während es in Polen nur 4570 US-$ erreichte. Weil aber in Polen die Lebenshaltungskosten, wie Lebensmittel, Reparaturen oder der Friseurbesuche, wesentlich billiger als in Deutschland sind, kann der durchschnittliche Pole tatsächlich Waren und Dienstleistungen im Wert von 10 450 US-$ (gemessen nach Kaufkraftparität) pro Jahr erwerben. Damit ist das Pro-Kopf-BIP nach PPP ein sinnvolles Instrument um die wirtschaftlichen Verhältnisse verschiedener Länder miteinander zu vergleichen.[99]

Nun aber zurück zu der sozioökonomischen Situation in den restlichen ölfördernden Golfstaaten. Die Okkupation Kuwaits durch den Irak 1990 und 1991 und die anschließende Befreiung durch multinationale Truppen wirkten wie ein Katalysator auf die politischen und

---

[98] BIP für Bruttoinlandsprodukt, PPP Kaufkraftparität oder Purchasing Power Parity; siehe auch Glossar
[99] Vgl. Rudloff 2004, Seiten 783 und Seiten 509-512

die wirtschaftliche Reformen. Das Land verfügt heute über einen hohen Demokratisierungsgrad, die Liberalisierung der kuwaitischen Gesellschaft ist weit fortgeschritten.[100] Wie Abbildung 17 zeigt, entspricht das Pro-Kopf-BIP nach PPP Kuwaits dem Niveau von Griechenland oder Portugal.[101] Ein Ausfall der kuwaitischen Ölproduktion, die 3% zum Weltölbedarf beisteuert, ist damit zumindest aus innenpolitischen Gründen recht unwahrscheinlich.

Die Vereinigten Arabischen Emirate befriedigen genauso wie Kuwait circa 3% des Welterdölbedarfs.[102] Das Pro-Kopf-BIP nach PPP kommt dem Niveau von Deutschland gleich.[103] Die Wirtschaftskraft des Landes wird voraussichtlich weiter stark wachsen, da die Emirate zur Zeit einen regelrechten Wirtschaftsboom erleben. Zudem vermindert das Scheichtum über eine erfolgreiche Industriepolitik Jahr für Jahr seine Abhängigkeit von Öl- und Gasexporten.[104] Obwohl in den Emiraten keine demokratischen Strukturen im klassischen Sinne bestehen, wird die Bevölkerung traditionell an politischen und wirtschaftlichen Entscheidungen beteiligt. Auch genießt die Regierung des Landes hohes Ansehen innerhalb der Bevölkerung.[105] Ein Ausfall der Ölproduktion der Vereinigten Arabischen Emirate aufgrund innenpolitischer Unruhen ist damit nahezu ausgeschlossen.

Katar, Oman und der Jemen haben einen Anteil von 1% und weniger an der Welterdölproduktion und verfügen über nur relativ geringe Ölreserven.[106] Aus diesem Grunde können sie bei der Betrachtung von Energiesicherheitsfragen vernachlässigt werden.

5.3 Der islamische Fundamentalismus als Unsicherheitsfaktor

Wie bereits dargestellt, haben es sowohl Saudi-Arabien als auch der Iran es versäumt, grundlegende wirtschaftliche und gesellschaftliche Reformen umzusetzen. Die schlechte sozioökonomische Situation schlägt sich auf das Wohlbefinden der Bevölkerung nieder. Die prekären innenpolitischen Zustände begünstigen dabei eine Reislamisierung beider Länder,

---

[100] Vgl. Bensahel 2004, S. 46f
[101] Vgl. Rudloff 2004, S. 509f
[102] Vgl. BP statistical Review of World Energy 2004 - Excel Workbook
[103] Vgl. Rudloff 2004, S. 509f
[104] Vgl. Zand, Bernhard: Der Turmbau zu Dubai, in: Der Spiegel 9/2005, S. 115 und 117f
[105] Vgl. Windfuhr, Volkhard / Zand, Bernhard: »Bei uns gibt es keine Armen«, Interview mit Scheich Hamdan Ibn Raschid Al Maktum, Minister für Industrie und Finanzen der Vereinigten Arabischen Emirate, in: Der Spiegel 9/2005, S.116f
[106] Vgl. BP Statistical Review of World Energy 2004 - Excel Workbook

die sich in steigenden Mitgliederzahlen fundamentalistischer Organisationen niederschlagen. Um besser zu verstehen wieso schlechte sozioökonomische Zustände zu einer Reislamisierung führen, sollten wir einen Blick auf die speziellen Eigenarten der islamischen Religion werfen. Im Vergleich zu anderen Weltreligionen scheint der Islam anfälliger für fundamentalistische Strömungen zu sein.

Erstens ist dem Islam eine Trennung zwischen dem Weltlichen und dem Geistlichen fremd. Eine Säkularisierung wie in der abendländischen Kultur hat es im Islam nicht gegeben. In der westlichen Welt wurde die Religion im Zuge der Aufklärung immer mehr in die private Sphäre gedrängt. Der Islam dagegen strebt die sogenannte göttliche Einheit an (*Tauhid*). Damit ist nicht nur der Glaube an Gott gemeint, sondern der absolute Anspruch des Islam auf alle Bereiche des Lebens im Namen Gottes. Tauhid bedeutet, daß Wirtschaft, Kultur, Politik, Recht etc. — also das gesamte öffentliche Leben — dem Willen des Islam unterworfen werden sollen.

Zweitens orientiert sich der Islam sehr stark an seinen Anfängen. Er ist viel stärker als das Christentum eine Buchreligion. Nicht etwa der Prophet Mohammed, sondern der Koran steht im Mittelpunkt. Dabei ist die muslimische Gemeinde an die Weisungen des Koran gebunden. Der sunnitische Islam betrachtet dabei die Anfangszeit des Islam in den Jahren Mohammeds um 600 nach Christus als Ideal. Der schiitische Islam betrachtet die Zeit um 660 nach Christus als idealen Anfangszustand. Moderne Bemühungen zur »Reform« des Islam beziehungsweise Reislamisierung des Islam streben eine Rückkehr zu genau dieser Anfangszeit an.

Drittens ist der Islam eine stark vom Recht geprägte Religion. Ein Regierungssystem wird von der muslimischen Bevölkerung nur so lange anerkannt, wie es sich am Koran und der *Sunna* — also der Überlieferung vom vorbildlichen Weg des Propheten Mohammed — hält. Sowohl im sunnitischen als auch im schiitischen Islam gilt der allgemein akzeptierte Grundsatz, daß sich die Lebensordnung und das staatliche Handeln am islamischen Gesetz, der Sharia zu orientieren habe.

Viertens ist der Islam — im Vergleich zum Christentum — eine stark dezentralisierte Religion mit fehlenden hierarchischen Strukturen. Muslime sind zunächst einmal nur Gott verpflichtet: sie benötigen keinen Papst, geistigen Führer, Priester, Guru oder Schamanen. Zudem ist das islamische Dogma im Grunde so einfach, daß man, um es zu praktizieren nicht einmal Religionsunterricht braucht.[107] Um das gemeinsame Freitagsgebet auszuüben — ein Ritual, das der sonntäglichen Eucharistiefeier im Christentum ähnelt — ist in der muslimischen Gemeinde nur ein Vorbeter (*Imam*) nötig. Dieser Vorbeter muß weder Geistlicher noch Priester sein, sondern nur ein Gläubiger. Er muß lediglich ausreichend Arabisch sprechen, damit er in der Lage ist das Gebet korrekt zu leiten.[108] Dieser Imam wird aus der Gruppe der Betenden heraus formlos gewählt. Er hat neben seiner Funktion als Vorbeter noch zahlreiche weitere leitende religiöse Aufgaben und verfügt in der muslimischen Gemeinde über beachtliche Autorität. Weil im Islam das religiöse und staatliche System eine Einheit bilden, ist der Leiter der religiösen Gemeinschaft gleichzeitig auch ihr politischer Führer.

Leider birgt das hierarchische Defizit des Islam das folgende Problem: Weil keine übergeordnete Instanz existiert, die feste, allgemeingültige Glaubensrichtlinien vorgibt, hat jeder Imam die Möglichkeit den Koran so zu interpretieren, wie er es subjektiv für richtig erachtet. Es gibt im Islam niemanden, der fundamentalistischen Predigern Sanktionen androhen kann, um sie wieder auf einen moderaten Kurs einschwenken zu lassen oder ihr radikales Handwerk ganz zu unterbinden. Im Gegensatz zu einem katholischen Pfarrer, der neben Gott auch seinem Bischof, Kardinal und Papst Rechenschaft schuldig ist, ist ein muslimischer Imam niemandem außer Allah verpflichtet. Extremistischen Auswüchsen ist so Tür und Tor geöffnet.[109]

Alle islamischen Fundamentalisten haben gemein, daß sie den Gegensatz zwischen dem Idealbild der islamischen Gemeinschaft des 7. Jahrhunderts und der heutigen gesellschaftlichen Realität als unerträglich groß empfinden.[110] Sie sehen die Ursache für den Niedergang der islamischen Welt in der Abwendung vom Koran und den Lehren Mohammeds sowohl von den Regierungen als auch von den Regierten. Diese Abwendung vom muslimischen Glauben habe das Eindringen des verderblichen westlichen Einflusses ermöglicht sowie dem Materialismus und einem unmoralischen Lebenswandel den Weg bereitet. Demnach können alle gegenwärtigen wirtschaftlichen und sozialen Probleme in der

---

[107] Vgl. Heine, Peter: Terror in Allahs Namen. Extremistische Kräfte im Islam, Freiburg 2001, S. 13
[108] Vgl. Khoury 1991, S. 285f
[109] Vgl. Heine 2001, S. 13
[110] Hemminger, Hansjörg: Fundamentalismus in der verweltlichten Kultur. Stuttgart 1991, Seiten 41 bis 43

muslimischen Welt nur durch eine totale Hinwendung zum Islam — der sogenannten Reislamisierung — gelöst werden.[111]

Weil die Regierungen der Golfstaaten die strengen Anforderungen des Koran nicht erfüllen, geraten sie immer stärker in das Kreuzfeuer fundamentalistischer Prediger. Sie werden von den Extremisten bezichtigt, die Hauptschuldigen an den sich verschlechternden Lebensbedingungen in Saudi-Arabien und dem Iran zu sein. Die zunehmende Armut und die steigende Arbeitslosigkeit sowie der westfreundliche Kurs des moderaten iranischen Präsidenten Chatami[112] beziehungsweise das paktieren des saudischen Königshauses mit den »prozionistischen USA« machen es radikalen Predigern leicht, die Eliten ihrer Länder als Heuchler zu bezeichnen.[113] Die in Abschnitt 5.2.1 erwähnte Verschwendungssucht und Bereicherungsmentalität der saudischen Königsfamilie oder das Verhalten des schiitischen Klerus im Iran, der zwar Sauberkeit und Ordnung predigt, sich aber eher am Verhaltenskodex der Vetternwirtschaft als an den Geboten des Islam orientiert,[114] machen es den Fundamentalisten leicht, die verarmte Bevölkerung hinter sich zu bringen. Das Ziel dieser radikalen Prediger ist es, die »ungläubige« Elite abzusetzen, einen religiösen Staat zu Gründen, das islamische Recht eins zu eins umzusetzen und über die Einheit von Staat und Religion — also die Tauhid — für soziale Gerechtigkeit zu sorgen.[115]

Erleichternd für die Fundamentalisten ist die Tatsache, daß das Thema soziale Gerechtigkeit im Islam tief verankert ist. Im Vergleich zur Bibel fordert der Koran jeden Muslim zu einer aktiveren Nächstenliebe auf. So ist jeder Gläubige zu einer obligatorischen Armensteuer, der sogenannten *Zakat* verpflichtet, die zwischen 5% bis 10% des Einkommens variiert. »Die Almosen sind bestimmt für die Armen, die Bedürftigen, [...] [und] die Verschuldeten«[116] Viele Muslime sehen die Zakat als *die* Verwirklichung der Idee der sozialen Gerechtigkeit.«[117]

[111] Vgl. Khoury 1991, S. 276f

[112] Vgl. Bednarz, Dieter / Beste, Ralf / Follath, Erich / von Ilsemann, Siegesmund / Mascolo Georg / Spörl, Gerhard: Weltverbesserer im Weißen Haus, in: Der Spiegel 4/2005, S. 111

[113] Vgl. Scholl-Latour 2003, S. 363f und S. 373

[114] Vgl. Bednarz 2005, S. 111

[115] Vgl.Dzebisashvili, Kakhaber: Zwischen Lenin, Dollar und Mullah. Demokratie und Islam im postsowjetischen Raum, in: Die Politische Meinung, November 2003, S. 34

[116] Koran Sure 9, 60, in: Khoury 1991, S.825

[117] Vgl. Khoury 1991, S.27

Weil in jüngster Zeit wohlfahrtsstaatliche Maßnahmen aufgrund der zurückgehenden Öleinnahmen vernachlässigt werden, ist es verständlich, daß die große Zahl der Menschen, die zu den Verlierern dieses Sozialabbaus gehören und in die Armut abrutschen, anfällig für die Heilsversprechen radikaler Prediger wird. Vor allem für junge, verarmte Muslime, die durch eine ihrem Schicksal gegenüber perspektivlose Welt irren klingt die einfache fundamentalistische Botschaft überzeugend: Die Prediger sagen ihnen, die Welt würde aus zwei Lagern bestehen: Hier die Anhänger des Islam, dort die Barbaren. Wer dem Islam folgt, tritt in die Fußstapfen Mohammeds und leistet seinen Beitrag zur Erlösung der Welt. Weil diesen jungen Menschen aufgrund der prekären sozioökonomischen Situation die einfachsten Wünsche verwehrt bleiben, ist die Vorstellung verlockend, sich für das Wohl der Menschheit einzusetzen und in einen Heiligen Krieg gegen die »Ungläubigen« zu ziehen. Die jungen Menschen spüren, daß sie durch Wahlen nichts an ihrem Schicksal ändern können. Gleichzeitig lernen sie in den Koranschulen, daß es auf jeden einzelnen ankommt, damit das Ziel eines islamischen Staates erreicht werden kann. Im Vergleich zur politischen Kultur des Westens, die den Bürger auf die Rolle des Beobachters beschränkt und verlangt, daß er das Handeln Politikern überläßt, fordert der islamische Fundamentalismus jeden einzelnen zur Teilnahme auf. Angesichts einer ungewissen Zukunft verweisen islamistische Prediger gern auf die glänzende Vergangenheit und erklären damit dem unbefriedigenden Zustand der Gegenwart den Kampf. Vor allem junge Muslime stellen mit ihrer Hinwendung zum fundamentalistischen Islam ihre Würde wieder her. Sie fühlen, daß sie auf der Seite der Gerechtigkeit stehen und ihr Leben durch den Widerstand gegen die — in ihren Augen frevelhaften — Eliten wieder einen Sinn bekommt.[118]

Zusammengefaßt stehen Iran und Saudi-Arabien wegen fehlender Öleinnahmen und wirtschaftspolitischer Versäumnisse vor großen Problemen. Solange die Öleinnahmen mehr eintrugen als für öffentliche Dienstleistungen ausgegeben wurde, gab es mit den Untertanen der Golfstaaten keine Probleme. Die überwiegende Mehrheit war loyal. Weil nun die Öleinnahmen stagnieren beziehungsweise zurückgehen und die Bevölkerung der Länder und damit die Staatsausgaben ansteigen, sind sowohl Saudi-Arabien als auch der Iran darauf angewiesen die staatlichen Leistungen an die Bevölkerung zu kürzen. Beide Länder haben es versäumt mit wirtschaftlichen Reformen für neue Beschäftigungsverhältnisse zu sorgen. Der Iran und Saudi-Arabien stehen damit vor der Alternative entweder die Staatsverschuldung

---

[118] Vgl. Rifkin 2002, S. 129

auszuweiten und die vielen Menschen weiter auf der öffentlichen Gehaltsliste zu halten; oder sie streichen öffentliche Stellen wie staatliche Wohlfahrtsleistungen und treiben die Arbeitslosen auf die Straße — und damit in die Arme fanatischer Prediger. Diese Geistlichen instrumentalisieren die unzufriedenen Massen mit Hilfe von reaktionären Glaubensgrundsätzen gegen die Regierung, um mit Hilfe dieser manipulierten Anhängerschaft einem islamischen Gottesstaat näher zu kommen.

Das Bevölkerungswachstum und die zurückgehenden Pro-Kopf-Öleinnahmen induzieren wirtschaftliche Schwierigkeiten und destabilisieren die innenpolitische Lage im Iran genauso wie in Saudi-Arabien. Reislamisierungstendenzen und der steigende Einfluß fundamentalistischer Organisationen sind ein zusätzliches, schwerkalkulierbares Risiko für die innenpolitische Stabilität beider Ölförderländer. Die Wahrscheinlichkeit sozialer Unruhen, politischer Aufstände und religiös motivierter terroristischer Anschläge ist damit eng an die wirtschaftliche Entwicklung beider Länder geknüpft. Sollte sich diese weiter verschlechtern, könnten die innenpolitischen Risiken schon bald unkalkulierbar werden.

5.4 Hohe militärische Kosten zur Absicherung der Golfregion

Nicht nur die innenpolitische Lage der wichtigen Ölförderländer ist labil. Die Golfstaaten liegen in einer Weltregion die auch außenpolitisch äußerst instabil ist. Dieses liegt hauptsächlich an historischen Gegebenheiten.

In der Neuzeit hat der Mittlere Osten unter der Herrschaft des Osmanischen Reiches eine gewisse politische Einheit besessen. Dennoch waren die lose miteinander verbundenen Einheiten des Reiches oft Ziel und Einflußzone imperialistischer Bestrebungen der europäischen Großmächte.[119] Mit dem Zusammenbruch des Osmanischen Reiches nach dem Ersten Weltkrieg teilten die Siegermächte Frankreich und England gemäß dem 1916 geheim vereinbarten *Sykes-Picot-Abkommen* die Region unter sich auf. Dabei zogen sie die Grenzen der Mandatsgebiete ohne Rücksicht auf kulturelle, ethnische, geographische oder historische Aspekte. Die Westmächte teilten die Region in viele Mandatsgebiete und Protektorate auf. Ziel dieser *Divide-et-Impera*-Politik war es für regionale Stabilität zu sorgen und das entstehen einer neuen Großmacht im Mittleren Osten zu verhindern.[120]

Aus den von Briten und Franzosen künstlich erschaffenen Mandatsgebieten wurden nach dem zweiten Weltkrieg unabhängige Nationalstaaten, an deren Spitzen sich konservativ-feudalistische Regierungen etablierten. Diese Administrationen versagten — und

[119] Vgl. Hubel, Helmut: Das Ende des Kalten Krieges im Orient. München 1995, S.18
[120] Vgl. Dietz 1991, S.14

versagen auch heute — die wegen der willkürlich festgelegten Staatsgrenzen entstandenen ethnischen Minderheiten mit Hilfe einer demokratischen Grundordnung zu integrieren und an der politischen Macht teilhaben zu lassen.[121] Die Vielzahl dieser Minderheitenkonflikte führen gepaart mit den bereits erwähnten sozioökonomischen Problemen (Abschnitt 5.2) zu Legitimationsschwierigkeiten der herrschenden Eliten. Wie schon dargestellt führen innenpolitische Maßnahmen nicht zu greifbaren Erfolgen. Die bedrängten Herrscher versuchen dann von diesen Problemen abzulenken und die unzufriedene Bevölkerung hinter sich zu bringen, indem sie bestehende Konflikte in der Region polarisieren oder eskalieren lassen. Aggressive Außenpolitik dient also als Mittel, um von ungelösten innenpolitischen Problemen abzulenken.[122]

Diese instabile Struktur führt dazu, daß der Mittlere Osten zur gewaltgeneigtesten Region der Welt zählt: Zwischen 1945 und 1995 waren von den 30 Staaten im Mittleren Osten 27 mindestens einmal an einem Konflikt beteiligt, in dem massiv mit Gewalt gedroht wurde oder in dem es zu offenen Kampfhandlungen kam. Die Region besitzt damit die weltweit höchste Gewaltquote von 90% — also 27 Konfliktbeteiligungen bei 30 Staaten. Der weltweite Durchschnitt beträgt dagegen 66%.[123]

Auch heute ist die Situation keineswegs entspannt. Sobald man die Zeitung aufschlägt oder den Fernseher einschaltet, wird vor allem über vier Konflikte berichtet: Den Krieg im Irak, den Konflikt zwischen Israelis und Palästinensern, die Lage in Afghanistan und die Spannungen zwischen dem Iran und der USA um ein mögliches iranisches Atomprogramm. Außerdem gibt es in der Region noch viele weitere gewalttätige Konflikte, über die die Medien nicht oder nicht mehr berichten. Abbildung 18 zeigt eine Übersicht der Konflikte im Mittleren Osten. Dabei liegt die Zahl der Konflikte, bei denen Gewalt angewendet wird, bei 11 . In Abbildung 18 wurden diese in den Farben gelb, orange und rot dargestellt, wobei rot die größte Konfliktintensität darstellt. Die Zahl der Konflikte, die zwar noch gewaltlos sind, in denen die Konfliktparteien aber trotzdem mit dem Einsatz von Gewalt drohen, liegt

---

[121] Vgl. Hubel 1995, S.18

[122] Der Taktik, Militärschläge gegen andere Staaten oder nicht-staatliche Organisationen zu führen, um von innenpolitischen Problemen abzulenken, bedienen sich auch viele Staatchefs industrialisierter beziehungsweise »zivilisierter« Länder. Vergleiche hierzu die Ausführungen von Omar Ashour, der diese These am Beispiel des Konfliktes zwischen der Russischen Föderation und Tschetschenien nachgewiesen hat. Ashour, Omar: Security, Oil and Internal Politics. The Causes of the Russo-Chechen Conflicts, in: Studies in Conflict & Terrorism, Nr. 27, 2004, S. 129

[123] Also 131 Konfliktbeteiligungen bei 201 Staaten. Die nächsthöchste Gewaltquote nach dem Mittleren Osten weist Schwarzafrika mit 78%, die niedrigste Zentralamerika mit 41% auf; vgl. Trautner, Bernhard: Hegemonialmächte im Vorderen und Mittleren Orient, in: Schmidt, Renate: Naher Osten. Politik und Gesellschaft: Beiträge zur debatte. Berlin 1998, S.68

bei 22. Diese werden in Abbildung 18 mit den Farben hellblau und grün dargestellt, wobei hellblau für die geringste Intensität steht.

Abb. 18: Konflikte im Mittleren Osten

Konfliktname	Konfliktparteien	Konfliktgegenstände	Beginn	Int.[1]
Afghanistan (Taliban)	Taliban vs. Übergangsregierung	reg. Vorherrschaft, nationale Macht	1994	4
Algerien (Islamisten)	GIA, GSPC, FIS, HDS vs. Regierung	nationale Macht, Ideologie / System	1989	4
Algerien (Kabylei)	CIADC, RCD, FFS vs. Regierung	Autonomie, Ideologie / System	1989	2
Bahrain (schiitische Opposition)	Scheich Ali Salman, Hezbollah Bahrain, Islamische Front für die Befreiung Bharains, Scheich Abdal Amir al-Dschamri, Schiiten vs. Regierung	nationale Macht	1975	2
Ägypten (Islamisten)	Moslembrüder, Gaamat-al-Islamiya, al-Waad, al-Dschihad vs. Regierung	nationale Macht, Ideologie / System	1997	2
Ägypten – Sudan	Ägypten vs. Sudan	Territorium, Ressourcen (Öl)	1958	1
Irak – Iran	Irak vs. Iran	internationale Macht, Ideologie / System	1969	2
Irak – Israel	Irak vs. Israel	internationale Macht, Ideologie / System	1948	1
Irak – Kuwait	Irak vs. Kuwait	Territorium, Ressourcen, Reparationen	1961	1
Irak (al-Sadr-Gruppierung)	al-Sadr-Gruppierung vs. Übergangsregierung	Ideologie / System	2004	4
Irak (Aufständische)	Aufständische vs. Übergangsregierung	nationale Macht / System	2004	5
Irak (PUK – DPK)	Patriotische Union Kurdistans vs. Demokratische Union Kurdistans	regionale Vorherrschaft, Ideologie / System	1979	1
Irak (Widerstandskräfte – CPA, IGC)	irakische Widerstandskräfte vs. US-geführte Zivilverwaltung (CPA), Übergangsregierungsrat (IGC)	internationale Macht (Entwaffnung), Ideologie / System, Ressourcen (Sicherung der Ölquellen	1990	4
Iran – USA	USA vs. Iran	internationale Macht (Rüstungskontrolle), Ideologie / System	1979	2
Iran – VAE	Iran vs. Vereinigte Arabische Emirate	Territorium (Inseln im Persischen Golf)	1971	1
Iran (Kurden)	Demokratische Partei Kurdistans vs. Regierung	Autonomie	1979	1
Iran (Reformer – Konservative)	Reformer vs. Konservative	nationale Macht, Ideologie / System	1993	2
Iran (Volksmudschaheddin)	Volksmudschahhedin vs. Regierung	nationale Macht, Ideologie / System	1965	2
Israel – Jordanien (Westjordanland)	Israel vs. Jordanien	Territorium (Westjordanland)	1967	1
Israel (Hisbollah)	Hisbollah vs. Israel	Territorium (Schebah-Felder)	1982	3

Fortsetzung von Abb. 18:

Konfliktname	Konfliktparteien	Konfliktgegenstände	Beginn	Int.[1]
Israel (Palästinensische Gruppierungen)	PLO, Palästinensische Behörde, Islamischer Dschihad, Hisbollah, Hamas vs. Israel	Sezession, Ideologie / System, Ressourcen	1948	4
Israel – Jordanien	Jordanien vs. Israel	Ressourcen (Wasser)	1995	1
Israel – Libanon	Libanon, Hisbollah vs. Israel	Ressourcen (Wasser)	1978	1
Libanon	religiöse Gruppen vs. Regierung	nationale Macht	1975	3
Libyen – USA, GB	Libyen vs. USA, Großbritannien	internationale Macht (Entwaffnung)	1964	2
Marokko	Frente POLISARIO vs. Regierung	Sezession	1976	2
Mauretanien (Putsch)	Putschisten vs. Regierung	nationale Macht	2003	2
Saudi-Arabien (Islamisten)	Islamisten vs. Regierung	nationale Macht, Ideologie / System	1990	3
Saudi-Arabien (Reformer)	Reformer vs. Regierung	nationale Macht	2003	2
Syrien – Israel	Syrien vs. Israel	Territorium	1967	2
Syrien – USA	USA vs. Syrien	internationale Macht (Entwaffnung)	2003	2
Türkei (Kurden)	Kurden vs. Regierung	Autonomie	1920	3
Jemen (Islamisten)	Islamischer Dschihad, al-Schabab al Mu'men, Armee von Aden-Abyan vs. Regierung	nationale Macht	1944	4

Quelle: Heidelberger Institut für Internationale Konfliktforschung: Konfliktbarometer 2004, Heidelberg 2004, S. 40, www.konfliktbarometer.de Download am 30.06.05 um 17:20

[1] Erläuterungen zu Abb. 18:

[1] Konflikt-intensitäts-stufen	Intensitäts-bezeichnung	Gewaltgrad	Definition
1	latenter Konflikt	nicht-gewaltsam	Eine Positionsdifferenz um vereinbare Werte von nationaler Bedeutung ist dann ein latenter Konflikt, wenn darauf bezogene Forderungen von einer Partei artikuliert und von der anderen Seite wahrgenommen werden.
2	manifester Konflikt		Ein manifester Konflikt beinhaltet den Einsatz von Mitteln, welche im Vorfeld gewaltsamer Handlungen liegen. Dies umfaßt beispielsweise verbalen Druck, die öffentliche Androhung von Gewalt oder das verhängen von ökonomischen Zwangsmaßnahmen
3	Krise	gewaltsam	Eine Krise ist ein Spannungszustand, in dem mindestens eine der Parteien vereinzelt Gewalt anwendet
4	ernste Krise		Als ernste Krise wird ein Konflikt dann bezeichnet, wenn wiederholt und organisiert Gewalt eingesetzt wird.
5	Krieg		Kriege sind Formen gewaltsamen Konfliktaustrags, in denen mit einer gewissen Kontinuität organisiert und systematisch Gewalt eingesetzt wird. Die Konfliktparteien setzen, gemessen an der Situation, Mittel in großem Umfang ein. Das Ausmaß der Zerstörung ist nachhaltig.

Quelle: Heidelberger Institut für Internationale Konfliktforschung: Konfliktbarometer 2004, Heidelberg 2004, S. 2

Abbildung 18 zeigt also, daß die Region neben einem Sammelsurium an Streitigkeiten um Territorium, Ressourcen, Ideologien, um nationale, regionale oder internationale Macht, auch Konflikte um Autonomie und Sezession bietet. Unter den aufgezählten Konflikten werden in Zukunft Verteilungskonflikte um Ressourcen, wie Wasser, Erdöl oder fruchtbares Ackerland zunehmen. Dieses liegt am explosionsartigen Bevölkerungswachstum auf der einen und an knapper werdenden Ressourcen sowie Umweltzerstörung auf der anderen Seite. Erdöl als Ursache von Konflikten ist kein neues Problem, wie der zweite Golfkrieg 1990/1991 oder die derzeitige amerikanische Invasion im Irak zeigt.[124]

Wasser und seine Quellen sind ein uraltes Streitobjekt im Mittleren Osten. In den verschiedenen Nahostkriegen seit dem Ende des zweiten Weltkriegs waren sie bereits einer der Konfliktgründe. Sie könnten in Zukunft zur wichtigsten Ursache von größeren Konflikten werden. Schon heute übertrifft in der überwiegenden Mehrheit der Staaten der Region der nationale Wasserverbrauch die im Lande verfügbaren erneuerbaren Wasserressourcen: Israel verbraucht pro Einwohner fünfmal so viel Wasser wie seine arabischen Nachbarn. Das Land ist bereits heute von den Wasserressourcen der palästinensischen Westbank, der syrischen Golanhöhen und dem Südlibanon abhängig und beansprucht auf Kosten Jordaniens — das selber unter akuter Wasserknappheit leidet — Jordanwasser. Auch zwischen der Türkei, in der die wasserreichen Flüsse Euphrat und Tigris entspringen und den flußabwärts liegenden südlichen Nachbarn ist Wasser längst zum Politikum geworden. Die Türkei drohte Syrien mit Hilfe des 1992 gebauten Atatürk-Staudamms das Euphratwasser zu reduzieren, falls Syrien die Kurdenorganisation PKK weiter unterstützt. Syrien hingegen unterstützt die PKK und andere kurdische Oppositionsbewegungen um in der Wasserfrage ein Druckmittel gegen die Türkei zu haben.[125]

Saudi-Arabien, Iran und Libyen möchten mit ihren Wasserproblemen fertigwerden, indem sie fossile Wasserressourcen tief unter dem Wüstensand anzapfen. Die Nutzung von fossilem Wasser verschiebt die Probleme aber nur ein wenig in die Zukunft und bringt zusätzliche unkalkulierbare ökologische Risiken mit sich: Im Falle Libyens soll die Nutzungsdauer des sogenannten *Great Man Made River Projekts (GMMR-Projekt)* nach offiziellen Angaben noch etwa 50 Jahre betragen. Das GMMR-Projekt befördert fossile Wasservorkommen aus der libyschen Wüste in die Bevölkerungsreichen Zentren am Mittelmeer. Unabhängige Geologen rechnen aber mit einer weitaus geringeren Nutzungsdauer. Zusätzlich führt die

---

[124] Vgl. Krönig, Jürgen: Feindliche Vorräte, in: Die Zeit vom 22.08.2002, S. 21
[125] Vgl. Winter, Heinz-Dieter: Der Nahe und Mittlere Osten am Ende des Ost-West-Konflikts: politische und ideologische Orientierung der Region zwischen Maghreb und Golf. Berlin 1998, S. 197-199

Nutzung von fossilen Wasservorkommen zum stetigen Absinken des Grundwasserspiegels; und das nicht nur in Libyen, sondern auch bei den Nachbarn Ägypten und Sudan. Deren Oasen drohen auszutrocknen, weil sie mit dem selben Wasser wie das libysche GMMR-Projekt gespeist werden.[126] Zukünftige Konflikte um dieses Wasser sind damit vorprogrammiert. Im Falle Saudi-Arabiens und des Iran werden sich bei der Nutzung fossilen Wassers mit Sicherheit ähnliche Probleme ergeben. Die Schaffung eines gemeinschaftlichen Wassernutzungsregimes der mittelöstlichen Staaten könnte dieses zukünftige Konfliktfeld entschärfen. Betrachtet man aber die Vielzahl existierender Konflikte in der Region liegt die Einrichtung eines solches Regimes in weiter Ferne.

Die vielen Streitigkeiten und Konflikte schaffen in der Region ein Klima der Angst. Die ansässigen Regierungen möchten zum einen für aktuelle Konflikte und zukünftige Kriege gewappnet sein. Zum anderen eignet sich eine große Streitmacht auch zum Unterdrücken politischer Unruhen im eigenen Land. Aus diesem Grunde sind hohe Rüstungsausgaben und eine relativ große Macht seitens des Militärs ein hervorspringendes Merkmal der meisten Länder im Mittleren Osten. Ob das jeweilige Land Erdöl exportiert oder nicht spielt dabei keine Rolle. Militärs haben wiederholt interveniert um Länder zusammen oder Regierungen an der Macht zu halten, so daß in der Vergangenheit in vielen Ländern Militärherrschaft eher die Regel als die Ausnahme war.

Der große politische Einfluß des Militärs macht sich bei den Aufwendungen für Rüstung und Verteidigung bemerkbar. Der Mittlere Osten ist sowohl Spitzenreiter bei Waffenimporten — von den fünf größten Waffenkunden in der Dritten Welt liegen vier im Mittleren Osten[127] — als auch beim Anteil der Rüstungsausgaben am Bruttosozialprodukt.[128] Diese machen in der Region ungefähr 12 bis 15% aus. Zum Vergleich: Sogar die von Friedensaktivisten geschmähte »Militärmacht USA« gibt nur circa 4% ihrer Wirtschaftsleistung für ihre Streitkräfte aus,[129] Deutschland nur etwa 1%.[130]

---

[126] Vgl. Schütt 1996, S. 311 und S. 318

[127] Vgl. Dietz 1991, S.93

[128] Vgl. Johannsen, Margret: Einflußsicherung und Vermittlung: Die USA und der Nahe Osten, in: Wilzewski, Jürgen: Weltmacht ohne Gegner. Amerikanische Außenpolitik zu Beginn des 21. Jahrhunderts. Baden-Baden 2000, S. 205

[129] Vgl. Stockholm International Peace Research Institute: SIPRI Yearbook 2004. Armaments, Disarmament and International Security, S. 14,
http://editors.sipri.se/pubs/yb04/SIPRIYearbook2004mini.pdf Download am 30.06.05 um 21:33

[130] Vgl. Rudloff 2004, S. 105 und S. 138

In ölfördernden Ländern nutzte das Militär sein politisches Gewicht um sich große Teile des Erlöses aus dem Erdölgeschäft zu sichern. Diesen Zusammenhang zeigt Abbildung 19.

Die Säulen zeigen die Militärausgaben der Golfanrainer, die olivenfarbene Linie die Entwicklung des Ölpreises. Hier läßt sich der Zusammenhang erkennen, daß einem hohen Ölpreis und damit hohen Ölrenten beachtliche Ausgaben für die Streitkräfte folgen. Auf diese Weise versickerten in der Region seit dem Jahre 1973 ungefähr 30% bis 40% (!) aller Öleinnahmen im Militärhaushalt.[131] Die hohen Verteidigungsausgaben konkurrieren dabei mit dringend benötigten zivilen Programmen für Gesundheit, Bildung, Infrastrukturmaßnahmen, Wirtschaftsförderung oder Lebensmittel. Auch zwischen dem Militär und der freien Wirtschaft entsteht eine Konkurrenzsituation. Hochqualifizierte Arbeitnehmer entscheiden sich aus finanziellen Gründen für eine Karriere in den Streitkräften. Diese Spitzenkräfte fehlen dann in zivilen Bereichen, was letztendlich fatale Folgen für die langfristige positive Entwicklung der Volkswirtschaften in der Region hat. Die über Jahrzehnte hohen Verteidigungsausgaben leisten also auch ihren Beitrag zu den in Abschnitt 5.2 dargestellten sozioökonomischen Problemen der Golfregion.

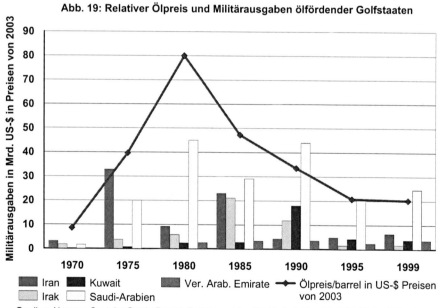

Abb. 19: Relativer Ölpreis und Militärausgaben ölfördender Golfstaaten

Quellen: Noreng, Oystein; Crude Power. Politics and the Oil Market, New York 2002, S. 237 und BP p.l.c.: BP Statistical Review of World Energy 2004 - Excel Workbook, http://www.bp.com/statisticalreview2004 Download am 11.04.2005 um 18:36

[131] Vgl. Noreng 2002, S. 121f

Abb. 20: Ölpreis und politische Ereignisse im Orient

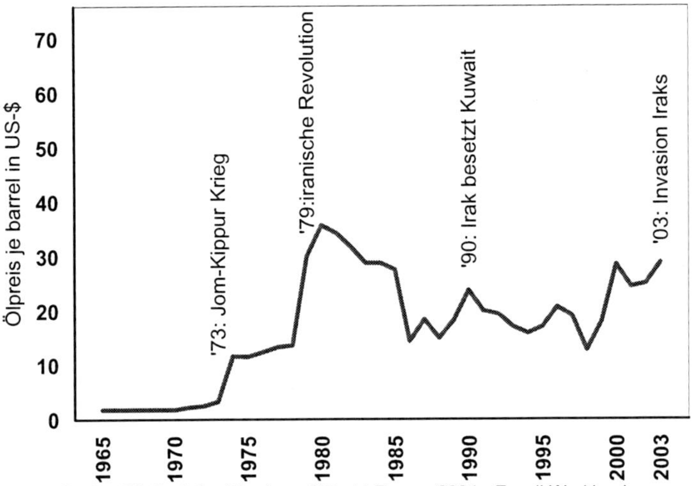

Quelle: BP Statistical Review of World Energy 2004 - Excell Workbook

Die vielen militärischen Risiken des vorderen Orients wirken sich dabei direkt auf die Energiefrage aus. Weil bei jedem eskalierenden Konflikt im Mittleren Osten auch die Gefahr besteht, daß die Ölfördereinrichtungen der Region beschädigt werden, reagieren die Rohstoffmärkte unmittelbar auf politische Spannungen in und um den Persischen Golf. Schon kleinere Unstimmigkeiten die auch die Förderländer im Golf betreffen könnten führen zu steigenden Ölpreisen. Kriege oder Krisen lassen den Ölpreis innerhalb kürzester Zeit explodieren. In Abbildung 20 wird dieser Zusammenhang skizziert. In diesem Diagramm wird der zeitliche Verlauf des Ölpreises dargestellt. Jedesmal wenn es eine Krise im Mittleren Osten gibt, geht der Ölpreis nach oben. Der Ausschlag des Jahres 1999 nach unten erklärt sich durch die Asien-Krise. Während der Asien-Krise brach die Nachfrage nach Öl massiv ein, worauf auch der Ölpreis stark sank.

Trotz dieser Krisen sind die Industrieländer auf einen kontinuierlichen Strom von Erdöl aus dem Persischen Golf angewiesen, der die Wirtschaften Amerikas, Europas und Asiens befeuert. Um sicherzustellen daß die vielen Krisen in der Region diesen kontinuierlichen Strom nicht abreißen lassen, sichern die Industrieländer — vor allem aber die USA — den Zugang zu den Ölquellen des Persischen Golfs mit militärischen Mitteln. Hierzu gehört der ständige Einsatz von mindestens einem Flugzeugträger für den Schutz von Seewegen und die Aufrechterhaltung einer umfangreichen und stets einsatzbereiten Luftflotte in der Region.

Dieses kostet die Amerikaner im Jahr ungefähr 50 Milliarden Dollar[132] — das ist das Doppelte des Betrages, den Deutschland jährlich für die gesamte Bundeswehr ausgibt.[133] Interessant ist, daß die Amerikaner den Löwenanteil der militärischen Sicherungskosten tragen, während die Europäer und die Japaner die eigentlichen Profiteure der amerikanischen Präsenz sind: Die USA beziehen täglich nur 2,5 Millionen Barrel aus der Golfregion. Europa erhält pro Tag 3 Millionen Barrel und Japan sogar 4,2 Millionen Barrel aus dem Persischen Golf.[134] Damit ist für die Amerikaner die Truppenstationierung ein Minusgeschäft: Der gegenwärtige Wert der jährlichen US-Ölimporte aus der Golfregion beträgt 45 Milliarden Dollar[135], während die Sicherungskosten — wie bereits erwähnt — mit 50 Milliarden Dollar pro Jahr zu Buche schlagen.

Zusammengefaßt ist der Mittlere Osten voller Konflikte und Risiken, die sich je nach Intensität mehr oder weniger stark auf den Ölpreis niederschlagen. Für die USA kostet die Sicherung der Region schon heute mehr als sie dem Land an Ölimporten einbringt. Sollten die krisenhaften Erscheinungen der Region an Intensität zunehmen — was aufgrund der sich verschärfenden innenpolitischen Lage wahrscheinlich ist — wird sich die Befriedung dieser Krisen erheblich stärker im Verteidigungshaushalt der USA bemerkbar machen. Die Amerikaner könnten dann — betrachtet man die aus der Region bezogenen Ölmengen — zu Recht Europäer und Japaner auffordern einen beachtlichen Teil der Sicherungskosten selbst zu tragen. Hierzu würden auch die permanente Stationierung von Truppen und friedensschaffende Einsätze für die Beendigung zukünftiger regionaler Konflikte gehören. Angesichts eines »Nein« vieler europäischer Staatschefs zur amerikanischen Irak-Operation und einer generellen Abneigung der europäischen Bevölkerung Blut für Öl zu vergießen, würde eine solche Truppenstationierung schwer durchzusetzen sein. An ihr würde aber kein Weg vorbeiführen, weil Europa am Öltropf des Persischen Golfs hängt. Summa summarum könnten also die innenpolitischen Krisen des Orients schon bald zu Regierungskrisen und Anti-Kriegs-Demonstrationen und damit zu innenpolitischen Unruhen in Europa führen.

---

[132] Vgl. Johnson, Chalmers: Ein Imperium verfällt. Wann endet das amerikanische Jahrhundert? München 2000, S. 120

[133] Ausgaben für Verteidigung der Bundesrepublik Deutschland. Haushaltsjahr 2004: 24 Mrd. €, Haushaltsjahr 2005: 23,9 Mrd. € Vgl. Bundesministerium der Finanzen: Finanzplan des Bundes 2004 bis 2008. S. 11, http://www.bundesfinanzministerium.de/bundeshaushalt2005/pdf/vorsp/fpl2004-2008.pdf Download am 17.12.05 um 20:10

[134] Vgl. BP Statistical Review of World Energy 2004 - Excel Workbook

[135] Dieses ist bei einem Ölpreis von 50 US-$ je Barrel und einer täglichen Importmenge von 2,5 Millionen Barrel der Fall. Sinkt der Ölpreis auf die von der OPEC geforderte Preisspanne von 20 bis 28 US-$, dann fällt auch der Wert der jährlichen US-Ölimporte aus dem Golf auf 20 bis 25 Milliarden US-$, Vgl. Baratta, Mario: Der Fischer Weltalmanach 2001, Frankfurt am Main 2000, S. 1199

6. Mögliche Krisenszenarien in der Golfregion

Im folgenden Abschnitt möchte ich einige Krisenszenarien entwerfen, die sich aufgrund der politischen Spannungen im Mittleren Osten ergeben könnten. Alle Szenarien haben gemein, daß in ihrem Verlauf die aus dem Persischen Golf exportierte Ölmenge ins Stocken gerät und damit die Versorgungssicherheit der restlichen Welt mit dieser wichtigen Ressource beeinträchtigt wird.

6.1 Krisen in Folge innenpolitischer Instabilität

Zum Beispiel könnte sich die bereits erwähnte innenpolitische Situation in den beiden wichtigsten Förderländern weiter zuspitzen. In beiden Ländern bescheren gravierende sozioökonomische Probleme islamistischen Gruppierungen neue Anhänger und heizen so den latenten Konflikt zwischen Islamisten und der Regierung weiter an. Gleichzeitig ist weder das saudische Königshaus noch das iranische Regime in der Lage das Problem an der Wurzel zu packen und über die Lösung dieser gesellschaftlichen Probleme dem islamischen Fundamentalismus den Nährboden zu entziehen. Damit wird es immer wahrscheinlicher, daß dieses innenpolitische Spannungsverhältnis eskaliert und sich in Form von Unruhen, Terroranschlägen oder bürgerkriegsähnlichen Zuständen entlädt. Ich habe hierzu die folgenden drei Szenarien entwickelt, die sich mit möglichen Folgen innenpolitischer Instabilität im Mittleren Osten befassen.

6.1.1 Szenario 1: Terrorismus

Terroranschläge direkt auf die Förderinfrastruktur stellen schon heute ein Problem dar. Weil der Ölmarkt durch die hohe Nachfrage und fehlende Förderkapazitäten angespannt ist, haben auch kurzzeitige Unterbrechungen in der Erdölversorgung gravierende Auswirkungen auf die Ölpreise. Terroristen sind sich darüber im klaren, daß Anschläge auf die Förderinfrastruktur bei relativ geringem Mitteleinsatz eine relativ große Wirkung auf die Ölpreise und damit auf die Weltwirtschaft haben. Tatsächlich gehören seit dem 11. September 2001 Angriffe auf Ölziele beinahe zur Tagesordnung. In den letzten Jahren verübten verschiedene Gruppierungen erfolgreich Anschläge auf Pipelines, Pumpstationen, Raffinerien, Ölverladeterminals und Tanker in den Ländern Irak, Nigeria, Saudi-Arabien und dem Jemen. Neben den 150 Anschlägen auf das irakische Pipelinesystem sprengten sich im April 2004 drei Selbstmordattentäter im irakischen Ölverladeterminal von Basra in die Luft. Weil dieses

Terminal zu einer der am schärfsten bewachten Einrichtung seiner Art gehört, geben diese Entwicklungen Anlaß zur Sorge. Denn mit diesem Anschlag demonstrierten die Terroristen, daß sie sich nicht nur an spärlich bewachte Pipelines sondern auch an militärisch gesicherte »harte« Ziele herantrauen.[136]

Es ist sehr wahrscheinlich, daß diese Attacke nur ein Testlauf für noch größere Ziele war: Ölverladeterminals stehen seit neuestem auf Platz eins der Anschlagsliste islamistischer Terroristen. Diese Ölverladeplattformen stellen einen Knotenpunkt der Erdölversorgung dar. Das Öl einer ganzen Region oder eines ganzen Landes wird am Ölverladeterminal gesammelt, um von dort per Tanker seinen weiteren Weg in die Verbrauchszentren der Welt zu finden. So wird das gesamte saudische Erdöl über drei Verladeplattformen exportiert. Zwei der Verladeterminals liegen am Persischen Golf: Ras Tanura hat eine Verladekapazität von 6 Millionen Barrel pro Tag, in Ras Al Ju'aymah lassen sich 3 Millionen Barrel pro Tag auf Tanker pumpen. Yanbu, die dritte Verladestation liegt am Roten Meer und hat eine Kapazität von 5 Millionen Barrel pro Tag.[137] Iran besitzt sogar nur einen einzigen großen Ölverladehafen. Das Land exportiert fast sein gesamtes Erdöl über ein Offshore-Verladeterminal auf der Insel Kharg.[138] Weil Saudi-Arabien nur drei und Iran nur ein solches Terminal besitzt, würde ein Anschlag auf diese Ölverladestationen große Teile beziehungsweise den gesamten Ölexport eines Landes lahmlegen. Sowohl das saudische Königshaus als auch das iranische Regime sind sich dieser Gefahr bewußt und lassen die Anlagen streng bewachen. Trotz der scharfen Sicherheitsmaßnahmen ist Robert Baer, ein ehemaliger Agent des amerikanischen Auslandsgeheimdienstes CIA der Meinung, daß ein Angriff auf diese Einrichtungen durchführbar ist. Nach seiner Auffassung ist eine mit 40 Kilogramm Sprengstoff ausgestattete, zu allem entschlossene Gruppe in der Lage, ein solches Terminal massiv und dauerhaft zu beschädigen. Ein erfolgreicher Anschlag auf die iranische Plattform in Kharg würde 4 Millionen Barrel täglich und ein Angriff auf Ras Tanura sogar 6 Millionen Barrel täglich für die Dauer von zwei Jahren vom Weltmarkt fegen. Die Londoner Ölexpertin Valerie Marcel glaubt, daß ein Ausfall in dieser Größenordnung die heute ohnehin schon hohen Ölpreise auf die Spanne von 100 bis 120 US-$ je Barrel verdoppeln würde.[139] Terroristen haben sowohl bei den Anschlägen vom 11. September als auch bei den Attacken

---

[136] Vgl. Luft, Gal / Korin, Anne: Terrorism Goes to Sea, in: Foreign Affairs November / Dezember 2004, S. 65
[137] Vgl. Energy Information Administration: Saudi-Arabia Country Analysis Brief, Januar 2005, http://www.eia.doe.gov/emeu/cabs/saudi.html Download am 11.07.05 um 15:38
[138] Vgl. Energy Information Administration: Iran Country Analysis Brief, März 2005, http://www.eia.doe.gov/emeu/cabs/iran.html Download am 11.07.03 um 15:30
[139] Vgl. Armbruster, Jörg / Aders, Thomas: Lunte Am Ölfaß. Droht Saudi-Arabien eine Katastrophe? Südwestfunk Baden-Baden 2005. Ausgestrahlt in der ARD am 30.03.2005 um 23:45

in Madrid und neuerdings in London bewiesen, daß sie zu zeitgleichen Schlägen in der Lage sind. Nicht auszudenken, welche Folgen ein simultaner Angriff auf alle vier Ölverladeplattformen haben könnte.

Vor diesem Hintergrund erhalten die bereits erwähnten Anschläge auf das irakische Terminal in Basra eine besondere Bedeutung. Islamistische Terroristen werden nichts unversucht lassen, um die Ölverladeterminals zu vernichten. Sie würden ihre beiden Todfeinde gleichzeitig treffen: Das Regime im eigenen Land und die von den USA angeführte westliche Wertegemeinschaft.

Im Vergleich zu den strikt bewachten Verladeterminals sind die Seefahrtsrouten für Öltanker, die die westlichen und asiatischen Volkswirtschaften mit dem Persischen Golf verbinden ein weitaus verletzlicheres Angriffsziel. 60% des weltweiten Öls werden mit großen und schwerfälligen Tankern transportiert. Mit Ausnahme russischer und israelischer Schiffe, deren Crews Waffen mit sich führen, besitzen die Mannschaften anderer Flaggen nur Hochdruckwasserschläuche und Scheinwerfer, um sich gegen Angriffe zu verteidigen. Auf hoher See sind diese Schiffe praktisch jedem Angriff wehrlos ausgesetzt. Falls ein einziger Tanker von Angreifern versenkt wird, wären die wirtschaftlichen Folgen marginal. Leider zwingen geographische Gegebenheiten die Tanker dazu, Engstellen zu passieren. Viele dieser Meerengen liegen in Gebieten, in denen auch Terroristen aktiv sind. Zusätzlich sind diese Passagen so schmal, daß ein einziger brennender Supertanker mit seinem in Flammen stehenden Ölfilm die Schiffahrtsroute für andere Tanker blockieren könnte. Es sind zwar nicht alle Meerengen so schmal wie zum Beispiel der Bosporus, der an seiner schmalsten Stelle nur 750m mißt,[140] allerdings gibt es in vielen Meerengen ausgewiesene Fahrrinnen. Wird ein Supertanker in dieser Fahrrinne versenkt, blockiert er den Weg für nachfolgende Schiffe. Terroristische Piraten könnten auch einen oder mehrere Tanker auf hoher See kapern, diese in eine der Meerengen steuern und die Tanker dort versenken.[141] Neben der ökologischen Katastrophe wären die wirtschatlichen Auswirkungen einer solchen Operation fatal: Die Schiffahrtsgesellschaften müßten größere Umwege und höhere Versicherungsprämien in Kauf nehmen, was sich auf die Frachtkosten niederschlagen würde. In den Ölhäfen würden sich die Tanker stauen, wodurch ein Teil der Ölversorgung zusammenbrechen würde. Alles in allem würden auch hier die Ölpreise in die Höhe

---

[140] Vgl. Köster, Jens-Uwe: Erdöl als strategischer Faktor, in: Führungsakademie der Bundeswehr, Internationales Clausewitz-Zentrum: Clausewitz-Protokolle Heft 2/2001, S. 7
[141] Vgl. Luft / Korin 2004, S. 66

schnellen. Darüber hinaus könnten die Terroristen die Ölmärkte noch härter treffen, indem sie sich koordinieren und solche Operationen in mehreren Meerengen gleichzeitig durchführen.

6.1.2 Szenario 2: Gewaltsamer Regierungswechsel

Die schlechten sozioökonomischen Zustände in Saudi-Arabien und dem Iran liefern nicht nur einen kontinuierlichen Strom von potentiellen Gotteskriegern, die sich von Extremisten für Anschläge einsetzen lassen; sie steigern auch die Zahl der Menschen, die mit der Regierungspolitik unzufrieden sind. Diese rebellische Gesinnung könnte von Gegnern des Regimes genutzt werden. Weil weder Saudi-Arabien noch der Iran über demokratische Strukturen verfügen, läßt sich der Weg zur Macht nur über einen Regierungsumsturz in die Wege leiten. Vor allem in Saudi-Arabien besteht die Gefahr, daß ein solcher Regierungswechsel gewaltsam stattfindet, da das saudische Königshaus Regimekritiker nicht mit Samthandschuhen anfaßt. Die islamistische Opposition könnte zum Beispiel aufgrund der schlechten sozialen Verhältnisse im Land zu Streiks, Demonstrationen oder Unruhen aufrufen. Weil das saudische Königshaus schon in der Vergangenheit gegen solche Veranstaltungen militärisch vorgegangen ist, würde es auch diesmal versuchen, bewährte Maßnahmen anzuwenden und die Unruhen mit der Armee niederzuschlagen. Sollte es dabei den Aufständischen gelingen Teile des Militärs für sich zu gewinnen, könnte dieser innenpolitische Konflikt schnell zu einem Bürgerkrieg ausarten. Daß bei einem militärischen Schlagabtausch zwischen regierungstreuen Kräften und den Aufständischen auch die Erdölinfrastruktur beschädigt werden könnte, ist offensichtlich: Die Fernsehbilder aus dem Irak, in dem zur Zeit auch bürgerkriegsähnliche Zustände herrschen, zeigen häufig brennende Fördertürme, Pipelines oder Raffinerien. Sollte es also zu einem Bürgerkrieg in Saudi-Arabien oder dem Iran kommen, so würde die Ölförderung des betroffenen Landes — genauso wie im Irak — am Boden liegen.

6.1.3 Szenario 3: Unblutige Machtübernahme

Auch eine unblutige Machtübernahme durch die islamistische Opposition in Saudi-Arabien hätte sehr wahrscheinlich ernste Konsequenzen für die globale Ölversorgung. Wie bereits erwähnt (Abschnitt 5.2.1, S. 51) ist Saudi-Arabien für die globale Ölversorgung sehr wichtig, weil es als einziger ölfördernder Staat die Möglichkeit besitzt seine Ölproduktion zu variieren. Im Fall einer internationalen Krisensituation, die zum Ausfall der Ölproduktion eines oder mehrerer Förderländer führt, kann Saudi-Arabien seine Produktion ausweiten und so den globalen Ölmarkt stabilisieren. Experten bezeichnen Saudi-Arabien daher auch als *Swing-Producer.* Kämen die Islamisten zum Beispiel über eine friedliche Revolution in Riad an die Macht, könnten sie versucht sein dem Beispiel der OPEC aus dem Jahre 1973 zu folgen und Erdöl als politische Waffe einzusetzen.[142] Auf diesem Wege könnten sie gleich zwei Fliegen mit einer Klappe schlagen. Erstens würde diese künstlich inszenierte Verknappung die Ölpreise stark steigen lassen und damit den neuen saudischen Machthabern — zumindest kurzfristig — hohe Ölrenten in die Staatskasse spülen und über eine Steigerung der Sozialausgaben ihre Position festigen. Außerdem könnten sie mit einem solchen Ölpreisschock ihren ideologischen Feind, also die von Amerika angeführte westliche Staatengemeinschaft ernsthaft treffen. Da die restlichen Förderländer heute an ihrer Kapazitätsgrenze produzieren[143] und im Vergleich zu Saudi-Arabien *keine* Swing-Producer sind, könnten sie diese politisch inszenierte Verknappung der Ölmenge nicht durch das Ausweiten der eigenen Produktion konterkarieren. Sie könnten nur tatenlos zusehen wie der Ölpreis in die Höhe schnellt und die Weltwirtschaft in die Knie gezwungen wird.

Ein ähnliches Szenario im Iran hätte für den Ölmarkt weit weniger desaströse Folgen als im Falle Saudi-Arabiens. Zwar könnten die Islamisten nach einer friedlichen Machtübernahme in Teheran auch versuchen, die Ölförderkapazitäten des Landes zurückzufahren und Rohöl als politische Waffe einzusetzen; allerdings würde Saudi-Arabien dann seine Rolle als Swing-Producer wahrnehmen und über eine Ausweitung der eigenen Fördermenge den Ölmarkt stabilisieren. Die neuen fundamentalistischen Machthaber im Iran würden beim Einsatz ihrer Ölwaffe zwar kurzfristig für hohe Ölpreise sorgen, bald darauf aber nur Marktanteile im Ölgeschäft und damit Devisen an Saudi-Arabien verlieren.

Wie wir sehen ist also Saudi-Arabien als einziges Land in der Lage bei der heutigen angespannten Situation auf den Ölmärkten die Ölkrise von 1973 zu wiederholen. Aus diesem Grunde geben innenpolitische Spannungen in Saudi-Arabien einen viel größeren Anlaß zur Sorge als die im Iran.

---

[142] Wie bereits in Szenario 1 erwähnt, würde schon ein Ausfall der Hälfte der saudischen Produktion (5 Mio. Barrel je Tag) den Ölpreis auf 100 bis 120 US-$ je Barrel katapultieren.
[143] Vgl. Luft / Korin 2004, S. 65

6.2 Krisen in Folge außenpolitischer Instabilität

Nicht nur die innenpolitischen Probleme der beiden wichtigen Förderländer Saudi-Arabien und Iran können sich negativ auf die globale Erdölversorgung auswirken. Auch die vielen außenpolitischen Konflikte könnten — wie schon mehrfach in der Vergangenheit geschehen — in einem militärischen Schlagabtausch enden. Ich habe die nächsten 3 Krisenszenarien entwickelt, die sich mit möglichen Folgen außenpolitischer Instabilität des Mittleren Ostens befassen.

6.2.1 Szenario 4: Von Israel inszenierte Ölkrise

Das vierte Krisenszenario beinhaltet die Akteure USA, Saudi-Arabien, Israel und die Palästinenser. Amerika ist in dem Dilemma, daß es einerseits saudisches Öl braucht um seine Wirtschaft am laufen zu halten. Auf der anderen Seite aber betreiben die USA seit der Gründung des Staates Israel eine pro-israelische Politik. Ein Grund für diese Einstellung ist, daß der Anteil der Amerikaner, die für eine grundsätzlich Unterstützung Israels plädieren, seit Jahren bei mehr als 50% liegt.[144] Gewiß gibt es neben der israelischen Lobby auch andere Interessengruppen, die gute politische und wirtschaftliche Beziehungen zu den arabischen Öllieferanten für wichtiger erachten als eine uneingeschränkte Unterstützung Israels. Dennoch zeigen empirische Untersuchungen, daß Äußerungen für oder gegen Israel im amerikanischen Wahlkampf das Zünglein an der Waage sind.[145]

Für Israel stellt die amerikanische Ölabhängigkeit von Saudi-Arabien ein Risiko dar. Denn Saudi-Arabien steht im arabisch-israelischen Konflikt uneingeschränkt auf der Seite der Palästinenser. Sollte der Konflikt zwischen Israel und den Palästinensern weiter eskalieren, könnten die USA im Zweifelsfalle Saudi-Arabien und seinem Öl eine höhere Priorität beimessen und auf saudischen Wunsch hin die amerikanische Wirtschaftshilfe für Israel teilweise oder ganz einfrieren. Israel könnte sich von diesem Risiko befreien, indem es die Initiative ergreift und neue politische Realitäten schafft: Das Land könnte sich die Gebiete der palästinensischen Autonomiebehörde einverleiben und Teile der palästinensischen Bevölkerung ausweisen.

Ein solcher extremer Schritt würde sehr wahrscheinlich Saudi-Arabien provozieren, die Ölwaffe einzusetzen. Denn falls das saudische Königshaus auf amerikanischen Wunsch der israelischen Deportationspolitik keine eigenen Maßnahmen folgen läßt und weiter

---

[144] Vgl. Weber, Wolfgang: Vom Krisenmanagement zur Konfliktlösung? Probleme und Perspektiven amerikanischer Nahostpolitik, in Dembinski, Matthias: Amerikanische Weltpolitik nach dem Ost-West-Konflikt. Baden-Baden: 1994, S.229
[145] Vgl. Johannsen 2000, S.151-155

unbekümmert Öl exportiert, würde es mit Sicherheit zu einem Sturm der Entrüstung unter der saudischen Bevölkerung kommen, der schließlich in einem Sturz der Königsfamilie gipfeln würde. Das gerade beschriebene Szenario 2 oder 3 würde sich abspielen, Saudi-Arabien würde seine Produktion teilweise oder ganz einstellen, Amerika müßte auf seine saudischen Ölimporte verzichten und wäre dann de facto nicht mehr vom saudischen Öl abhängig.

Egal ob sich das saudische Königshaus dazu durchringt die Ölwaffe einzusetzen oder nicht, die amerikanische Abhängigkeit vom saudischen Öl würde gegen Null gehen, was für Israel sehr vorteilhaft wäre: Die USA hätten dann nicht mehr die Qual der Wahl zwischen den Optionen *saudisches Öl* und der *Unterstützung Israels*. Weil sich die Option *saudisches Öl* in Luft auflösen würde, würde die Wahl auf die einzig verbleibende Option *Unterstützung Israels* fallen. Amerika würde zwar unter den rasant gestiegenen Ölpreisen leiden, das Risiko aber, daß Israel seinen wichtigsten Verbündeten verliert, wäre nur gering.[146] Eine solche von Israel provozierte Verknappung der Ölmenge würde den Ölmarkt und damit die Weltwirtschaft hart treffen.

6.2.2 Szenario 5: Überraschungsangriff auf iranische Atomanlagen

Szenario Nummer fünf beinhaltet die Akteure Iran, USA und eventuell Israel. Laut Seymour Hersh, einer Koryphäe im investigativen Journalismus läßt die US-Administration seit Sommer 2004 geheime Spionagemissionen im Iran durchführen. US-Agenten sollen dabei Zieldaten von bekannten oder vermuteten Anlagen für nukleare, biologische oder chemische Waffen beziehungsweise von Standorten an denen Raketentechnik entwickelt wird sammeln.[147] Sind diese Daten erst einmal erhoben, werden die Falken im Pentagon und im Weißen Haus den Präsidenten drängen, das mühselige Tauziehen um das iranische Nuklearprogramm mit einem einzigen Präzisionsschlag zu beenden. Ein solches Vorgehen wäre auch kein Novum. Im Juni 1981 zerstörte die israelische Luftwaffe in einer Überraschungsaktion einen im Bau befindlichen Atomreaktor in der irakischen Stadt Osirak und sabotierte auf diese Weise das irakische Nuklearwaffenprogramm.[148]

---

[146] Vgl. Noreng 2002, S. 3
[147] Vgl. Hersh, Seymour M.: Von künftigen Kriegen, in: Der Spiegel 4/2005, S. 114
[148] Im Juni 1981 zerstörten israelische Kampfflugzeuge den mit französischer Hilfe gebauten 70 Megawatt starken Atomreaktor in der irakischen Stadt Osirak, bevor dieser mit Brennstäben belade wurde und in Betrieb gehen konnte. Das irakische Regime hatte sich gegen einen leistungsstärkeren Leichtwasserreaktor und für einen Graphitreaktor entschieden. Nur mit einem Graphitreaktor ließ sich waffenfähiges Uran produzieren. Der israelische Premierminister Begin betrachtete dies als Beleg für Saddam Husseins Absichten, eigene Atomwaffen zu entwickeln und ließ den Reaktor zerstören. Vgl. Ploetz 1998, S. 1573 und Schreer, Benjamin / Rid Thomas: Demokratie als Waffe. Präemption und das neue Abschreckungskonzept der USA. In: Homepage

Abb. 21: Iran - Atomanlagen

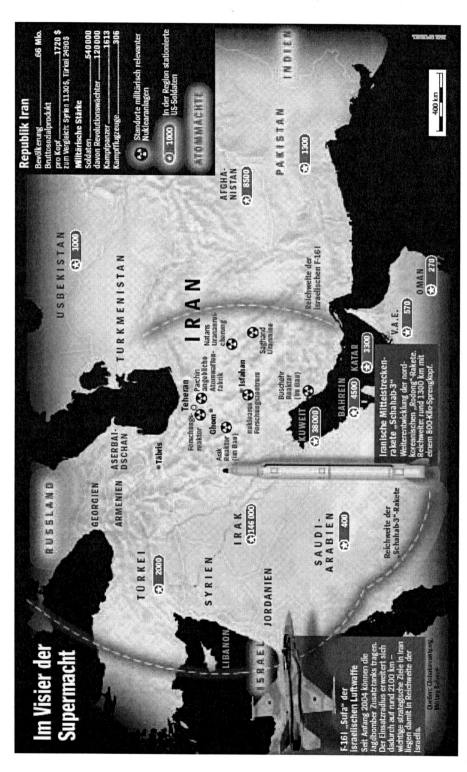

Im Visier der Supermacht

Republik Iran
Bevölkerung — 66 Mio.
Bruttosozialprodukt
pro Kopf — 1720 $
zum Vergleich: Syrien 1130$, Türkei 2490$
Militärische Stärke
Soldaten — 540000
davon Revolutionswächter — 120000
Kampfpanzer — 1613
Kampfflugzeuge — 306

☢ Standorte militärisch relevanter
Nuklearanlagen

★ **1000** In der Region stationierte
US-Soldaten

ATOMMÄCHTE

RUSSLAND

GEORGIEN
ARMENIEN
ASERBAI-
DSCHAN

USBEKISTAN ★ 1000

TURKMENISTAN

TÜRKEI ★ 2000

SYRIEN

LIBANON

ISRAEL

Quellen: Globalsecurity.org,
Military Balance

IRAK ★ 146000

JORDANIEN

SAUDI-
ARABIEN ★ 460

Reichweite der
„Schahab-3"-Rakete

**F-16I „Sufa" der
israelischen Luftwaffe**
Seit Anfang 2004 können die
Jagdbomber Zusatztanks tragen.
Der Einsatzradius erweitert sich
dadurch auf rund 2100 km –
wichtige strategische Ziele im Iran
liegen damit in Reichweite der
Israelis.

*Täbris

Teheran
☢ Parchin
Forschungs- ☢ angebliche
reaktor Atomwaffen-
Ghom* ☢ fabrik

Arak
Reaktor
(im Bau) ☢ Isfahan

☢ nukleares
Forschungszentrum

I R A N

Natans
Urananrei-
cherung ☢

Saghand
Uranmine ☢

Buschehr
Reaktor
(im Bau) ☢

AFGHA-
NISTAN ★ 8500

PAKISTAN ★ 1300

INDIEN

KUWEIT ★ 38000

BAHREIN ★ 4500

KATAR ★ 3300

V.A.E. ★ 570

OMAN ★ 270

Reichweite der
Israelischen F-16I

**Iranische Mittelstrecken-
rakete „Schahab-3"**
Weiterentwicklung der nord-
koreanischen „Rodong"-Rakete.
Reichweite: rund 1300 km mit
einem 800-Kilo-Sprengkopf.

400 km

Quelle: Bednarz, Dieter / Beste, Ralf / Follath, Erich / von Ilsemann, Siegesmund / Mascolo Georg / Spörl, Gerhard: Weltverbesserer im Weißen Haus, in: Der Spiegel 4/2005, S. 105f

Ob der Iran an anderen als den bekannten Orten heimlich Urananreicherung betreibt ist öffentlich nicht bekannt.[149] Falls Teheran aber heimlich Uran anreichert, wird dieses mit Sicherheit zum Teil in unterirdischen Anlagen erfolgen. Die Zerstörung dieser unterirdischen Anlagen sollte die US-Streitkräfte vor keine größeren Probleme stellen. Bunkerbrechende Präzisionsbomben, Marschflugkörper mit einer Treffergenauigkeit von 5 Metern oder nukleare Gefechtsköpfe sehr niedriger Sprengkraft — sogenannte Mininukes — wurden oder werden zur Zeit in der USA für genau diese Zwecke entwickelt.

Ein Angriff auf die iranische Nuklearinfrastruktur wäre aber nur dann von Erfolg gekrönt, wenn er sozusagen »aus heiterem Himmel« kommt. Denn wenn sich der washingtoner Ton gegen Teheran verschärft und die USA gar zusätzliche Truppen in Richtung Persischen Golf entsenden, könnte die iranische Führung dieses als Vorbereitung zu einem Angriff auf ihr Land werten. Haben sie den Braten gerochen, werden die Mullahs Kernbrennstoff und Raketentechnologie aus den von amerikanischer Bombardierung gefährdeten Forschungsanlagen an geheime Orte verlegen ehe die US-Streitkräfte diese Massenvernichtungswaffen neutralisieren können.

Ein massiver Überraschungsschlag mit der gesamten amerikanischen B2 Tarnkappenbomberflotte würde die notwendige Bedingung »aus heiterem Himmel« erfüllen, den iranischen Machthabern keine Chance lassen die Waffen zu verlegen und sehr wahrscheinlich alle anvisierten Ziele vernichten.

Allerdings würden die Ölmärkte einen solchen Präzisionsschlag auf die iranische Nuklearinfrastruktur nicht honorieren. Die Händler an der New Yorker Rohstoffbörse müßten davon ausgehen, daß ein solcher Angriff nur den Beginn einer größeren Militäraktion gegen den Iran einleitet. Sie müßten damit rechen, daß im Verlauf einer solchen Militäraktion auch iranische Ölförderanlagen in Mitleidenschaft gezogen werden und daß damit bis zu 4 Millionen Barrel Öl pro Tag auf dem Ölmarkt fehlen. Die Ölpreise würden also auch in diesem Szenario in die Höhe schnellen.

Sollte Amerika im Falle des iranischen Nuklearprogramms zu lange zögern, könnte Israel — wie im Jahre 1981 gegen den Irak — selbst die Initiative ergreifen. Neben dem Ziel das iranische Atomprogramm zu treffen, könnte Israel einen Angriff auf den Iran auch als Vergeltungsaktion für die iranische Unterstützung der Hamas und Hisbollah[150] legitimieren. Allerdings wäre der Erfolg einer solchen israelischen Aktion bei weitem nicht so

---

des American Insititute for Contemporary German Studies,
http://www.aicgs.org/c/schreerc.shtml Download am 16.12.05 um 16:12
[149] Vgl. Thränert, Oliver: Atommacht Iran - was tun?, in: Internationale Politik 8/2003, S. 71
[150] Vgl. Ross, Dennis: Iran, Syrien, die Brandstifter, in: Die Zeit 01.08.2002

wahrscheinlich wie bei der gerade vorgestellten amerikanischen Version. Israel verfügt zwar über F-16 Kampfflugzeuge die mit Zusatztanks bestückt alle wichtigen Ziele des vermuteten iranischen Nuklearprogramms erreichen können. Allerdings könnten die F-16 mangels Stealth-Fähigkeit vom iranischen Radar entdeckt werden, was den hundertprozentigen Erfolg der ganzen Operation nicht gewährleisten würde. Unabhängig davon, ob ein solcher israelischer Angriff erfolgreich wäre oder nicht; auf den Ölmärkten würde er für zusätzliche Unsicherheit und steigende Ölpreise sorgen.

6.2.3 Szenario 6: Amerikanische Invasion im Iran

Szenario Nummer sechs beinhaltet die Akteure USA, Iran und die europäischen Länder. Die Amerikaner besitzen zur Zeit das Handicap, militärisch voll im Irak eingebunden zu sein. Die Europäer könnten hier Schützenhilfe leisten und in Verhandlungen das iranische Nuklearwaffenprogramm so lange verzögern, bis die Amerikaner die Situation im Irak unter Kontrolle gebracht haben. Weil der Iran aber von allen Seiten von Atommächten beziehungsweise amerikanischen Verbündeten eingekreist ist, wird *jede* Regierung in Teheran — egal ob konservativ oder nicht — früher oder später das Nuklearwaffenprogramm fortsetzen. Ihr Motiv wird es sein via Atomwaffenbesitz die Einkreisung zu konterkarieren, amerikanische Invasionspläne abzuschrecken und die Bestandsgarantie für das iranische Territorium zu untermauern.[151] Auch fühlt sich das Teheraner Regime durch einen Blick nach Nordkorea, daß aufgrund seines vermuteten Nuklearwaffenbesitzes keine amerikanische Invasion mehr befürchten muß, bekräftigt, das eigene Atomwaffenprogramm fortzusetzen.

Iran beginnt also wieder mit der Urananreicherung, worauf der amerikanische Präsident — entweder George W. Bush oder sein möglicher konservativer Nachfolger — mit militärischen Konsequenzen droht. Iran zeigt sich unbeeindruckt, ist doch die Atombombe für das Land eine Frage von Sein oder Nicht-Sein und setzt die Anreicherung nicht aus. Die Amerikaner greifen den Iran vom Irak aus an. Neben dem Stoppen des iranischen Atomprogramms würde aus amerikanischer Sicht auch das Besetzen der iranischen Ölfelder für diese Invasion

---

[151] Eines von vielen Motiven für den Besitzt von Kernwaffen ist die Tatsache, daß nukleare Macht Staaten einen besonderen Status auf außenpolitischer Ebene verleiht. Nukleare Macht zwingt anderen Ländern - und zwar auch Kernwaffenstaaten - eine deutliche Zurückhaltung auf. Außerdem disziplinieren nukleare Risiken Kriegsziele eines potentiellen Aggressors: »Bedingungslose Kapitulation« ergibt als Forderung gegen einen Kernwaffenstaat keinen Sinn. Es ist nicht ratsam einen Kernwaffenstaat in die Ecke zu manövrieren: Mit dem Rücken an der Wand könnte er zu allem entschlossen sein. Vgl. Mey, Holger H.: Die Weiterverbreitung von Massenvernichtungswaffen und Trägersystemen. Grundlegende Probleme, zukünftige Herausforderungen, mögliche Sicherheitsvorkehrungen, in: Der Mittler-Brief. Informationen zur Sicherheitspolitik, 2. Quartal 2000, S. 3

sprechen.[152] Diese Ölfelder befinden sich direkt hinter der irakisch-iranischen Grenze im Südwesten des Landes.[153] (siehe auch die Ölressourcenverteilung in Abbildung 16, S. 49) Schon Saddam Hussein hat im iranisch-irakischen Krieg versucht diese für Iran wichtige Region einzunehmen oder die hier vorhandene iranische Erdölinfrastruktur zu zerstören, was ihm aber im Verlauf des gesamten ersten Golfkrieges nicht gelang.[154] Was Saddam Hussein nur versucht hat, würde den US-Streitkräften sicher gelingen.

Die iranische Armee wäre den US-Truppen im Kampf um diese wichtige iranische Erdölregion militärtechnisch unterlegen. Auch könnten die Iraner das Blatt nicht wenden, weil sie noch nicht über die Möglichkeit verfügen würden, der USA oder einem der amerikanischen Verbündeten im Mittleren Osten nuklear zu drohen. Vor dem Hintergrund der sich abzeichnenden Niederlage um den Südwesten des Landes und darauf spekulierend, daß die US-Armee trotz ihrer High-Tech-Ausrüstung das gebirgige und riesige Flächen umfassende Land nicht einnehmen kann, greift die Teheraner Führung zu einer Taktik der verbrannten Erde. Sie gibt den Truppen, die sich aus dem Südwesten des Landes zurückziehen, die Order Raffinerien, Pipelines und Förderanlagen zu sprengen. Dieses Vorgehen bietet Teheran gleich zwei Vorteile: Erstens fällt die iranische Erdölindustrie nicht in die Hände der Amerikaner. Zweitens würde der Ausfall eines Großteils der iranischen Produktion die Ölpreise erheblich steigen lassen; ein solcher Ölpreisanstieg würde der potentiellen »coalition of the willing«[155] erhebliche wirtschaftliche Schäden zufügen. Weil die Förderinfrastruktur im Westen des Landes den größten Teil der iranischen Erdölindustrie ausmacht, würde die von den Mullahs angeordnete Zerstörung auch den Iran hart treffen. Dennoch könnte das Land sein restliches Öl über eine bis dahin fertiggestellte Pipeline von Rey (in der Nähe von Teheran) nach Neka an das Kaspische Meer[156] pumpen und von dort via Schiff und russischen Pipelines aus dem Land transportieren.[157] Rußland würde dieses Vorhaben — da es sich wegen seiner iranfreundlichen Politik nicht an einer Anti-Iran-Koalition beteiligen würde — wahrscheinlich unterstützen. Egal wie dieses Szenario auch ausgeht — der Großteil der iranische Ölindustrie würde zerstört werden, die

---

[152] Vgl. Grosse, Helmut: Der Griff nach dem Öl. Ein riskanter Wettlauf. Westdeutscher Rundfunk Köln 2005, ausgestrahlt auf der ARD am 13.07.2005 um 23:00

[153] Vgl. Zahn, Ulf: Diercke Weltatlas. Braunschweig 1992, S. 161

[154] Vgl. Ploetz 1998, S. 1591

[155] Amerika wäre bei diesem Iran-Abenteuer, wie im Falle Iraks, sehr wahrscheinlich auf die Hilfe anderer westlicher Nationen angewiesen.

[156] Diese Pipeline wird zur Zeit von einem multinationalen Konsortium gebaut. Vgl. Abschnitt 9.1.4, S. 124

[157] Vgl. Amineh, Mehdi Parvizi: Globalisation, Geopolitics and Energy Security in Central Eurasia and the Caspian Region The Hague 2003, S. 196 und S. 204

iranische Tagesproduktion von knapp 4 Millionen Barrel oder 5% der Weltfördermenge würde auf dem Ölmarkt fehlen und die Ölpreise würden erheblich steigen.

Die instabile Struktur des Mittleren Ostens führt also dazu, daß die vorhandenen Spannungen leicht in gewaltsame Aktionen umschlagen können. Infolge dieser Aktionen ist es sehr wahrscheinlich, daß der Ölfluß aus der Region ins Stocken kommt, was letztendlich zu nervösen Reaktionen auf den Ölmärkten führt.

7. Zusammenfassung der Probleme: Stagflationäre Entwicklungen als Reaktion auf politische Krisen am Persischen Golf

Bei der gegenwärtigen Diskussion der Energiesicherheit haben wir es bisher mit den folgenden Problemen zu tun: Wir haben es auf der Energie-Nachfrageseite mit einer ungebrochenen Zunahme des Energieverbrauchs zu tun, die auf den wirtschaftlichen Boom in Asien, die Industrialisierungsbemühungen in der Dritten Welt, das globale Bevölkerungswachstum und die wirtschaftlichen Globalisierungstendenzen zurückzuführen ist.

Die Energie-Angebotsseite konnte diesen gewaltigen Energiehunger bis zum heutigen Tage stillen. Ob dies allerdings auch in Zukunft so sein wird, ist alles andere als sicher. Erdöl ist zur Zeit die wichtigste Energieressource. In manchen Bereichen der Volkswirtschaft, zum Beispiel im Transportsektor, ist Erdöl — zumindest kurzfristig — nicht durch andere Energieträger zu ersetzen. In anderen Bereichen wie der chemischen Industrie ist Erdöl unverzichtbar.

Zwischen Energieexperten, Geologen und der Erdölindustrie ist ein heftiger Streit darüber ausgebrochen, ob Rohöl auch in Zukunft seinen Beitrag zur globalen Energieversorgung leisten kann. Erste Risse in der Erdölversorgung werden deutlich. Amerika — einst der größte Ölproduzent der Welt — ist mit seiner Produktionsmenge hinter Saudi-Arabien und Rußland zurückgefallen und fördert Tag für Tag weniger Öl. Das Experiment der Amerikaner und Europäer sich mit dem Aufschlagen neuer Fördergebiete direkt vor der eigenen Haustür aus dem Griff der OPEC zu befreien, ist — blickt man auf die Förderstatistiken — kläglich gescheitert. In Alaska ist die Fördermenge seit Jahren rückläufig, in Mexico wird dieses in Kürze der Fall sein. Auch die Ölproduktion der wichtigsten europäischen Lieferanten Norwegen und Großbritannien hat in jüngster Vergangenheit ihren Spitzenwert überschritten und ist seitdem rückläufig.

Wenn *nur* die in Teil A vorgestellten Fakten eintreten sollten, würde die Abhängigkeit des Westens von den Quellen des Persischen Golfs schon in Kürze dramatisch zunehmen. Dieses würde nichts Gutes für die sichere Öl- und Energieversorgung des Westens bedeuten. Im Gegensatz zu den Fördergebieten direkt vor unserer eigenen Haustür ist der Mittlere Osten eine politisch labile Region. Schon in der Vergangenheit haben die vielen Krisen und Konflikte den Strom des Rohöls aus dem Golf beeinflußt. Auch heute geben die Konflikte in der Region Anlaß zur Besorgnis. Wie in den Szenarien dargestellt, können sich aus diesen

Konflikten schnell bewaffnete Auseinandersetzungen entwickeln, in deren Verlauf die Erdölinfrastruktur in Mitleidenschaft gezogen werden würde.

Auf den heutigen, untereinander weltweit vernetzten Ölmärkten geht es weniger um die Herkunft von Öl, sondern darum, ob genügend Nachschub für den wachsenden Bedarf verfügbar ist. Man kann sich den globalen Ölmarkt wie ein Schwimmbecken vorstellen: Wird das Wasser an irgendeiner Ecke des Beckens abgelassen, nimmt die Wasserhöhe überall ab. Wird Wasser an irgendeiner Stelle des Beckens zugeführt, steigt die Wasserhöhe überall.

Kommt also wegen eines Konflikts im Mittleren Osten der Zufluß ins Stocken, ist insgesamt weniger Öl in diesem Becken vorhanden, was von den Ölmärkten sofort mit höheren Ölpreisen quittiert wird. Je abhängiger die Welt dabei vom Zufluß aus dem Persischen Golf ist, desto mehr Öl fehlt bei einer Krise in diesem Becken und desto stärker ist der Preisausschlag auf dem Rohölmarkt.

Viele politische Entscheidungsträger scheinen die Ölkrisen von 1973 und 1979 vergessen zu haben. Anders läßt es sich nicht erklären, daß sie in Fernsehtalkshows über den Sinn und Unsinn von Subventionen diskutieren, während Außen- und Energiepolitik nur Randthemen darstellen. Daß die Politik für Energiefragen auf einem Auge blind ist, könnte manch einem Abgeordneten in Form verlorener Wählerstimmen teuer zu stehen kommen. Denn die unerledigten Hausaufgaben im Fach Energiepolitik könnten schon bald zu noch mehr Unruhe auf den Ölmärkten, sprunghaft steigenden Ölpreisen und damit wirtschaftlichen Krisen in Deutschland, Europa und der Welt führen. Um den Zusammenhang zwischen Ölpreis und wirtschaftlicher Entwicklung zu verdeutlichen, möchte ich mich dieser Stelle mit den wirtschaftlichen Folgen von Ölkrisen beschäftigen. Die Ölkrisen von 1973 und 1979 werden dabei als Beispiel herangezogen.

Ökonomen bezeichnen eine Ölkrise als sogenannten *nachteiligen Angebotsschock*. Sie verwenden den Begriff Angebotsschock, weil sich eine Erhöhung des Ölpreises auf die Angebotsseite der Volkswirtschaft — also auf die Unternehmen auswirkt, die Güter bereitstellen. Eine Erhöhung des Ölpreises führt in den westlichen Industrieländern zu folgenden Effekten: Wenn der Ölpreis steigt, verteuern sich die Input-Faktoren im Produktionsprozeß, wie zum Beispiel Rohstoffe oder Strom und treiben so die

Produktionskosten der Unternehmen in die Höhe. Die Unternehmen müssen diese gestiegenen Kosten weitergeben und erhöhten die Preise der von ihnen hergestellten Güter.

Die Konsumenten stehen auf der Nachfrageseite einer Volkswirtschaft. Weil die von den Unternehmen hergestellten Güter teurer werden, können sich die Konsumenten nicht mehr so viele dieser Güter leisten. Die Nachfrage geht zurück, worauf die Unternehmen die Warenproduktion einschränken und Arbeitnehmer entlassen. Die entlassenen Menschen haben weniger Geld in der Tasche und können sich noch weniger Güter leisten, was sich wiederum negativ auf den Absatz der Unternehmen auswirkt. Es kommt also relativ schnell ein negativer Kreislauf in Gang, der zu einer hohen Arbeitslosigkeit führt.

Zusätzlich treibt die Erhöhung der Ölpreise auch die Inflation an. Wie gerade erwähnt, erhöhen die Unternehmen aufgrund des gestiegenen Ölpreises die Preise der hergestellten Güter. Zwar haben die Arbeitnehmer, die ihren Job noch halten konnten, wegen gleich gebliebener Löhne genauso viel im Geldbeutel wie vor der Ölpreiserhöhung, weil aber alles teurer geworden ist, ist das Geld in ihrer Geldbörse tatsächlich weniger wert.

Durch die Erhöhung der Ölpreise kommt also relativ schnell ein negativer Kreislauf in Gang, der in einer Wirtschaftskrise mit hoher Arbeitslosigkeit und hoher Inflation endet. Eine solche Kombination aus wirtschaftlicher Stagnation und Inflation bezeichnen Ökonomen als *Stagflation*.

Auch empirische Daten über Ölpreis, Inflation und Arbeitslosenquote, die während der Ölkrisen von 1973 und 1979 erhoben wurden, bestätigen den Zusammenhang, daß sich hohe Ölpreise negativ auf Beschäftigung und Inflation auswirken. In Abbildung 22a ist der Verlauf des Ölpreises in den 1970ern und 1980ern in oliv und seine prozentuale Veränderung in rot dargestellt. Aufgrund der Produktionsbeschränkungen des OPEC-Ölkartells hat sich der Ölpreis in den Jahren 1973/74 um mehr als 200% und in den Jahren 1979/80 um fast 100% erhöht. Wir sehen, daß die rote Kurve hier zwei Spitzenwerte aufweist.

In Abbildung 21b ist in grün die Inflation und in blau die Arbeitslosenquote der Vereinigten Staaten für den gleichen Zeitraum dargestellt. Wir sehen, daß die Ölpreissteigerungen der Jahre 1973/74 und 1979/80 eine direkte Wirkung sowohl auf die Arbeitslosigkeit als auch auf die Inflationsrate der USA hatten: Der Ölpreisanstieg des Jahres 1973/74 hat im selben Jahr die Inflationsrate der USA steigen lassen, die Arbeitslosenquote reagierte ein Jahr später auf die extreme Ölpreissteigerung: Infolge der massiven Ölpreissteigerungen stiegen sowohl

Abb. 22a: Ölpreis und seine pozentuale Veränderung

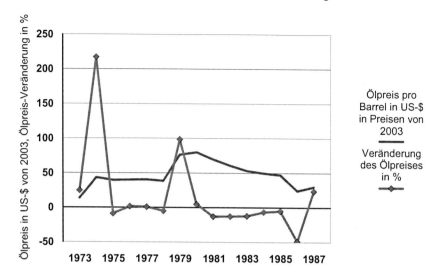

Quelle: Abbildung 22d

Inflationsrate als auch Arbeitslosenquote dramatisch an. Bei der zweiten Ölkrise der Jahre 1979/80 zeigte sich der gleiche Zusammenhang zwischen Ölpreis, Inflationsrate und Arbeitslosenquote wie bei der ersten Ölkrise der Jahre 1973/74.

Abb 22b: Inflation und Arbeitslosenquote in den USA

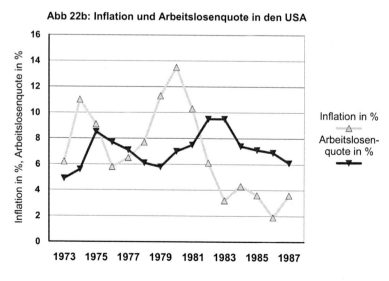

Quelle. Abbildung 22d

Abb. 22c: Auswirkungen von Ölpreisschwankungen auf die US-Wirtschaft

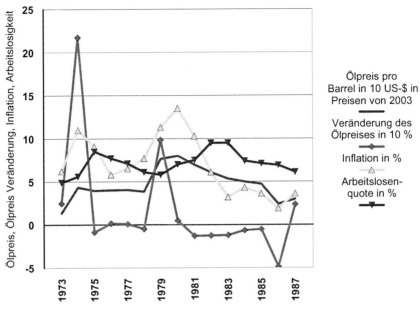

Ölpreis pro
Barrel in 10 US-$ in
Preisen von 2003

Veränderung des
Ölpreises in 10 %

Inflation in %

Arbeitslosen-
quote in %

Quelle: Abbildung 21d

Abb. 22d: Datentabelle zu Abbildungen 22a-22c

Jahr	nominaler Ölpreis pro Barrel in US-$	Ölpreis pro Barrel in US-$ in Preisen von 2003 (inflations-bereinigt)	Veränderung des inflations-bereinigten Ölpreises gegenüber Vorjahr in %	Inflation in %	Arbeitslosen-quote in %
1973	3,29	13,68	24,8	6,2	4,9
1974	11,58	43,38	217,2	11,0	5,6
1975	11,53	39,59	-8,7	9,1	8,5
1976	12,38	40,17	1,5	5,8	7,7
1977	13,30	40,53	0,9	6,5	7,1
1978	13,60	38,51	-5,0	7,7	6,1
1979	30,03	76,40	98,4	11,3	5,8
1980	35,69	79,99	4,7	13,5	7,0
1981	34,28	69,59	-13,0	10,3	7,5
1982	31,76	60,72	-12,7	6,1	9,5
1983	28,77	53,30	-12,2	3,2	9,5
1984	28,78	49,78	-6,6	4,3	7,4
1985	27,53	47,18	-5,2	3,6	7,1
1986	14,32	24,14	-48,8	1,9	6,9
1987	18,33	29,83	23,6	3,6	6,1

Quellen: Gregory N.: Makroökonomik. Stuttgart 1998, S. 269f; BP Statistical Review of World Energy 2004 -
Excel Workbook; eigene Berechnung

Abbildung 22c ist eine Zusammenfassung der Abbildungen 22a und 22b. Weil hier sowohl der Ölpreis, seine prozentuale Veränderung, die Inflationsrate und die Arbeitslosenquote dargestellt sind, lassen sich die gerade erwähnten Zusammenhänge besser erkennen. Die Daten, aus denen diese Diagramme erzeugt wurden, finden sich in Abbildung 22d.

Der Ölpreisschock der Jahre 1973/74 war ein negativer Angebotsschock enormen Ausmaßes. Wie wir in Abbildung 22c sehen, führte dieser Schock sowohl zu einer höheren Inflationsrate als auch zu einer höheren Arbeitslosenquote. Während sich die Erhöhung der Ölpreise relativ schnell auf die Preise in den USA auswirkte und damit die Inflation schürte, reagierte der amerikanischer Arbeitsmarkt erst einige Zeit später mit einer höheren Arbeitslosenquote. Wenige Jahre später, als sich die Weltwirtschaft fast von der ersten OPEC-Rezession erholt hatte kam es zu einer Neuauflage: Die OPEC erhöhte abermals den Ölpreis. Wieder folgte eine Stagflationsphase mit zweistelligen Inflationsraten und einer Vergrößerung der Arbeitslosigkeit. Auch hier kam es zu einem schnellen Anstieg der Inflation, während die Arbeitslosenquote erst etwas später reagierte.

Daß die Wechselwirkung zwischen Ölpreis und wirtschaftlicher Entwicklung auch entgegengesetzt funktioniert, zeigt der Verlauf der Graphen in den 1980er Jahren: Sinkende Ölpreise führten hier zunächst zu einer sinkenden Inflation und anschließend zu einer Erholung auf dem Arbeitsmarkt.

Kommt es zu einer Ölkrise haben die Zentralbanken, wie zum Beispiel die amerikanische Federal Reserve Bank oder die Europäische Zentralbank grundsätzlich die Möglichkeit die negativen Wirkungen eines Ölpreisschocks auf den Arbeitsmarkt abzufedern. Die Zentralbank kann bei einem Ölpreisschock die Menge an Dollar oder Euro erhöhen. Die Güter sind durch den erhöhten Ölpreis zwar teurer geworden, allerdings haben die Konsumenten durch einen solchen Schritt der Zentralbank auch mehr Geld zur Verfügung. Die Verbraucher können sich nun die gleiche Menge an Gütern kaufen wie vor der Ölpreiserhöhung. Weil die Konsumenten die gleiche Menge an Gütern kaufen wie vor dem Ölpreisschock, können die Unternehmen auch genauso viele Güter wie vor dem Ölpreisschock absetzen. Sie sind nicht mehr dazu gezwungen die Produktion zurückzufahren und Arbeitnehmer zu entlassen. Reagiert die Zentralbank also auf einen Ölpreisschock sofort mit dem Drucken von Geld, dann verändert sich nichts an der Situation auf dem Arbeitsmarkt.[158]

Was sich hier so einfach und elegant anhört hat aber einen entscheidenden Nachteil: Eine Erhöhung der Geldmenge wirkt sich eins zu eins auf die Inflation aus. Problematisch ist zusätzlich, daß eine solche Inflation unerwartet kommt: Weil man nicht vorhersagen kann wann es zu einem Konflikt im Mittleren Osten kommt, der zu einer Ölkrise führt, kann man auch den Zeitpunkt nicht vorhersehen, wann die Zentralbank dieser Ölkrise mit einer Ausweitung der Geldmenge entgegensteuert. Weil der Ölpreisshock unerwartet kommt, kommt also auch die Inflation unerwartet.

Unerwartete Inflationen haben für die Wirtschaft eine sehr schädliche Wirkung. So kommt es bei dem Abschluß von Krediten zu einer Umverteilung von Vermögen: Hat ein Gläubiger einem Schuldner 1000 Euro ausgeliehen, erwartet der Gläubiger, daß der Schuldner ihm diese 1000 Euro plus eventueller Zinsen nach einem Jahr zurückzahlt. Kommt es allerdings innerhalb dieses Zeitraums zu einer Ölkrise und damit — sagen wir — zu einer 50%-igen Inflation, ist das Geld nach einem Jahr nur noch die Hälfte wert. Der Gläubiger bekommt dann zwar nach einem Jahr seine 1000 Euro wieder. Weil die Inflation aber in der Zwischenzeit das Geld entwertet hat, sind diese 1000 Euro tatsächlich nur noch 500 Euro wert. Im Falle einer unerwarteten Inflation ergibt sich also für den Gläubiger ein Verlust, während der Schuldner einen Gewinn einstreicht. Inflation trifft damit alle, die Geldvermögen auf Konten, Sparbüchern oder in Fonds halten. Die Anleger könnten dann als Reaktion auf die unerwartete Inflation ihre Vermögen ins Ausland schaffen, was wiederum die Unternehmen treffen würde, weil diese dann keine Kredite mehr erhalten würden.

Es kommt auch häufig vor, daß Unternehmen mit ihren Arbeitnehmern Abfindungen vereinbaren, die die Arbeitnehmer beim Ausscheiden aus dem Unternehmen erhalten. Diese Abfindung wird zu Beginn des Arbeitsverhältnisses vereinbart. Kommt es dann in der Zwischenzeit zur einer 50%-igen Inflation, erhält der Arbeitnehmer zwar seine 10 000 Euro Abfindung, diese ist dann aber genauso wie im vorangegangenen Beispiel nur noch die Hälfte wert.[159]

Unerwartete Inflationen führen also zur Umverteilung von Vermögen und zu Abwehrreaktionen der Vermögensbesitzer, was schließlich zu Fehlallokationen in der Wirtschaft und Flucht aus der nationalen Währung führt. Alles in allem verursacht die

---

[158] Vgl. Mankiw, Gregory N.: Markoökonomik. Stuttgart 1998, S.268f
[159] Vgl. Mankiw 1998, S. 188f

Inflation eine systematische Unsicherheit unter den *Wirtschaftssubjekten*.[160] Inflation ist damit alles andere als populär. Vor allem in Ländern mit ausgeprägter, historisch tief verwurzelter Abneigung gegen Preissteigerungen wie der Bundesrepublik Deutschland mindern inflatorische Effekte die Popularität von Regierungen und damit ihre Wiederwahlchancen.[161]

Die Erfahrungen der 1970er und 1980er Jahre können sich jederzeit wiederholen. Aufgrund der aktuellen Entwicklungen im Mittleren Osten steigt die Wahrscheinlichkeit, daß Ölkrisen eher zu- als abnehmen. Die Erdölabhängigkeit der westlichen Welt ist heute zwar geringer als in den 1970er Jahren. Dennoch hätte ein Ölpreisschock — je nach seiner Intensität — auch heute mehr oder weniger negative Auswirkungen auf die Wirtschaft.

Welche Folgen eine Ölkrise in der heutigen Zeit hätte, zeigt eine Studie der Europäischen Kommission aus dem Jahre 1990. Die Studie geht von einem plötzlichen und dauerhaften Anstieg des Ölpreises um 15 US-$ pro Barrel aus. Für den EU-12-Raum[162] hätte dieses die nachfolgenden Auswirkungen: In den folgenden zwei Jahren nach dem Ölpreisschock würde sich das Wirtschaftswachstum um 2,5 Prozentpunkte verringern, die Inflation um 5,4 Prozentpunkte zunehmen, die Arbeitslosenquote um 0,9 Prozentpunkte steigen und das Haushaltsdefizit um 0,5 Prozentpunkte des BIP verschlechtern. Die großen Volkswirtschaften Deutschland und Frankreich wären dabei in der Nähe des EU-12-Durchschnitts, die kleineren EU-12-Mitglieder leicht darüber.[163] In der Vergangenheit wurden zahlreiche weitere Untersuchungen durchgeführt, die einen ähnlichen Zusammenhang wie die EU-Studie feststellen. Zusätzlich wurde in all diesen Studien festgestellt, daß zwischen der Ölpreiserhöhung und den negativen Folgen ein linearer Zusammenhang besteht.[164] Wenn sich der Ölpreis also verdoppelt, verdoppeln sich die negativen Auswirkungen, vervierfacht er sich, dann vervierfachen sich auch die negativen wirtschaftlichen Effekte.

---

[160] Das Wort »Wirtschaftssubjekt« ist ein Begriff aus der Volkswirtschaftslehre. Wirtschaftssubjekte können sowohl Einzelpersonen als auch Personenmehrheiten, wie Privathaushalte, Unternehmen oder die staatliche Verwaltung sein. Wichtigstes Merkmal der Wirtschaftssubjekte ist, daß sie selbständig Wirtschaftspläne aufstellen und über die Durchführung ökonomischer Aktivitäten entscheiden können. Vgl. Dichtl, Erwin / Issing, Otmar: Vahlens Großes Wirtschaftslexikon. München 1994, S.2392
[161] Vgl. Schmidt 1995, S. 420
[162] Weil die verwendete Studie aus dem Jahre 1990 ist bezieht sie sich auf die wirtschaftlichen Wirkungen der damaligen 12 EU-Mitglieder Belgien, Dänemark, Deutschland, Griechenland, Frankreich, Irland, Italien, Luxemburg, Niederlande, Portugal, Spanien und dem Vereinigten Königreich.
[163] Vgl. Kommission der Europäischen Gemeinschaften, Generaldirektion Wirtschaft und Finanzen: Europäische Wirtschaft, Nummer 46, Dezember 1990. S. 120f
[164] Vgl. Goldstein, Joshua S. / Huang, Xiaoming / Akan, Burkcu: Energy in the World Economy, 1950-1992, in: International Sudies Quarterly 41,1997. S. 254

Anhand dieser Erkenntnisse kann man sich nun ausmalen, welche Folgen eine Krise im Mittleren Osten für den EU-Raum hätte. Bei einer mittelschweren Krise, bei der ungefähr 5% der Weltölförderung ausfallen würden,[165] könnten wir mit einer Ölpreiserhöhung von vielleicht 25 bis 30 US-$ rechnen. Bei einer schweren Krise, in der die gesamte Förderkapazität Saudi-Arabiens und damit 10% der Weltförderung ausfallen, müßten wir uns auf Ölpreissteigerungen von 50 bis 60 US-$ einstellen. Da die EU-Studie von einer Ölpreiserhöhung von nur 15 US-$ ausgeht, würden die Preiserhöhungen einer mittelschweren beziehungsweise schweren Ölkrise die negativen Auswirkungen für Europa verdoppeln beziehungsweise vervierfachen.

Eine mittelschwere Ölkrise im Mittleren Osten würde die in deutschen Fernsehtalkshows vieldiskutierte Arbeitslosenzahl von 4,7 Millionen[166] auf 5,5 Millionen steigen lassen. Eine schwere Ölkrise würde gar zu 6,2 Millionen Arbeitslosen in Deutschland führen.

Zusammengefaßt geraten die westlichen Volkswirtschaften im Falle eines Ölpreisschocks zwischen Szylla und Charybdis: Entweder bekämpfen die westlichen Zentralbanken die Inflation und riskieren damit eine tiefe Wirtschaftskrise, in deren Folge die Arbeitslosigkeit sprunghaft ansteigt. Oder die europäischen, japanische und amerikanischen Währungshüter geben dem Drängen der Politik nach, fangen an, die Arbeitslosigkeit zu bekämpfen, indem sie Geld im großen Stil drucken und verursachen damit eine gravierende Inflation mit all ihren negativen Auswirkungen für Wirtschaft und Gesellschaft. Da aber alle drei Währungsinstitutionen unabhängig sind und auch über langfristige Folgen eines Drehens an der Inflationsschraube im Klaren sind, werden sie dieses tunlichst unterlassen. Aller Wahrscheinlichkeit nach werden sich die Zentralbänker — wie schon bei vergangenen Ölkrisen — für einen Mix aus beiden Übeln entscheiden: Hohe Arbeitslosigkeit und hohe Inflation.

Sollten wir den Pessimisten glauben, können wir uns darauf einstellen, daß noch in diesem Jahrzehnt die globale Ölförderung nicht mehr mit dem globalen Ölverbrauch Schritt halten kann. Die Ära des billigen Erdöls wird definitiv zu Ende gehen. Nationen, Unternehmen und

---

[165] Dieses könnte zum Beispiel beim Ausfall der gesamten iranischen Produktion oder auch bei einem Ausfall von Teilen der saudischen Produktion — wie in den Szenarien 1 bis 6 dargestellt — passieren.

[166] Arbeitslosenzahl in Deutschland im Juni 2005. Vgl. Hauschild, Helmut: Zahl der Arbeitslosen sinkt im Juli auf 4,7 Millionen, in: Handelsblatt vom 30.06.2005, Online-Ausgabe, http://www.handelsblatt.com/pshb?fn=tt&sfn=go&id=1061293 Download am 18.07.05 um 15:25

Konsumenten werden sich dann um die verbleibenden Ölreste schlagen, was die Ölpreise stetig in die Höhe treiben wird. Ständig steigende Ölpreise werden so etwas wie eine permanente Ölkrise auslösen. Diese permanente Ölkrise wird zum Schrumpfen der westlichen Volkswirtschaften und zu steigenden Arbeitslosenzahlen führen und schließlich unseren heutigen Wohlstand ankratzen. Diese Effekte werden zusätzlich durch die zunehmende Abhängigkeit der Welt vom Öl des Mittleren Ostens verschärft. Jede Krise in dieser Region wird sich dann schockwellenartig über den gesamten Globus ausbreiten und die schon wankenden westlichen Volkswirtschaften weiter zu Boden reißen. Weil uns langsam aber sicher das Öl ausgeht, werden wir unsere heutige Volkswirtschaft, die zum größten Teil mit Erdöl befeuert wird, an eine andere Energieform anpassen müssen. Dieses bedarf aber einer Umstrukturierung gewaltigen Ausmaßes, die unvorstellbare Kosten verursachen wird. Die Anpassung an eine andere Energieform wird unseren Wohlstand noch weiter in den Keller sinken und die Zahl der Arbeitslosen in nie dagewesene Höhen steigen lassen. Wenn schon heute Arbeitslosenquoten um die 10% oder kleinere wirtschaftliche Umstrukturierungen zehntausende Menschen auf die Straße treiben, kann man nur erahnen, mit welchen Unruhen das Erdölzeitalter zu Ende gehen wird.

Hören wird uns allerdings die Argumente der Optimisten an, so scheint es um unsere heutige Energieversorgung gar nicht so schlecht bestellt zu sein. Sie sind der Auffassung, daß es mehrere Wege gibt, unseren Planeten aus der sich am Horizont abzeichnenden Energiekrise herauszuführen. Ich werde einige dieser Vorschläge im zweiten Teil dieser Arbeit vorstellen.

TEIL B: LÖSUNGEN

8. Der Ölpreis als Rentabilitätsfaktor

Das erste — und meiner Meinung nach — wichtigste Argument ist, daß der Ölpreis selbst die Versorgung der Welt mit Erdöl in naher Zukunft sichern wird. Hierzu sollten wir betrachten, auf welche Annahmen sich die heutige Ressourcendebatte stützt. Der größte Teil der von Pessimisten ins Feld geführten Argumente bei der Ressourcendiskussion bezieht sich auf zwei einfache Grundannahmen.

Die erste Grundannahme besagt, daß zahlreiche gesellschaftliche Prozesse exponentiell wachsen.

Lineare und exponentielle Wachstumsfunktionen
Zum besseren Verständnis der nachfolgenden Ausführungen möchte ich hier den Unterschied zwischen linearen und exponentiellen Wachstumsfunktionen ansprechen. Am besten läßt sich dieser Unterschied graphisch darstellen.

Abbildung 23 zeigt eine lineare und eine exponentielle Funktion. Die lineare Funktion — hier rot eingezeichnet — besitzt die Eigenschaft, daß sie sich im Zeitverlauf immer gleich ändert: Sie nimmt jedes Jahr um den genau gleichen Betrag zu. In Abbildung 23 sind das immer 0,5 Punkte pro Jahr. Weil die lineare Funktion jedes Jahr immer gleich stark wächst, hat sie die Form einer Geraden, die wie der Name der linearen Funktion schon verraten hat, auch mit einem Lineal eingezeichnet werden könnte.
Die exponentielle Funktion — hier in grün eingezeichnet — hat die Eigenschaft, daß sie im Zeitverlauf immer stärker wächst: Der Betrag, mit dem die Funktion wächst, wird von Jahr zu Jahr größer. In Abbildung 23 sind das im ersten Jahr 0,009 Punkte, im Zweiten 0,010 Punkte. Dieses Wachstum nimmt dann so stark zu, daß die exponentielle Funktion im 35. Jahr um 4,4 Punkte wächst. Weil die Funktion jedes Jahr immer stärker wächst, hat sie die Form einer immer steiler ansteigenden Kurve. Vergleicht man lineare und exponentielle Funktion miteinander, dann stellt man fest, daß die Exponentielle die ersten Jahre noch sehr langsam wächst, während die lineare Funktion bereits von Anfang an relativ schnell ansteigt. Nach einem bestimmten Zeitraum aber — in unserer Abbildung sind das 33 Jahre — beginnt die exponentielle Funktion so schnell zu wachsen, daß ihr Punkte-Betrag geradezu explodiert und sie die rote lineare Funktion schlagartig überholt. Exponentielle Funktionen haben also die Eigenschaft zunächst sehr sehr langsam anzuwachsen und im späteren Zeitverlauf explosionsartig anzusteigen.

Abb. 23: lineare und exponentielle Funktion

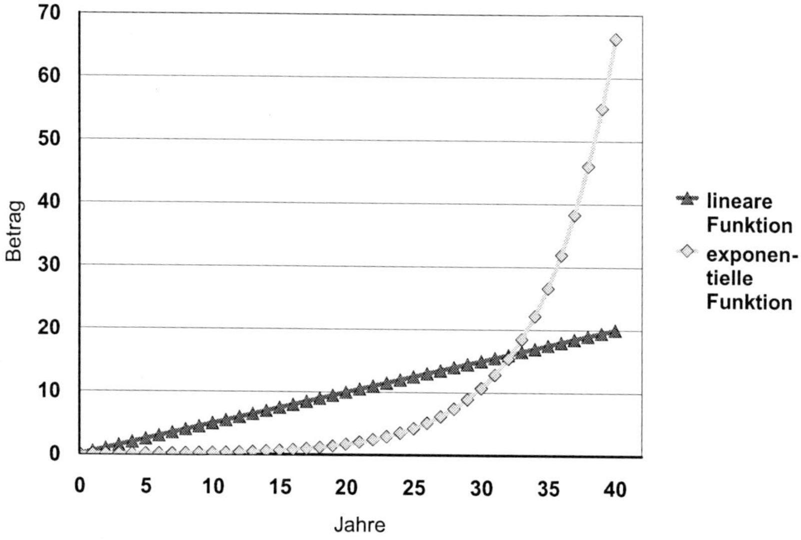

Quelle: Eigene Berechnung

Nun aber zurück zu den zwei Grundannahmen, mit denen Pessimisten die heutige Ressourcendebatte führen.

Die erste Grundannahme besagt, das zahlreiche gesellschaftliche Prozesse exponentiell wachsen. Zeichnet man die Entwicklung der Weltbevölkerung, so wird sie exponentiell ausfallen. Geld, daß zu einem Zinssatz von 5% angelegt wird, vermehrt sich ebenfalls exponentiell, wobei — wie schon in Abbildung 1 (S.27) dargestellt — es sich alle vierzehn Jahre verdoppelt. Viele natürliche Prozesse stellen ein exponentielles Wachstum dar, also auch unsere Wirtschaft, das BIP, das gesellschaftliche Kapital, die Güternachfrage und auch der Verbrauch von Erdöl.[167]

Die zweite Grundannahme spricht von den Grenzen dieses exponentiellen Wachstums. Daß die Ressourcen der Erde — also auch Erdöl — begrenzt sind, scheint plausibel zu sein: Die Erde ist eine Kugel und kann als begrenzter Körper nur eine begrenzte Menge von Dingen

---

[167] Vgl. Meadows, Dennis: Die Grenzen des Wachstums. Bericht des Club of Rome zur Lage der Menschheit, Stuttgart 1972, S. 18-35

enthalten. Wenn wir also die vorhanden Vorräte anbrechen, ist im kommenden Jahr weniger da und früher oder später wird gar nichts mehr da sein.[168]

Unterstellt man also — wie es die Kassandrarufer unter den Erdölexperten tun — exponentielles Wachstum gepaart mit einer Begrenzung der Erdölressourcen — dann ist es nicht schwer, in tiefen Pessimismus zu verfallen. Denn exponentielles Wachstum bedeutet, daß die Ölnachfrage unablässig und immer schneller steigt, während die begrenzten Ressourcen diesem Wachstum eine klare Obergrenze setzen.

Hätten sich die vielen pessimistischen Studien, die in der Vergangenheit erstellt wurden bewahrheitet, würden wir schon seit Jahren in einer Welt leben, der das Erdöl ausgegangen ist: Bereits 1914 erklärte das amerikanische Bergbauamt, die Ölvorräte würden nur noch für zehn Jahre reichen. 1939 schätzte das US-Innenministerium die damals verbliebenen Vorräte auf 13 Jahre. Im Jahre 1972 waren Pessimisten der Meinung, der letzte Tropfen Öl würde 1992 gefördert werden[169] und in den 1980er Jahren wurde die große Ölkrise für die 1990er Jahre vorhergesagt.[170] Bekanntlich hat sich keine dieser pessimistischen Prognosen bewahrheitet: Die 1990er waren sogar ein Zeitraum niedriger und stetig sinkender Ölpreise.[171]

Gehen wir das Ressourcenproblem mit volkswirtschaftlichen Methoden an, kann man erklären, warum sich die Pessimisten der Vergangenheit geirrt haben und wieso auch die Weltuntergangspropheten der Gegenwart nicht Recht behalten werden. Um die wirtschaftliche Argumentation besser zu verstehen, möchte ich an dieser Stelle den Begriff der *Knappheit* vorstellen. Knappheit ist die Grundlage der Volkswirtschaftslehre schlechthin. Im Gegensatz zu sogenannten freien Gütern wie Luft oder Meerwasser, die die Natur in nahezu unbegrenzter Menge bereitstellt, sind die meisten Güter sogenannte nicht-freie Güter. Weil diese nicht-freien Güter lediglich begrenzt verfügbar sind, werden sie im ökonomischen Jargon auch als knappe Güter bezeichnet. Knappe Güter haben die Eigenschaft einen Preis zu besitzen, der ein Signal für ihre Knappheit darstellt. Je größer die Nachfrage nach einem Gut und je geringer sein Angebot ausfällt, desto knapper ist ein Gut und um so höher ist sein Preis.[172] Die volkswirtschaftlichen Konzepte Preis und Knappheit sind also unweigerlich miteinander verbunden.

---

[168] Vgl. Meadows 1972, S. 36-74
[169] Vgl. Meadows 1972, S. 48
[170] Vgl. Lomborg 2002, S. 148 und 150
[171] Siehe Abbildung 24 auf Seite 99
[172] Vgl. Hanusch 1998, S. 9

Abb. 24: Realer Ölpreis und Weltölproduktion 1861 - 2003

Ölpreis in US-$ von 2003   Weltölproduktion bzw. Weltverbrauch in Mio. Barrel pro Tag

Quelle: BP Statistical Review of World Energy 2004 - Excel Workbook und Campbell, Colin: The Coming Oil Crisis, Brentwood 1999, S. 201

Abb. 25: Nachgewiesene Ölreserven und Jahresproduktion

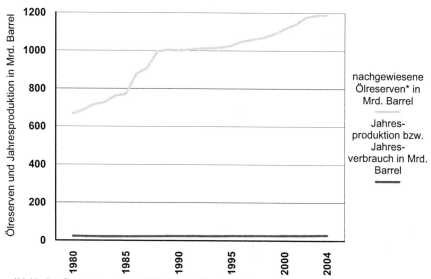

nachgewiesene Ölreserven* in Mrd. Barrel

Jahres-produktion bzw. Jahres-verbrauch in Mrd. Barrel

*) inklusive Gaskondensate und flüssiger Gasbestandteile
Quelle: BP p.l.c: BP Statistical Review of World Energy 2005 - Excel Workbook,
http://www.bp.com/statisticalreview Download am 20.07.05 um 20:12, eigene Berechnung

Auch Erdöl ist eine begrenzte Ressource. Wenn also das Erdöl — wie es die Pessimisten behaupten — tatsächlich zur Neige ginge, würde das lediglich bedeuten, daß es sehr sehr knapp und damit extrem teuer werden würde.

In Abbildung 24 ist der Verlauf des realen Ölpreises im Zeitraum von 1861 bis 2003 in oliv dargestellt. Zusätzlich ist in rot die Förderung von Erdöl dargestellt. Die rote Kurve stellt also die weltweite Ölproduktion dar. Weil in der Erdölbranche so gut wie alles geförderte Erdöl auch verbraucht wird, können wir davon ausgehen, daß die globale Ölproduktion auch dem globalen Ölverbrauch entspricht. Abbildung 24 zeigt also einen lediglich in den 1970er Jahren unterbrochenen Anstieg des Ölverbrauchs. Dieser Verbrauch steuert scheinbar auf den Kollaps zu, genauso wie es die Schwarzmaler vorausgesehen haben. Interessant ist, daß diese Mehrnachfrage nach Erdöl den Ölpreis langfristig gar nicht beeinflußt hat. Zwar kam es im Zeitraum 1973 bis 1985 zu einem Ölpreisanstieg. Wie wir aber sehen, konnten sich die Ölpreise nicht auf diesem hohen Wert halten und haben sich wieder auf ihrem langfristigen Preisniveau um die 25 bis 30 US-$ je Barrel eingependelt. Tatsächlich ist die Preissteigerung auf politische Gründe zurückzuführen (siehe Kapitel 7). Weil Erdöl in den letzten 140 Jahren nicht teurer geworden ist, scheint es demnach in diesem Zeitraum auch nicht knapper geworden zu sein.

Abbildung 24 zeigt also, daß sich beim Preis von Erdöl trotz einiger heftiger Ausschläge kein langfristiger Aufwärtstrend erkennen läßt. Das liegt daran, daß Erdöl nicht knapper geworden ist. Die vorhandenen Erdölreserven haben in den letzten 25 Jahren viel stärker als der weltweite Ölverbrauch zugenommen. Abbildung 25 zeigt, daß die Zunahme der globalen Ölreserven den Anstieg des weltweiten Ölverbrauchs deutlich hinter sich läßt. Wie im vorangegangenen Diagramm ist auch hier der Ölverbrauch als roter Graph eingezeichnet, während die grüne Linie die Zunahme der globalen Ölreserven darstellt.

Anhand der Reserven und des Verbrauchs wird eine Größe berechnet, *die Ölvorräte in Verbrauchsjahren*, die von Experten auch als *Reichweite* bezeichnet wird. Weil sie der Quotient aus sicher bestätigten Reserven und der momentanen Förderung ist, wird sie im Englischen auch als *R/P-Ratio* bezeichnet. Die Reichweite zeigt für wie viele Jahre das Öl unter heutigen Förderbedingungen noch reichen wird.[173] Interessant ist hier ein Blick auf Abbildung 26, in der das R/P-Ratio dargestellt ist: Während wir 1980 gerade noch Erdöl für die nächsten 29 Jahre hatten, hat sich das R/P-Ratio kontinuierlich verbessert. 1989 erreichte

---

[173] Vgl. Schrader 2005, S. 59

es ein Maximum von 44 Jahren und hat sich seitdem um die 40-Jahres Marke eingependelt. 2004 lag die Reichweite bei 41 Jahren.

Die Aussage von Abbildung 26 ist bemerkenswert. Der gesunde Menschenverstand sagt uns, daß wenn zum Beispiel im Jahre 1984 die Vorräte nur noch für 34 Jahre reichen, die Versorgung im darauffolgenden Jahre nur noch für 33 Jahre reichen müßte;

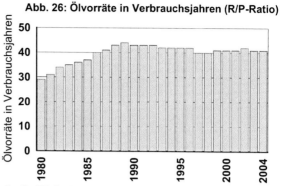

Abb. 26: Ölvorräte in Verbrauchsjahren (R/P-Ratio)

Quelle: BP Statistical Review of World Energy 2005 - Excell Workbook, eigene Berechnung

beziehungsweise nur noch für 32 Jahre, weil wir im Jahre 1985 mehr Öl verbraucht haben als 1984. Tatsächlich sind 1985 die Vorräte weiter angewachsen und reichten damals bereits für 37 Jahre. Dieses liegt — wie schon in Abbildung 25 dargestellt — daran, daß die Entwicklung der Reserven die Entwicklung der Ölnachfrage weit hinter sich gelassen hat.

8.1 Billige und teure Fördermethoden

Obwohl wir Tag für Tag mehr Öl verbrauchen, scheint es — allen pessimistischen Vorhersagen zum Trotz — auf unserem Planeten mehr und mehr Öl zu geben. Wie kann das sein? Dieser scheinbar paradoxe Zusammenhang läßt sich nur mit Hilfe wirtschaftlicher Argumente erklären:

Die uns heute bekannten und nachgewiesenen Ölreserven sind keine endliche Größe. Es ist nicht so, daß wir bereits heute alle Ölvorkommen kennen und nur noch danach zu bohren brauchten. Vielmehr werden ständig neue Ölfelder entdeckt. Die Suche nach Öl verschlingt aber beachtliche Summen. Steigt nun die Nachfrage nach Erdöl, so steigt auch der Ölpreis. Bei gestiegenem Ölpreis nehmen auch die Gewinne der Ölunternehmen zu. Weil die Ölfirmen nun über mehr Geld verfügen, können sie auch mehr Geld in die kostspielige Ölsuche reinvestieren. Mit wachsender Nachfrage kommen also im Laufe der Zeit immer mehr Ölquellen und damit Ölreserven hinzu. Dieses ist einer der Gründe, weshalb das R/P-Ratio im Laufe der Zeit zunimmt beziehungsweise sich auf einem relativ konstanten Wert hält. Ein Teil des Erdöls, das wir in Zukunft fördern werden, wird nicht nur aus den heute bekannten Ölquellen kommen, sondern aus Quellen, die wir heute noch nicht entdeckt haben.

Zusätzlich führt ein höherer Ölpreis auch dazu, daß kompliziertere und teurere Fördermethoden eingesetzt werden können. Eine erste relativ einfache und preisgünstige Bohrung macht nur ungefähr 20% des Öls einer Quelle zugänglich. Ist die Ölfirma bereit mit Hilfe von Wasser, Dampf oder chemischen Stoffen zusätzliches Öl aus dem Bohrloch zu pressen, erreicht man einen wesentlich höheren Entölungsgrad: Es lassen sich dann ungefähr 40% des vorhandenen Öls aus der Lagerstätte entnehmen. Im Vergleich zu einer einfachen Bohrung verursacht der Einsatz dieser technischen Hilfsmittel zusätzliche Kosten.[174] Wenn der Ölpreis zu niedrig ist, lassen sich diese komplizierten und teuren Verfahren nicht bezahlen. Bei einem niedrigeren Ölpreis wird die betreffende Ölfirma nur einfache und preisgünstige Fördertechniken anwenden, die dann auch nicht so viel Öl an die Erdoberfläche befördern. Wurden mit der einfachen Technik 20% des Öls einer Quelle gefördert, muß die Ölfirma sie aus Kostengründen aufgeben — obwohl sich mit komplizierteren Verfahren weitaus mehr aus dieser Quelle fördern ließe.[175]

Auf der Produktionsseite führen steigende Ölpreise also dazu, daß sowohl mehr nach Öl gesucht wird als auch, daß bereits gefundene Ölvorkommen intensiver ausgebeutet werden. Wurden neue Fördergebiete gefunden und erschlossen, beziehungsweise technologisch anspruchsvollere Abbaumethoden in den bereits erschlossenen Ölfeldern implementiert, kann wieder mehr Öl produziert werden. Ein höheres Ölangebot auf dem Weltmarkt führt dann wieder zu sinkenden Ölpreisen.

Auf der Verbrauchsseite führen niedrige Ölpreise zu einem rasanten Anstieg des Ölverbrauchs und damit zu steigenden Ölpreisen. Dagegen führen extrem hohe Ölpreise — wie schon in Kapitel 7 dargestellt — zu wirtschaftlichen Krisenerscheinungen in den Industrieländern. Wirtschaftliche Krisen verringern auch die Nachfrage nach Erdöl. Ein Blick zurück auf Abbildung 24 zeigt diesen Zusammenhang: Infolge der Preisschübe der Jahre 1973 und 1979 ging der Ölverbrauch zurück.

---

[174] Vgl. Noreng, S. 153
[175] Vgl. Lomborg 2002, S. 153

8.2 Ein Gleichgewichtspreis für Öl?

Der Ölpreis scheint hier eine stabilisierende Funktion zu besitzen: So lange es ein Überangebot an Öl gibt, ist der Ölpreis niedrig. Der Ölkonsum steigt bei diesem niedrigen Ölpreis so lange rasant an, bis er genauso groß ist wie das Ölangebot. Ist der Punkt erreicht, an dem das Ölangebot die steigende Ölnachfrage nicht mehr befriedigen kann, führt jede weitere Mehrnachfrage nach Erdöl zu stark steigenden Ölpreisen. Steigende Ölpreise führen zu einem allmählichen Rückgang der Nachfrage. Weiterhin werden bei hohen Ölpreisen neue Ölgebiete erschlossen und teure Fördertechnologien eingesetzt, was eine höhere Ölproduktion zur Folge hat. Zurückgehende Ölnachfrage gepaart mit einer Erhöhung der Produktion resultiert schließlich in einem erneuten Überangebot an Öl und sinkenden Ölpreisen — die gerade beschriebene Abfolge kann nun von Neuem beginnen.

In den folgenden Ausführungen zeige ich, daß es tatsächlich einen gleichgewichtigen Preis für Öl gibt. Ich werde hierzu ein Modell entwerfen, welches zeigt, daß die derzeit hohen Ölpreise von 60 bis 70 US-Dollar je Barrel bald der Vergangenheit angehören werden. Der Ölpreis sollte sich demnach auf einem Niveau von ungefähr 43 US-$ je Barrel (in Preisen von 2003) stabilisieren. Dazu nehme ich ein bereits existierendes Modell, welches von Goldstein, Huang und Akan entwickelt wurde und passe dieses Modell auf die aktuelle Rohölsituation an.

8.2.1 Das Modell des gleichgewichtigen Ölpreises

Goldstein, Huang und Akan haben die Wechselwirkungen zwischen dem Ölpreis und den vergangenen Ölkrisen untersucht. Sie zeigen, daß trotz dieser Ölkrisen der Ölpreis um einen Wert von ungefähr 43 US-$ je Barrel (in Preisen von 2003) schwankte. Abbildung 26 stellt das Ergebnis dieser amerikanischen Wissenschaftler graphisch dar.[176]

In Abbildung 27 steht die X-Achse für die Ölproduktion beziehungsweise die Ölexporte des Mittleren Ostens.[177] Auf der Y-Achse ist der inflationsbereinigte Ölpreis dargestellt. Jeder Datenpunkt dieser Abbildung ist mit einem Dreieck dargestellt. Dieser Datenpunkt repräsentiert die jeweilige Ölproduktion und den jeweiligen Ölpreis eines bestimmten Jahres.

---

[176] Vgl. Goldstein, Joshua S. / Huang, Xiaoming / Akan, Burcu: Energy in the World Economy 1950-1992, in: International Studies Quarterly, Nr. 41/1997, S. 253
[177] Ich habe in dieser Abbildung die Daten der Ölproduktion des Mittleren Ostens verwendet, weil von allen mir vorliegenden Produktionsdaten diese am weitesten in die Vergangenheit zurückreichen. Weil die Region im Schnitt 85% des geförderten Erdöls exportiert, habe ich vereinfacht angenommen, daß die Ölproduktion den Ölexporten des Mittleren Ostens entspricht. Vgl. Statistical Review of World Energy 2004 - Excel Workbook, eigene Berechnung

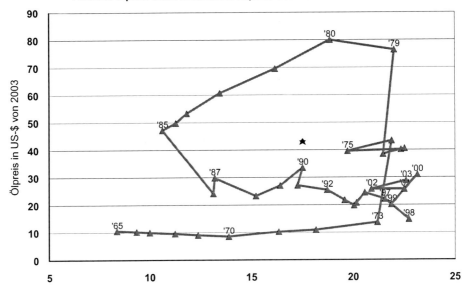

Abb. 27: Ölpreis und Produktion / Exporte des Mittleren Ostens 1965-2003

Ölpreis in US-$ von 2003

Ölproduktion bzw. Ölexporte des Mittleren Ostens in Mio. Barrel pro Tag

Quelle: BP Statistic Review of World Energy 2004 - Excell Workbook und Goldstein, Joshua S. /
Huang, Xiaoming / Akan, Burcu: Energy in the World Economy 1950 - 1992, in: International
Studies Quarterly Nr. 41/1997, S. 251 f

Um zu wissen welcher Datenpunkt welches Jahr repräsentiert, sind über einigen
Datenpunkten Jahreszahlen angegeben. Zusätzlich sind die Datenpunkte entsprechend ihrem
zeitlichen Verlauf miteinander verbunden. In der Mitte ist ein Stern dargestellt, der den
gleichgewichtigen Ölpreis von 43 US-$ je Barrel darstellt. Der Verlauf des Graphen gliedert
sich in 5 Phasen:

- **1. Phase: Zunahme der Fördermenge (1965 bis 1973)**

  Wir sehen, daß von 1965 bis 1973 die Ölproduktion bei konstant niedrigen Ölpreisen
  rasant ansteigt. Der Graph verläuft demnach von unten links horizontal nach unten rechts.
  Dieses ist möglich, da die Fördermenge bei gleichbleibenden Förderkosten ständig
  zunehmen kann. Das ist der Fall, weil es noch genügend Ölfelder gibt, die sich mit
  billigen Fördermethoden erschließen lassen.

- **2. Phase: Zunahme des Ölpreises (1973 bis 1979)**

  Im Zuge der Ölkrise von 1973, in der die OPEC-Länder aus politischen Motiven Öl als

Waffe einsetzte, bieb die Ölproduktion konstant. Die weiterhin hohe Ölnachfrage der Industrieländer gepaart mit dem Konstanthalten der OPEC-Produktion führte zu explodierenden Ölpreisen. 1973 und 1979 wurde aus politischen Motiven heraus die Ölproduktion im Mittleren Osten nicht weiter ausgedehnt. Steigende Ölpreise bei konstanter Ölproduktion lassen den Graphen in Abbildung 26 vertikal nach oben auf das Niveau von etwa 40 US-$ schießen. Die zweite Ölkrise 1979 bewirkt bei konstanter Ölproduktion einen weiteren vertikalen Anstieg auf einen Wert von 80 US-$.

- **3. Phase: Abnahme von Fördermenge und Ölpreis (1979 bis 1985)**

Der extrem hohe Ölpreis des Jahres 1979 von knapp 80 US-$ läßt die Ölnachfrage allmählich zurückgehen. Weil nun weniger Öl nachgefragt wird, wird auch weniger Öl produziert und es sinken allmählich die Preise. Unser Graph bewegt sich von oben rechts nach unten links.

- **4. Phase: Erneute Zunahme der Fördermenge (1985 bis 1998)**

Im Jahre 1985 — spätestens aber im Jahre 1986 — wird eine Trendwende erreicht. Weil die Preise nun auf einen niedrigen Wert von unter 30 US-$ gesunken sind, zieht die Nachfrage und damit die Produktion von Erdöl bei relativ gleichbleibenden Ölpreisen erneut an. Die Produktion erreicht bei relativ konstanten, niedrigen Ölpreisen erneut die rechte untere Ecke des Diagramms.

- **5. Phase: Erneute Zunahme des Ölpreises (1998 bis 2003)**

Obwohl im Jahre 1998 niemand eine politische Ölkrise inszeniert hat, gibt es den gleichen Trend wie 1973: Bei einer relativ gleichbleibender Ölproduktion steigen die Ölpreise. Unser Graph quittiert dies, indem er, genauso wie nach 1973, vertikal nach oben steigt.

Betrachtet man die einzelnen Phasen, so stellt man fest, daß die 4. Phase der 1. Phase und die 5. Phase der 2. Phase entspricht. Das Verhalten wird also durch einen 3-phasigen Zyklus bestimmt: In der 1. Phase nimmt die Fördermenge zu, der Ölpreis bleibt aber gleich. In der 2. Phase bleibt die Fördermenge gleich, der Ölpreis nimmt aber zu. In der 3. Phase nehmen Preis und Fördermenge ab. Anschließend beginnt der Zyklus von vorne.

Im Jahre 2003 befinden wir uns also in der Phase 2: Der Ölpreis nimmt zu, aber die Fördermenge bleibt konstant. Im Jahre 2003 war Phase 2 allerdings noch nicht vollendet, weil der Ölpreis noch nicht hoch genug war. Heute — im Jahre 2005 — ist der Ölpreis mit circa 70 US-$ je Barrel aber so hoch, daß Phase 2 abgeschlossen ist. Vermutlich befinden wir uns heute also an einem Punkt, an dem wir in Phase 3 übergehen, und der Ölpreis in den folgenden Jahren wieder kontinuierlich sinken wird.

Sehr interessant an Abbildung 27 ist, daß sich der Graph um einen Gleichgewichtspunkt dreht. Dieser ist als Stern gekennzeichnet und liegt genau bei dem von Goldstein, Huang und Akan ermittelten Gleichgewicht von 43 US-$ je Barrel Rohöl.

8.2.2 Erweiterung des Modells für die aktuelle Rohöldebatte

Einige Pessimisten mögen an dieser Stelle argumentierten, daß das gerade vorgestellte Modell und der aus ihm resultierende Gleichgewichtspunkt nur existiert, weil es die politisch inszenierten Ölkrisen von 1973 und 1979 als Grundlage hat. Sie könnten behaupten, daß eine Ausdehnung der Produktion, wie im Zeitraum 1985 bis 1998 geschehen, in Zukunft nicht mehr möglich sein wird. In Zukunft — anders als 1985 — wird es nicht möglich sein, den Ölhahn einfach wieder aufzudrehen und den Weltmarkt mit billigem Erdöl zu fluten, weil die kommende Ölkrise nicht politisch inszeniert sein wird, sondern auf realen Engpässen beruhen wird — so die Pessimisten. Ein Ölüberangebot könne gar nicht entstehen, deswegen könne es auch keinen Gleichgewichtspunkt geben, um den der Graph aus Abbildung 26 kreisen kann.

Man sollte aber an dieser Stelle die Argumentation des vorherigen Abschnitts beherzigen: In Abschnitt 8.1 habe ich dargestellt, daß es billige und teure Fördermethoden gibt. Ziehen wir diese Gegebenheit mit ein, läßt sich der in Abbildung 27 dargestellte Verlauf auch ohne die Existenz politisch inszenierter Ölkrisen erklären: Ist der Ölpreis niedrig, dann können die Ölfirmen aus Kostengründen nur einfache und billige Fördertechniken einsetzen, es werden auch kaum neue Fördergebiete entdeckt und erschlossen, weil auch hierfür das Geld fehlt. Der niedrige Ölpreis führt zu einer steigenden Nachfrage nach Erdöl. Unser Graph aus Abbildung 27 verläuft in Phase 1. Irgendwann wird dann der Punkt erreicht, an dem die Produktionskapazität die steigende Ölnachfrage nicht mehr befriedigen kann. Das liegt daran, daß die Ölfirmen mit einfachen Fördermethoden an ihre Kapazitätsgrenze stoßen. Der niedrige Ölpreis verhindert, daß die Ölunternehmen teure Techniken einsetzen, die die

Fördermenge ausweiten würden.[178] Wir gehen also an diesem Punkt in Phase 2 über. Während die Fördermenge konstant bleibt, zeigt sich die Ölnachfrage zunächst unbeeindruckt und wächst weiter. Dieses führt zu rasant steigenden Ölpreisen und läßt unseren Graph in Abbildung 27 senkrecht von unten rechts nach oben rechts ansteigen. Die rasant gestiegenen Ölpreise lassen die Gewinne der Ölfirmen explodieren.[179] Weil der Ölpreis nun hoch ist, ist plötzlich genug Geld für Explorationszwecke und den Einsatz teurer Fördermethoden vorhanden. Wir gehen nun in Phase 3 über. Während die Ölindustrie nach neuen Ölquellen sucht und bessere Fördertechniken implementiert — was in der Regel einige Jahre und einige Milliarden Dollar in Anspruch nimmt[180] — geht wegen des hohen Preises die Nachfrage nach Öl und damit die produzierte Ölmenge allmählich wieder zurück. Der Nachfragerückgang läßt auch schrittweise den Ölpreis sinken. Unser Graph aus Abbildung 27 quittiert dieses mit einer Bewegung von der oberen rechten Ecke nach unten links. In der Zwischenzeit haben die Ölfirmen neue Ölquellen gefunden und erschlossen. Zusätzlich haben sie in die erschöpften Ölquellen, aus denen Öl mit einfacher Technik gefördert wurde, investiert, und diese mit verbesserter Technologie ausgestattet. Die Förderung aus neuen Ölquellen, die Modernisierung der alten Quellen und die immer noch zurückgehende Ölnachfrage führen zu einem Überangebot an Öl auf dem Weltmarkt, was die Ölpreise auf ein tiefes Niveau purzeln läßt. In Abbildung 27 befinden wir uns wieder im unteren linken Bereich — ungefähr dort, wo wir gestartet sind. Wir befinden uns also wieder am Ende des Zyklus und gehen zu Phase 1 über. Der niedrige Ölpreis stimuliert erneut die Ölnachfrage, die nun dank der neu erschlossenen Ölfelder befriedigt werden kann — und die gerade beschriebene Abfolge beginnt von Neuem. Wie wir sehen, erhalten wir auch in Abwesenheit politisch inszenierter Ölkrisen ein Bild, das dem Diagramm 27 sehr ähnlich ist.

---

[178] Dieses Bestätigen auch aktuelle Daten über das Explorationsverhalten amerikanischer Firmen in Saudi-Arabien. Aufgrund der relativ niedrigen Ölpreise seit Mitte der 1980er Jahre waren die finanziellen Anreize für die teure Ölsuche zu niedrig. Seit den frühen 1980ern würden in Saudi-Arabien keine ernstzunehmenden Explorationsaktivitäten durchgeführt. Vgl. Takin, Manouchehr: Sustainable supply from Saudi-Arabia, Iraq: Oil reserves or politics? In: Oil & Gas Journal, 12. April 2004, S. 19
[179] Vgl. Höfinghoff, Tim: Letzte Ölung, in: Financial Times Deutschland 22.08.2005, S. 25
[180] Vgl. Al-Husseini, Sadad: Rebutting the critics: Saudi-Arabia's oil reserves, production practices ensure its cornerstone role in future oil supply, in: Oil & Gas Journal 17. Mai 2004, S. 18

8.3 Reduktion des Förderrisikos in nicht-sicheren Förderländern durch volkswirtschaftliche Wechselwirkungen

Die gerade vorgestellte Argumentation eines gleichgewichtigen Ölpreises könnte sogar die Risiken der Ölförderung in den nicht-sicheren Förderländern mildern — diese habe ich in Kapitel 5 dargestellt. In Kapitel 5 habe ich argumentiert, daß die Ölförderländer des Mittleren Ostens Rentierstaaten sind und auf einen kontinuierlichen Zustrom ausländischer Devisen aus dem Ölgeschäft angewiesen sind.

Weil ich hier ökonomisch argumentiere, möchte ich an dieser Stelle die Ölkrisen der Jahre 1973 und 1979 nicht politisch analysieren, sondern nach rein wirtschaftlichen Gesichtspunkten bewerten. Um die wirtschaftliche Analyse besser zu verstehen, ist zunächst ein Blick in das Jahr 1953 erforderlich. Seit diesem Jahre wurden die Gewinne aus dem Erdölgeschäft zwischen den westlichen Ölkonzernen und den Ölstaaten im Persischen Golf verteilt, wie in Abbildung 28 dargestellt.

Die Produktionskosten machten nur etwa 10% des Ölpreises aus. Den Rest teilten sich die Ölkonzerne und die Eigentümerstaaten untereinander auf. Dabei erhielten die Ölkonzerne 39% des Erlöses, die arabischen Ölstaaten erhielten 51% des Ölpreises. Dieser Verteilungsschlüssel wurde die nächsten 20 Jahre beibehalten. Allerdings sank in diesem Zeitraum der reale Ölpreis von einst 13,33 US-$ auf nur noch 8,56 US-$ im Jahre 1973. Weil durch den gesunkenen Ölpreis auch die Rente der Öleigentümerländer geringer wurde, suchten viele arabische Länder nach Wegen, um die Ölrente wieder aufzubessern.

Abbildung 28 zeigt, daß die Staaten im Mittleren Osten 51% des Ölpreises als Profit erhalten. Die Staatschefs der arabischen Ölländer stellten aus diesem Verteilungsschlüssel eine einfache Gleichung auf: Steigt der Preis für ein Barrel Öl um einen Dollar, so steigt die Ölrente um mehr als 50 Cent.

Abb. 28: Aufteilung des Erlöses von Erdöl aus dem Persischen Golf im Jahre 1953 in US-$ Preisen von 2003

	US-$ je Barrel	Anteil am Ölpreis
Produktionskosten	1,31	9,8%
Förderlizenzgebühr an Öleigentümerstaaten: 12,5 %	1,67	12,5%
Profit der Konzerne	5,18	38,9%
Profit der Öleigentümer	5,18	38,9%
Ölpreis*	13,33	100%
Gesamtrente der Öleigentümerstaaten	6,84	51,3%

*) frei bis Verladestation im Persischen Golf. Mittlerer Öllistenpreis für Öl "Persian Gulf free on board"
Quelle: Ghaffari, Amir: OPEC. Entwicklung und Perspektive. Osnabrück 1989, S. 64, eigene Berechnung

Abb. 29: Rentenanteil der Öleigentümerstaaten vor und nach den Preiserhöhungen von 1973

Datum	Listenpreis in US-$ je Barrel	Rente der Ölländer in US-$ je Barrel	inflations-bereinigter Listenpreis* in US-$ je Barrel	inflations-bereinigte Ölrente* in US-$ je Barrel	Änderung Listenpreis* gegenüber 01.10.1973	Änderung Ölrente* gegenüber 01.10.1973
01.10.1973	3,01	1,72	12,51	7,15	± 0 %	± 0 %
16.10.1973	5,12	3,00	21,28	12,47	+ 70 %	+ 74 %
01.01.1974	11,65	6,99	48,43	29,06	+ 287 %	+ 306 %

*) in Preisen von 2003

Quelle: Ghaffari, Amir: OPEC. Entwicklung und Perspektive. Osnabrück 1989, S. 75

Die Libyer machten es allen Anderen vor, daß diese einfache Gleichung auch in der Realität funktioniert: Libyen nutzte die Tatsache, daß angesichts des Sechs-Tages-Krieges von 1967 der Suez-Kanal nicht passierbar war. Weil nun alle Tanker aus dem Persischen Golf den sehr langen Weg um das Kap der Guten Hoffnung nehmen mußten, erhöhten sich die Frachtkosten nach Westeuropa erheblich. Libyen konnte in dieser Situation aus seiner geographischen Lage Profit schlagen. Das Land erhöhte im Jahre 1970 den Listenpreis für sein Öl um 1,22 US-$ je Barrel oder 55% und damit seine Ölrente je Barrel um 82 Cent oder 58%. Den Europäern blieb nichts anderes übrig als das verteuerte libysche Öl zu kaufen, war doch das Öl aus dem Persischen Golf aufgrund des geschlossenen Suez-Kanals noch teurer.

Die Ölstaaten im Persischen Golf ließen sich von diesem libyschen Husarenstreich beeindrucken und nutzten ihrerseits die nächstbeste Gelegenheit um, eigene Ölpreiserhöhungen durchzusetzen. Diese ergab sich nach dem Yom-Kippur Krieg im Herbst 1973. Wie in Abbildung 29 dargestellt, erhöhten die OPEC-Länder innerhalb kürzester Zeit ihren Listenpreis für Öl auf das 3,9-fache. Die Rente der arabischen Förderstaaten stieg sogar auf das 4,1-fache. Die Vervierfachung des Ölprofits spülte einen gewaltigen Strom von US-Dollar in die Staatskassen der arabischen Länder.[181]

8.3.1 Disziplinierung durch unmittelbare volkswirtschaftliche Reaktionen

Wie schon in Kapitel 7 dargestellt, ging dieser Ölpreisschock an den Industrieländern nicht spurlos vorbei. Die drastischen Ölpreiserhöhungen der OPEC führten zu Abwehrreaktionen des Westens: Um die negativen Auswirkungen des Ölpreisschocks auf den Arbeitsmarkt abzufedern, begannen die amerikanische,[182] japanische[183] und deutsche[184] Zentralbank im

---

[181] Vgl. Ghaffari 1989, S. 59-76
[182] Vgl. Abdolvand 2003, S. 181
[183] Vgl. Dresdner Bank AG: Die Wirtschaftsentwicklung der Bundesrepublik Deutschland 1950 bis 2001.

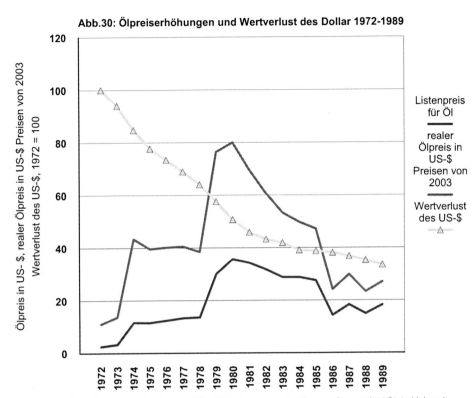

Abb.30: Ölpreiserhöhungen und Wertverlust des Dollar 1972-1989

Quellen: Pocock,Emil: Consumer Price Index 1950-1997, Homepage der Eastern Connecticut State University, http://www.easternct.edu/personal/faculty/pocock/CPI.htm Download am 14.05.05 um 16:07; BP Statistical Review of World Energy 2004 - Excell Workbook; eigene Berechnung

großen Stil Geld zu drucken. Das stabilisierte zwar vorerst die Wirtschaft und damit die Arbeitsmärkte dieser Länder, trieb aber die Inflationsraten in die Höhe. Wichtig für unsere Betrachtung ist, daß diese monetäre Abwehrpolitik innerhalb weniger Jahre zu einer massiven Abwertung des amerikanischen Dollar führte. Abbildung 30 zeigt uns diese Entwicklung: Der olivenfarbene Graph gibt die Entwicklung des Listenpreises für Öl wieder. Die rote Kurve ist der inflationsbereinigte Ölpreis. Der grüne Graph repräsentiert die Abwertung des Dollars. Während man sich im Jahre 1972 für 100 Dollar auch Waren im Gegenwert von 100 Dollar kaufen konnte, führten die Ölpreiserhöhungen und die darauf folgende monetäre Abwehrpolitik des Westens dazu, daß nur sechs Jahre später diese 100 Dollar nur noch zwei Drittel so viel wert waren. Weil die westlichen Staaten — allen voran

Dresdner Bank Statistische Reihen. Frankfurt am Main, Mai 2002. S. 5, http://www.dresdner-bank.de/meta/kontakt/01_economic_research/16_sonstiges/ Wirtsch.pdf Download am 14.05.05 um 15:26
[184] Vgl. Hanusch 1998, S.113

die Amerikaner — die Notenpressen auf Hochtouren laufen ließen, konnte man sich im Jahre 1978 für 100 Dollar nur noch Waren im Gegenwert von ungefähr 64 Dollar kaufen.

Auch das arabische Öl wurde — und wird auch heute noch — mit Dollar bezahlt. Mit diesen sogenannten *Petrodollar* kaufen die arabischen Förderländer dann auf dem Weltmarkt, also zum größten Teil im Westen, dringend benötigte Importgüter. Kurzfristig hatte der Wertverlust des Dollar für die arabischen Förderländer zwei Konsequenzen:

Erstens verloren die vielen Petrodollar, die sich dank der Ölpreiserhöhung im Persischen Golf angesammelt hatten, schlagartig an Wert. Für die 1973 erwirtschafteten und in der Staatskasse deponierten Dollar konnten sich die arabischen Länder sechs Jahre später nur noch zwei Drittel der Waren von 1973 kaufen.

Zweitens erhöhten sich aufgrund der Inflation dauerhaft die Preise der auf dem Weltmarkt gehandelten Güter. So stiegen allein zwischen Oktober 1974 und Mai 1975 die Preise für Importgüter um 30%.[185] Die arabischen Ölländer konnten sich für jeden weiteren nach 1975 erwirtschafteten Petrodollar nun weniger Güter kaufen, als vor der Entwertung des Dollars durch die amerikanische Zentralbank.

Beide Effekte, also der Wertverlust des Dollar und die steigenden Preise für Importgüter, setzten sich zunehmend fort. Die arabischen Länder erhielten also durch die Ölpreiserhöhung mehr Dollar aus dem Westen, konnten aber für diese Dollar Jahr für Jahr weniger Güter erwerben.

Die gerade dargestellte Abwertung des Dollar und die Erhöhung der Preise für Importgüter sind ganz normale Reaktionen des Marktes auf eine Ölpreiserhöhung. Eigentlich sollten die arabischen Öllieferanten diese Reaktionen als Warnschuß verstehen. Trotzdem hatten die OPEC-Länder aus dieser Lektion nichts gelernt. Das einzige was sie sahen war, daß ihre Petro-Devisen durch den Dollarverfall und die Inflation real immer weniger wert waren. Die arabischen Öllieferanten verloren gegenüber 1974 immer mehr an Kaufkraft. Zusätzlich — wie bereits in Abbildung 19 (S. 71) dargestellt — wurde sehr viel Geld in unproduktive Bereiche wie das Militär investiert. Dieses Geld fehlte dann bald an in allen Ecken und Enden.

Um auf die schlechter werdende Situation zu reagieren, traf die OPEC ohne sich ernsthaft über die Auswirkungen Gedanken zu machen den Entschluß, die Ölpreise abermals zu erhöhen. Zwischen Anfang 1979 bis Mitte 1980 hob die OPEC den Listenpreis für Öl schrittweise von 13,60 US-$ auf 36 US-$ je Barrel an. Einige radikale OPEC-Mitglieder wie

---

[185] Vgl. Ghaffari, S. 88

der Iran forderten sogar eine Anhebung auf bis zu 55 US-$ je Barrel, was in heutigen Preisen etwa 123 US-$ je Barrel entsprechen würde.

Die erneute Erhöhung der Ölpreise löste die zweite Ölkrise aus und traf erneut die Wirtschaft der OECD-Länder, die sich im Erholungsprozeß vom ersten Ölpreisschock 1973/74 befanden. Diese erneute drastische Ölpreiserhöhung führte dazu, daß sich der Markt für die Preistreiberei an der OPEC rächte: Es kam zu erneuten Abwehrmaßnahmen in der OECD-Welt. Um die erneute ölpreisinduzierte Rezession abzumildern, dehnten die Zentralbanken abermals die Geldmenge aus. Dieses führte erneut zu hohen Inflationsraten und einem Wertverlust des Dollars. Außerdem verteuerten sich erneut die Warenimporte für die OPEC-Länder.

Zusätzlich stimulierte der erneute Ölschock weitere Maßnahmen, die bei der ersten Ölkrise noch nicht zur Anwendung kamen. Die gestiegenen Weltmarktpreise für Öl machten Ölquellen in der Nordsee, in Alaska sowie im Golf von Mexico rentabel, die bis dato wegen der hohen Förderkosten unwirtschaftlich waren. Europa und Amerika begannen nachhaltig das OPEC-Öl durch das direkt vor der eigenen Haustür geförderte Öl zu substituieren.[186] Durch den Vertrauensverlust seit dem ersten Ölpreisschock kam es zu einem Strategiewechsel in der Energiepolitik der Industrieländer. Sie nutzten die Zeit seit 1973, um Kapazitäten bei anderen fossilen Energieträgern auszubauen. Zum Zeitpunkt der zweiten Ölkrise waren diese bereits weitgehend implementiert. Der Westen nahm nun die teurere Steinkohle und Atomkraft in Kauf, um sich vom Öl aus dem Persischen Golf unabhängiger zu machen. Das OPEC-Öl wurde also noch zusätzlich durch Kohle und Uran substituiert. Außerdem folgten der ölpreisinduzierten Wirtschaftskrise Energiesparmaßnahmen in der OECD-Welt — in den Industrieländern wurde nun generell weniger Energie und damit weniger Öl verbraucht.[187]

Neue Fördergebiete, Ausweich-Energieträger und der generelle Rückgang des Energiebedarfs führten dazu, daß die Ölexporte aus dem Mittleren Osten auf die Hälfte einbrachen.[188] Zeitgleich warfen die neuen Lieferanten aus Europa und Amerika eigenes Öl auf den Weltmarkt, was auch ein Grund für das drastische Sinken des Ölpreises zwischen 1980 und 1986 war.[189]

---

[186] Vgl. Bahghat 2003, S. 57
[187] Vgl. Ghaffari 1989, S. 99-129
[188] Von 22 Mio. Barrel/Tag im Jahre 1979 auf 11 Mio. Barrel/Tag in den Jahren 1984 und 1985. Vgl. BP Statistical Review of World Energy 2004 - Excel Workbook
[189] Von 35,69 US-$ im Jahre 1980 auf 14,32 US-$ im Jahre 1986 vgl. BP Statistical Review of World Energy 2004 - Excel Workbook

Die Ölpreiserhöhungen der OPEC hatten schon kurze Zeit später zur Folge, daß die OPEC weniger Öl verkaufen konnte und der Listenpreis für Öl auf seinen Wert vor der zweiten Ölpreiserhöhung zurückfiel. Weil die OPEC schon kurz nach der zweiten Ölkrise nur noch halb so viel Öl zum gleichen Listenpreis verkaufte wie vor 1979/80, halbierte sich auch der Strom von Petrodollar aus dem Westen in den Persischen Golf. Zusätzlich haben diese wenigen Petrodollar aufgrund der monetären Abwehrmaßnahmen des Westens — wie in Abbildung 30 dargestellt — erheblich an Wert verloren.

8.3.2 Disziplinierung durch mittelfristige volkswirtschaftliche Reaktionen

Neben diesen Reaktionen des Weltmarktes auf die Ölpreisschocks kam es nun mittelfristig noch zu einem weiteren gravierenden Effekt, den die Experten heute *Dutch Disease*[190] nennen: Weil die Exporterlöse der arabischen Staaten durch den erhöhten Ölpreis erheblich stiegen, stiegen auch die Löhne in den arabischen Ländern. Das hörte sich zunächst für die arabischen Förderländer gut an, weil sich die arabische Bevölkerung durch die Lohnsteigerung mehr Güter aus dem Westen kaufen konnte. Allerdings hatte die Lohnsteigerung eine Schattenseite: Weil die Löhne in den arabischen Länder hoch waren, konnten arabische Industriebetriebe nicht mehr mit der Konkurrenz auf dem Weltmarkt mithalten. Exportgüter arabischer Firmen wurden zu teuer und konnten auf dem Weltmarkt nicht mehr abgesetzt werden. Auch arabische Betriebe, die Güter für den inländischen Markt herstellten, mußten diese aufgrund der hohen Lohnkosten teurer anbieten. Iraner, Iraker und Saudis kauften lieber billigere westliche Importgüter als die viel zu teuren inländischen Produkte. Sowohl der Exportsektor als auch der importkonkurrierende Sektor nahmen wegen der hohen Löhne Umsatzeinbußen hin und mußten über kurz oder lang Arbeitnehmer entlassen.[191] Durch die Ölpreiserhöhungen wurde also mittelfristig nicht nur die Ölrente der arabischen Förderländer negativ beeinflußt, sie führten auch dazu, daß die Wirtschaft der arabischen Länder beschädigt wurde und die Arbeitslosigkeit stieg.

Betrachtet man also die Ölkrisen ökonomisch, dann läßt sich die folgende simple Faustregel erkennen: Erhöhen die arabischen Öllieferanten heute drastisch den Ölpreis, schneiden sie sich morgen mit der selben Preiserhöhung ins eigene Fleisch. Genauso wie die Industrieländer in Europa, Amerika und Asien auf das Öl des Persischen Golf angewiesen

---

[190] In den 1980er Jahren haben die boomenden Erdgasexporte aus der Nordsee zur steigenden Arbeitslosigkeit in Holland beigetragen. Siehe auch »Dutch Disease« im Glossar. Vgl. Goldstein 1997, S. 255f
[191] Vgl. Dichtl 1994, S. 480

sind, ist für die arabischen Ölländer ein kontinuierlicher Strom von Petrodollar — wie bereits in Kapitel 5 dargestellt — lebensnotwendig. Die arabischen Staaten wissen, daß eine willkürliche Erhöhung der Ölpreise schon nach kurzer Zeit wie ein Bumerang zurückkommt und die eigenen Volkswirtschaften in Form ausbleibender Ölrenten, Firmenpleiten und hoher Arbeitslosigkeit niederstreckt. Im Wissen um diese verhängnisvolle, symbiotische Abhängigkeit werden die Regierungen der politisch nicht-sicheren Förderländer tunlichst darauf achten, Produktionsausfälle welcher Art auch immer zu verhindern und für einen möglichst stabilen und niedrigen Ölpreis sorgen. Die Lehren aus den politisch inszenierten Ölkrisen der Vergangenheit werden so die gegenwärtigen und zukünftigen Risiken der Ölförderung im nicht-sicheren Mittleren Osten mildern und einen gleichbleibenden Ölpreis gewährleisten. Es spricht also auch die gerade ausgeführte Argumentation dafür, daß sich auf den Ölmärkten ein gleichgewichtiger Ölpreis einstellen wird.

Die bisher zitierten Kritiker scheinen also bei ihren Bedenken die volkswirtschaftlichen Mechanismen von Angebot und Nachfrage, die Reaktionen der westlichen Zentralbanken und die Wirkung der Dutch Disease zu vernachlässigen. Werden diese ökonomischen Aspekte in unsere Energiesicherheitsdebatte integriert, kann man trotz des heute hohen Ölpreises von 60 bis 70 Dollar je Barrel gelassen in die Zukunft sehen. Behalten die Ökonomen mit ihrer in diesem Abschnitt dargestellten Argumentation recht, dann wird den heutigen hohen Ölpreisen — wie in Abbildung 27 (S. 104) dargestellt — wieder eine lange Periode niedriger Preise folgen. Es spricht also vieles dafür, daß die Kräfte von Angebot und Nachfrage den Ölpreis schon bald wieder sinken lassen werden und sich dieser um einem Wert von 43 US-$ je Barrel (in Preisen von 2003) einpendelt.

9. Geographische Lösungen: Erschließen neuer Fördergebiete

Trotz dieser sehr optimistisch klingenden Prognosen wird sich das Gros der Ölproduktion in naher Zukunft in den Mittleren Osten verlagern. Möchten die westlichen Volkswirtschaften verhindern, daß ihre Energieabhängigkeit von dieser krisenanfälligen Region zunimmt, sollten sie nach Energielieferanten Ausschau halten, die außerhalb des Persischen Golfs liegen. Neue Öllieferanten, die in naher Zukunft unsere Versorgung mit Erdöl sichern könnten, liegen in der Kaspischen Region und in Afrika. Auch die Nordpolarregion[192] und die Antarktis[193] werden als mögliches neue Fördergebiete gehandelt. Weil diese Möglichkeit zur Zeit noch rein spekulativ ist und auch keine Klarheit darüber besteht, ob und wieviel Ölressourcen in den Polarregionen vorhanden sind, beziehungsweise wann mit ihrer Ausbeutung begonnen werden kann, verzichte ich auf die Diskussion dieser Option.

Bevor ich fortfahre, sollten an dieser Stelle noch zwei Begriffe geklärt werden. Ich werde in den folgenden Ausführungen von *alten Fördergebieten* und von *neuen Fördergebieten* sprechen. Mit dem Begriff *alte Fördergebiete* sind die bereits in Kapitel 4 angesprochenen Fördergebiete in der USA, Mexico und der Nordsee gemeint. Als *neue Fördergebiete* werden die Fördergebiete bezeichnet, die hier in Kapitel 9 dargestellt werden, also die Kaspische Region und Afrika. In Abschnitt 10.3 wird zusätzlich dargestellt, daß sich auch die kanadische Provinz Alberta als neues Fördergebiet eignet. Die *neuen Fördergebiete* umfassen also die Kaspische Region, Afrika sowie die kanadische Provinz Alberta.

9.1 Kaspische Region

Die Kaspische Region soll nach dem Mittleren Osten und Rußland die drittgrößten Erdölreserven der Welt besitzen. Mit dem Zusammenbruch der Sowjetunion 1991 und dem Entstehen der neuen Republiken rund um das Kaspische Meer verlor Moskau die ausschließliche Verfügungsgewalt über diese an Energierohstoffen reiche Region. Zwar erklärte Präsident Jelzin 1993, Zentralasien wäre für Rußland eine Zone besonderen geostrategischen Interesses.[194] Dennoch hinderte dies Akteure wie die USA, die EU, China,

---

[192] Vgl. Traufetter, Gerald: Ölfieber am Pol, in: Der Spiegel 50/2004, S.198

[193] Vgl. United States Geological Survey: World Estimates of Identified Reserves and Undiscovered Ressources of conventional crude oil - Antarctica, http://enery.er.usgs.gov/products/papers/World_oil/oil/ant_map.htm Download am 22.09.05 um 0:05

[194] In seiner Rede vor den Vereinten Nationen im März 1993 betonte der russische Präsident Jelzin erstmalig auf internationaler Ebene Rußlands »nahes Ausland« zur außenpolitischen Interessenssphäre. Laut Jelzin erstreckt sich das »nahe Ausland« über den Kaukasus und Zentralasien bis weit hinaus in den Nahen und Mittleren Osten. Moskau soll eine Führungsrolle in der GUS einnehmen und als »Friedensgarant« die militärisch ausgetragenen Konflikte in den Nachfolgestaaten der Sowjetunion unterbinden und so den russischen Anspruch auf das »nahe Ausland« untermauern. Vgl. Schmedt, Claudia: Russische Außenpolitik

Abb. 31: Karte der Kaspischen Region

Quelle: Energy Information Admistration: Country Analysis Brief Caspian Region,
Dezember 2004, http://www.eia.doe.gov/emeu/cabs/caspian.html
Download am 20.08.05, um 16:23

die Türkei, den Iran oder diverse nichtstaatliche Organisationen nicht, beim *New Great Game*
um politische, wirtschaftliche und strategische Einflußsphären und um die Kontrolle der
Energieressourcen des Kaspischen Beckens und Zentralasiens kräftig mitzumischen.[195]

9.1.1 Reserven und Ressourcen

Die Schätzungen über die in der Kaspischen Region vorhandenen Erdölressourcen weichen
voneinander ab. In den Abbildungen 33a bis 33d sind vier Schätzungen verschiedener
Institute zur Reserven und Ressourcensituation in der Kaspischen Region dargestellt. Daten
von Petroconsultants und World Oil zur Kaspischen Region waren nicht frei erhältlich,
weswegen ich hier auf ihre Verwendung verzichten muß. Die in Abbildung 33d vorgestellten

---

unter Jelzin: internatonale und innerstaatliche Einflußfaktoren außenpolitischen Wandels. Frankfurt am Main
1997, S.13

[195] Der britische Geograph Halford Mackinder war der Erste, der Mitte des 19. Jahrhunderts den geopolitischen
Wettstreit zwischen Rußland und dem British Empire um militärische, wirtschaftliche und strategische
Einflußzonen in Zentralasien als »Great Game« beschrieb. In Anlehnung an diesen Wettstreit haben viele
internationale Kommentatoren und Beobachter erneut ein »Great Game« beziehungsweise ein »New Great
Game« um Macht, politische und wirtschaftliche Einflußsphäre sowie die Energieressourcen in Zentralasien
identifiziert. Vgl. Amineh 2003, S. 10f; Jaffe, Amy / Manning, Robert A.: The Myth of the Caspian »Great
Game« The Real Geopolitics of Energy, in: Survival, Winter 1998-99, S. 112 und Rahr, Alexander:
Energieressourcen im Kaspischen Meer, in: Internationale Politik 1/2001, S. 41

Abb. 32: Erdölbasins in der GUS

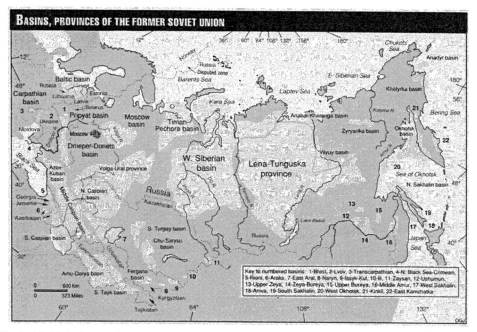

Quelle: Ulmishek, Gregory F. / Masters, Charles D.: Oil, Gas Resources Estimated in the Former Soviet Union, http://energy.er.usgs.gov/products/papers/World_oil/FSU/figure1.htm Download am 19.08.05 um 23:23

Daten sind auf der Internetseite der United States Geological Survey erhältlich. Allerdings entstammen diese Daten einer Studie, die bereits im Jahre 1993 vom Oil & Gas Journal veröffentlicht wurde. In den Abbildungen 33a und 33b ist der russische Bereich der Kaspischen Region unberücksichtigt. Glaubt man der amerikanischen Energy Information Administration, läßt sich der russische Bereich aber vernachlässigen, weil hier lediglich 0,3 Milliarden Barrel Ölreserven und 7,3 Milliarden Barrel Ölressourcen lagern.[196] Das meiste Erdöl der Region liegt in Aserbaidschan und Kasachstan.[197]

Die Schätzungen zeigen also, daß die Spannbreite der nachgewiesenen Ölreserven in Zentralasien bei 17 bis 44 Milliarden Barrel liegt. Ein Vergleich mit Abbildung 14 (S. 47) ergibt, daß die Ölvorräte Zentralasiens im schlechtesten Fall ungefähr den Reserven

---

[196] Vgl. Energy Information Administration: Caspian Sea Region: Survey of Key Oil and Gas Statistics and Forecasts, July 2005.
http://www.eia.doe.gov/emeu/cabs/caspian_balances.htm Download am 20:08.05 um 15:17
[197] Vgl. Warkotsch, Alexander: Europa und das kaspische Öl, in: Blätter für deutsche und internationale Politik 1/2004, S.72

Abb. 33a: Schätzung BGR, Stand: Ende 2003

	nachgewiesene Ölreserven in Mrd. Barrel	Ölressourcen in Mrd. Barrel
Kaspische Region ohne russischen Sektor*	41,3	41,3

*) laut EIA befinden sich im russischen Sektor der kaspischen Region 0,3 Mrd Barrel Ölreserven und 7,3 Mrd. Barrel Ölressourcen; Quelle: wie Abb. 29 c

Quelle: Rempel, Hilmar / Thielemann, Thomas / Thoste, Volker: Geologie und Energieversorgung, in: Osteuropa 9-10/2004, S. 98

Abb. 33b: Schätzung BP Statistical Review of World Energy, Stand: Ende 2003

	nachgewiesene Ölreserven in Mrd. Barrel	Ölressourcen in Mrd. Barrel
Kaspische Region ohne russischen Sektor*	17,1	k.A.

*) laut EIA befinden sich im russischen Sektor der kaspischen Region 0,3 Mrd Barrel Ölreserven und 7,3 Mrd. Barrel Ölressourcen; Quelle: wie Abb. 29 c

Quelle: BP Statistical Review of World Energy 2004 - Excel Workbook

Abb. 33c: Schätzung EIA, Stand: Juli 2005

	nachgewiesene Ölreserven in Mrd. Barrel	Ölressourcen in Mrd. Barrel
Kaspische Region inkl. russischer Sektor	17,2 - 44,2	167,2 - 194,2

Quelle: Energy Information Administration: Caspian Sea Region: Survey of Key Oil and Gas Statistics and Forecasts, July 2005. http://www.eia.doe.gov/emeu/cabs/caspian_balances.htm Download am 20:08.03 um 15:17

Abb 33d: Schätzung Oil and Gas Journal, Stand: Ende 1993

	nachgewiesene Ölreserven in Mrd. Barrel	Ölressourcen in Mrd. Barrel
Kaspische Region inkl. russicher Sektor	32,2	9,6 - 146,5

Quelle: Ulmishek, Gregory F. / Masters, Charles D.: Oil, gas ressources estimated in the former Soviet Union, in: Oil and Gas Journal, Nr. 50/1993, S. 59-62

Großbritanniens oder Norwegens entsprechen. Glauben wir den optimistischen Schätzungen, dann gibt es im Kaspischen Becken heute schon mehr Öl als in der Nordsee oder in Venezuela. Der Umfang an Rohöl, der in Zukunft in und um das Kaspische Meer noch gefunden werden kann liegt, in einem Bereich von 10 bis 194 Milliarden Barrel.

Die Kaspische Region scheint eine in Zukunft vielversprechende Förderregion zu sein, weil es sich bei ihr um ein geologisch kaum exploriertes Gebiet handelt. Die Untersuchung der tatsächlich nachweisbaren Energieressourcen hat erst Ende der 1990er Jahre eingesetzt und dauert noch an. Weite Teile der Region wurden bisher noch nicht erforscht. Daher ist es sehr wahrscheinlich, daß die heute bekannten Ölreserven der Kaspischen Region weiter nach oben korrigiert werden müssen.[198] Diese Einschätzung bestätigen auch die jüngsten Entwicklungen in der Region. In den wichtigen Ölfeldern der Region, wie dem Tengiz- und Karachaganak-Ölfeld in Kasachstan sowie dem Azeri-, Chirag- und Gunashli-Ölfeld in Aserbaidschan wurde neues Öl entdeckt.[199] Neben diesen Entdeckungen gab es in Kasachstan den größten Ölfund der letzten 30 Jahre: Im Jahr 2000 wurde das Kaschagan Ölfeld (Abbildung 34) im kasachischen Sektor des Kaspischen Meeres entdeckt. Laut Schätzungen der Ölfirma Shell, die an der Erschließung des Ölfelds beteiligt ist, soll Kaschagan über Reserven von 9 bis 13 Milliarden Barrel verfügen.

9.1.2 Entwicklung der Ölproduktionskapazität

Mit dem Fund des riesigen Kaschagan Ölfelds wurden selbst die optimistischsten Prognosen von der Realität übertroffen. Die ehrgeizigen, seit langem bestehenden Pläne des kasachischen Präsidenten Nursultan Nasarbajew, die Ölproduktion Kasachstans bis 2015 auf mehr als drei Millionen Barrel am Tag zu verdreifachen, rücken damit in greifbare Nähe.[200] Kasachstan würde damit in den Rang eines führenden Ölproduzenten aufsteigen. Die momentane Ölproduktion der Region liegt bei etwa 1,7 Millionen Barrel pro Tag.[201] Im Jahre 2015 soll die gesamte Kaspische Region ungefähr 3,8 Millionen Barrel pro Tag fördern,[202] was dem heutigen Potential des Irans entsprechen würde.

Die Kaspische Region könnte aufgrund ihrer geographischen Nähe vor allem für die Ölversorgung Europas interessant sein. Wenn die Produktionsleistung Norwegens und Großbritanniens in naher Zukunft zurückgehen wird, könnte Europa das Nordsee-Öl durch Erdöl aus dem Kaspischen Meer ersetzen. Zwar reicht die für 2015 prognostizierte Förderleistung Zentralasiens von 3,8 Millionen Barrel pro Tag nicht an die gegenwärtig 5,9 Millionen Barrel[203] heran, die jeden Tag aus der Nordsee gepumpt werden, trotzdem sollte man an dieser Stelle zwei Dinge berücksichtigen: Erstens ist die heutige Situation Zentralasiens mit der Situation der Nordsee Ende der 1970er Jahre vergleichbar. Genauso

[198] Vgl. Bahghat 2003, S. 146
[199] Vgl. Energy Information Administration: Country Analysis Brief Caspian Region, http://www.eia.doe.gov/emeu/cabs/caspian.html Download am 20.08.05 um 16:23
[200] Vgl. Brauer Birgit: Kaschtan auf dem Weg zum Petro-Staat, in: Internationale Politik 8/2004, S. 58
[201] Vgl. BP Statistical Review of World Energy 2004 - Excel Workbook
[202] Vgl. Bahgat 2003, S. 146
[203] Vgl. BP Statisticar Review of World Energy 2004 - Excel Workbook

Abb. 34: Ölfelder im kasachischen Sektor des kaspischen Meeres

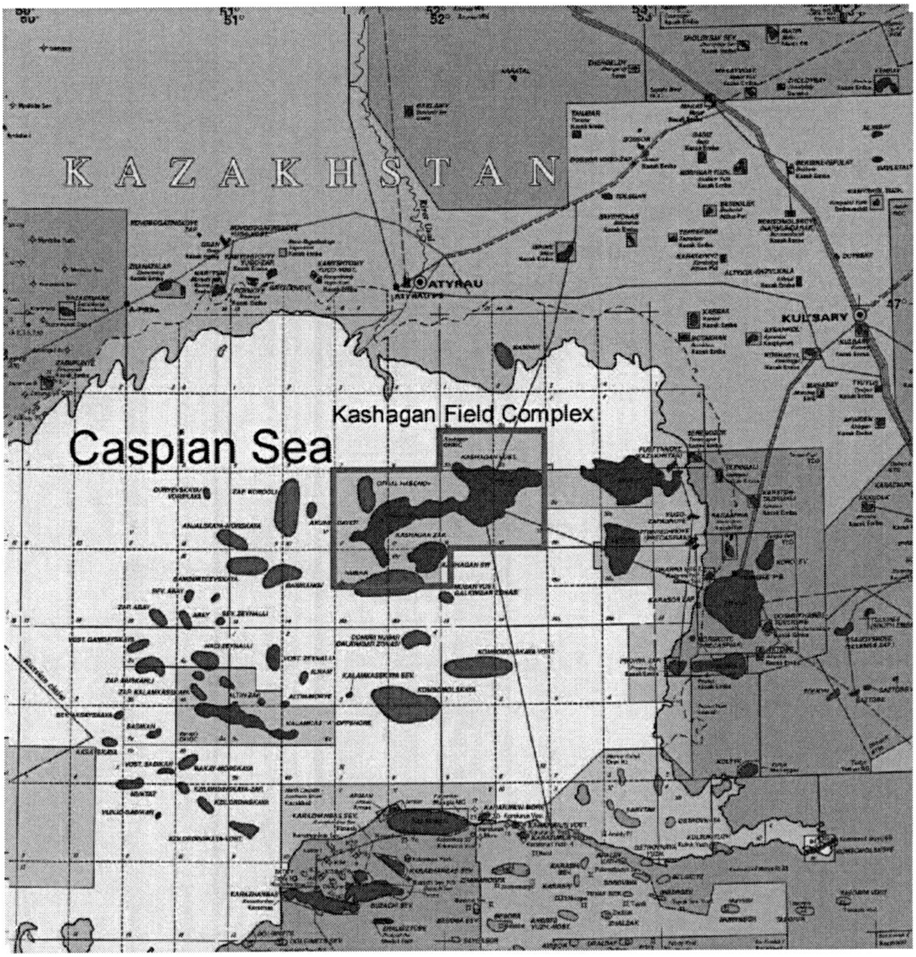

oliv: Erdölfelder und Erdölpipelines;   rot: Erdgasfelder und Erdgaspipelines

Quelle: rigzone.com: http://www.rigzone.com/images/news/library/maps/9/258.jpg Download am 26.08.05 um 18:36

wie die Nordsee damals, wird Zentralasien zum heutigen Zeitpunkt erkundet und erschlossen. Weil das Kaspische Becken heute schon mehr Reserven aufweist als die Nordsee 1980,[204] ist es mehr als aussichtsreich, daß Zentralasien in den nächsten 10 bis 20 Jahren die heutige Förderleistung Westeuropas übertrifft. Zweitens geht die Produktion der Nordsee nicht schlagartig auf Null zurück, sondern nimmt gemäß einer klassischen Hubbert-Kurve

---

[204] Vgl. BP Statistical Review of World Energy 2004 - Excel Workbook

(Abbildung 10, S. 44) allmählich ab. Wie ich noch zeigen werde, wird die Produktion Zentralasiens die zurückgehende Förderung der Nordsee mehr als ersetzen.

9.1.3 Pipelineproblematik

Das kaspische Öl kann also entscheidend zur Gewährleistung der globalen Energieversorgungssicherheit beitragen. Kritiker, die sich mit Zentralasien befassen, sind allerdings der Auffassung, daß das kaspische Bassin nicht den Öloutput erreichen wird, den es zu versprechen scheint. Im Gegensatz zu vielen anderen Erdölgebieten sind die Ölgebiete des Kaspischen Beckens von Land umschlossen. Aus dieser geographischen Lage des kaspischen Öls entstehen eine Reihe weiterer Probleme, mit denen sich die an der Ausbeutung beteiligten Akteure auseinandersetzen müssen.[205]

Zunächst sollten wir uns aber vor Augen führen, daß der Transport von Öl per Schiff wichtige Vorteile gegenüber dem Transport per Pipeline bietet. Den ersten Vorteil zeigt Abbildung 35. Die blaue Linie stellt die Kosten dar, die beim Transport von Rohöl per Schiff entstehen, die grüne Linie zeigt, was der selbe Transport per Pipeline kosten würde. Wollten

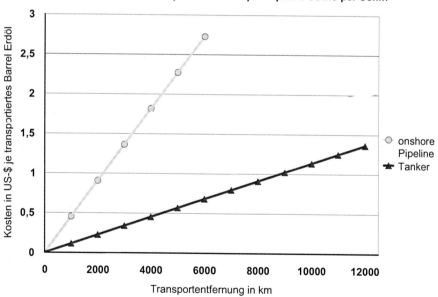

Abb. 35: Kosten beim Transport von Erdöl per Pipeline sowie per Schiff

Quelle: Götz, Roland: Pipelinepolitik. Wege für Rußlands Erdöl und Erdgas, in: Osteuropa 9-10/2004, S. 11

---

[205] Vgl. Jaffe 1998/99, S. 114

wir ein Barrel Öl 2000 km weit transportieren, würde uns das mit dem Schiff ungefähr 25 US-Cent kosten. Pumpt man das gleiche Barrel Öl 2000 km weit durch eine Pipeline, schlägt das mit knapp 1 US-$ zu Buche. Abbildung 35 zeigt also, daß der Transport von Öl per Schiff viermal billiger als der per Pipeline ist. Neben diesem ökonomischen Vorteil besitzt der Transport mit dem Schiff auch politische Vorzüge: Weil die Hohe See im Gegensatz zum Festland nicht von Menschen besiedelt ist, gibt es hier auch keine ethno-religiösen Konflikte, Grenzstreitigkeiten, Bürgerkriege, Autonomie- und Sezessionsbestrebungen, innenpolitische Spannungen oder ökonomischen Krisen, die den Öltransport in Mitleidenschaft ziehen können.

Der Transport von Öl per Schiff bietet also wirtschaftliche und politische Vorteile. Ein Blick auf die Karte aus Abbildung 31 (S. 116) zeigt aber, daß das Kaspische Meer ein Binnengewässer ist. Der Abtransport von aserbaidschanischem oder kasachischem Erdöl per Schiff ist damit nicht möglich. Energiekonsortien, die an der Ausbeutung des kaspischen Öls interessiert sind, müssen auf Pipelines zurückgreifen, um dieses zu Häfen zu pumpen, die an internationale Schiffahrtsrouten angeschlossen sind. In dem Augenblick, in dem Ölfirmen auf Pipelines zurückgreifen, sind sie auch gezwungen sich mit Problemen auseinanderzusetzen, die an Land vorhanden sind. Die Ölproduktion und die Ölfirmen werden damit in die regionalen Probleme Zentralasiens verwickelt.

Die Probleme Zentralasiens resultieren zum einen aus seiner ethnischen Vielfalt, zum anderen aus Entwicklungen in der Vergangenheit. Die Region des Kaukasus und Zentralasiens beherbergt heute einen einzigartigen Reichtum an kulturellen, religiösen und historischen Traditionen. Allein der Kaukasus bietet über 40 verschiedenen Völkern eine Heimat.[206] Brzezinski bezeichnet Zentralasien aufgrund seiner vielen ethnischen und religiösen Gruppen als »eurasischen Balkan«.[207] Für Huntington treffen in Zentralasien gleich vier seiner acht Zivilisationen zusammen. Da die Konfliktlinien nicht nur zwischen den Staaten der Region, sondern vor allem innergesellschaftlich verlaufen, bezeichnet Huntington die zentralasiatischen Länder als »Torn Countries«.[208] Maßgebliche Verantwortung an der heutigen Situation tragen sowjetische Kartographen, die im Auftrag

---

[206] Vgl. Altmann, Christian / Nienhuysen, Frank: Brennpunkt Kaukasus. Wohin Steuert Rußland? Frankfurt am Main 1995, S. 20

[207] Zbigniew Brzezinski war von 1977 bis 1980 der Sicherheitsberater von US-Präsident Carter. Vgl. Brzezinski 1999, S. 181-218

[208] Huntington, Samuel P.: The Clash of Civilizations? In: Foreign Affairs, Summer 1993, S. 25 und S.42

Stalins in den 1920er und den 1930er Jahren die Grenzen in Zentralasien willkürlich gezogen haben. Gemäß der Devise *Divide-et-Impera* galt es feindselige Volksgruppen in Republiken zusammenzufassen, um im südlichen Teil des sowjetischen Imperiums Zusammenschlüsse einzelner Volksgruppen zu verhindern, die möglicherweise gegen die Moskauer Zentralgewalt aufbegehren könnten.[209] Aufgrund der gerade beschriebenen Struktur muß sich das heutige Zentralasien mit internen (1) und externen (2) Problemen auseinandersetzen.

(1) Zu den internen Problemen gehören religiöse, ethnische und nationalistische Konflikte, wirtschaftliche Schwierigkeiten, die Hinwendung weiter Bevölkerungsteile zum radikalen Islam,[210] fragile politische Systeme,[211] Drogenanbau- und Drogenhandel,[212] sezessionistische Entwicklungen,[213] Grenzstreitigkeiten und Bürgerkriege[214] sowie Terroraktivitäten seitens islamistischer Bewegungen.[215]

(2) Die externen Probleme Zentralasiens ergeben sich aus der Tatsache, daß die Region seit dem Rückzug der Sowjets ein machtpolitisches Vakuum darstellt.[216] Dieses führt zum schon erwähnten *New Great Game*, also dem strategischen Wettbewerb der Länder USA, Rußland, Iran, Türkei, China, Pakistan, Afghanistan und der Europäischen Union sowie nationaler und transnationaler Kräfte, wie ethno-religiösen Gruppen, global agierenden Energieunternehmen, internationalen Organisationen, kriminellen Gruppierungen und Nichtregierungsorganisationen um Einfluß in den neu entstandenen Staaten der Kaspischen Region.[217]

Die Förderung an sich wird von den dargestellten internen und externen Problemen nicht berührt. Zwar wird dem kasachischen Staatschef Nasarbajew seitens der Opposition und der

---

[209] Vgl. Scholl-Latour, Peter: Den Gottlosen die Hölle. Der Islam im zerfallenden Sowjetreich. München 1991, S. 31

[210] Vgl. Dzebisashvili 2003, S. 33-36

[211] Vgl. Fituni, Leonid: Der Begriff des »Staats am Rande des Zusammenbruchs« - Herausforderungen und Antworten aus russischer Perspektive, in: Politische Studien Januar/Februar 2004, S.26-37

[212] Vgl. Dzieciolowski, Zygmunt / Schakirow, Mumin: Die GUS Connection, in Focus 9/1995, S. 94-100

[213] Vgl. Blutige georgisch-südossetische Scharmützel. Erste Todesopfer der jüngsten Eskalation, in: Neue Züricher Zeitung, 13.08.2004, S. 3

[214] Vgl. Rossner, Johannes. Der Bürgerkrieg in Tadschikistan, Ebenhausen 1997, S. 9-24; Brössler, Daniel: Maschadows Demaskierung. Der von Russland als Rebellenchef gesuchte tschetschenische Ex-Präsident kündigt Terror an, in: Neue Züricher Zeitung, 03.08.2004, S. 6

[215] Vgl. Wer steckt hinter den Anschlägen in Usbekistan, in Neue Züricher Zeitung 13.08.2004, S. 4 und Buse, Uwe / Fichtner, Ullrich / Kaiser, Mario / Klussman, Uwe / Mayr, Walter / Neef Christian: Putins Ground Zero, in: Der Spiegel 53/2004, S. 65-101

[216] Vgl. Brzezinski 1999, S. 181

[217] Vgl. Amineh 2003, S. 10 und S. 196

OSZE Wahlbetrug vorgeworfen,[218] und der Konflikt zwischen Aserbaidschan und Armenien um die Enklave Berg-Karabach ist weit von einer Lösung entfernt. Beide Dispute verlaufen aber in zivilisierten Bahnen[219] und stellen daher keine Gefahr für die Stabilität beider Hauptförderländer und damit für die regionale Erdölproduktion dar.

Die Förderung des Öls ist aber nur der halbe Sieg. Fraglich bleibt, wie die für 2015 prognostizierte Tagesproduktion von 3,8 Millionen Barrel die Region verlassen soll. Weil hierzu nur Pipelines verwendet werden können, werden genau an dieser Stelle die gerade dargestellten Instabilitäten und Konflikte sowie der strategische Wettbewerb um Einfluß in der Region zum Problem. Ob man also tatsächlich Öl aus der Region bekommen wird, steht und fällt mit der Pipelinefrage.

Die Region besitzt gegenwärtig ein Produktionspotential von 1,7 Millionen Barrel pro Tag.[220] Die Kapazität aller Pipelines, die Öl aus dem Kaspischen Becken heraustransportieren können, beläuft sich gegenwärtig aber nur auf 1,3 Millionen Barrel pro Tag. Außerdem besitzt Rußland derzeit noch ein faktisches Pipelinemonopol in der Region. Es gibt zwar eine Pipeline vom aserischen Baku ins georgische Supsa, diese befördert aber nur 0,15 Millionen Barrel pro Tag vom Kaspischen ans Schwarze Meer. Die restlichen 1,15 Millionen Barrel pro Tag werden gegenwärtig mit dem russischen Pipelinesystem aus der Region exportiert. Dieses Pipelinemonopol ist eine wichtige Trumpfkarte Moskaus im großen Spiel um die kaspischen Energieressourcen.[221] Sollte die Region 2015 wirklich das Produktionspotential von 3,8 Millionen Barrel pro Tag erreichen, ist der Bau neuer oder die Ausweitung bestehender Pipelines dringend erforderlich.

9.1.4 Lösung der Pipelineproblematik

Der Bau beziehungsweise die Ausweitung von Pipelines sind für die im Kaspischen Becken involvierten Akteure ein Streitthema. Energiefirmen denken wirtschaftlich. Sie streben die billigste Route zum besten Markt an. Wie wir in Abbildung 35 gesehen haben, steigen die Transportkosten mit der Länge der Pipeline. Energiefirmen werden also immer die kürzeste Pipelineroute bevorzugen. Ideal wäre es, bestehende Pipelinesysteme mitzubenutzen. Dieses würde die Bau- und Transportkosten zusätzlich senken. Die wirtschaftlichste Möglichkeit kaspisches Öl in die Energieverbrauchszentren der Welt zu bringen, wäre eine Kooperation

---

[218] Vgl. Follath Erich: Steppenwolf & Stiefkinder, in: Der Spiegel 48/2004, S. 139
[219] Vgl. Heidelberger Institut für Internationale Konfliktforschung: Konfliktbarometer 2004, Heidelberg 2004, S. 9 und S. 34, www.konfliktbarometer.de Download am 30.06.05 um 17:20
[220] Vgl. BP Statistical Review or World Energy 2004 - Excel Workbook
[221] Vgl. Amineh 2003, S. 195-204, eigene Berechnung

mit dem Iran. Der Iran verfügt bereits über ein eigenes Pipelinesystem, das vom Persischen Golf bis nach Rey in der Nähe von Teheran reicht. Ein Anschluß der an der kaspischen Küste gelegenen iranischen Stadt Neka an dieses Pipelinesystem würde nur 360 Millionen Dollar kosten — ein Bruchteil dessen, was alle anderen Pipelinealternativen kosten würden. Auf diese Weise könnte das 66 Millionen Menschen umfassende Land, das selber viel Öl verbraucht, mit den anderen Anrainern des Kaspischen Meeres ein Tauschgeschäft — einen sogenannten *Swap-Deal* — eingehen: Der Iran würde kaspisches Rohöl importieren und selber verbrauchen, während er im Gegenzug den gleichen Betrag des eigenen Öls via Persischen Golf in die ganze Welt exportieren würde. Auf diese Weise könnte fast ein Drittel der kaspischen Tagesproduktion verwertet werden. Der Iran würde für diesen Swap-Deal zwar eine Gebühr von 2,18 $ je Barrel für turkmenisches und 1,77 $ je Barrel für kasachisches Öl verlangen. Dieser Swap-Deal wäre allerdings die wirtschaftlichste Variante, fallen doch für alle anderen existierenden oder in Planung stehenden Routen erheblich höhere Kosten an. Weil ein iranischer Swap-Deal auch die kürzeste Route Richtung Ostasien bedeutet, wird das Neka-Rey-Projekt von der chinesischen Sinopec und der China National Petroleum Company, der Hongkonger Energiegesellschaft Federal Asia sowie von der schweizer Handelsfirma Vitol und der Banque Privée Paribas mit insgesamt 320 Millionen Dollar unterstützt. Die Iran-Variante wäre also eine schnelle und kostengünstige Möglichkeit für den Ölexport aus Zentralasien.

Ein solcher Swap-Deal würde jedoch die globale Abhängigkeit vom Persischen Golf weiter steigern. Weil die Golfregion — wie ich bereits in den Kapiteln 5 und 6 dargestellt habe — instabil ist, ist die Iran-Route — mag sie ökonomisch noch so interessant sein — politisch gesehen alles andere als wünschenswert. Außerdem würde entweder der Swap-Deal oder neue Pipelinerouten für das kaspische Öl durch den Iran den Einfluß dieses Landes im Great Game um Zentralasien dramatisch erhöhen. Andere Mitspieler wie die USA oder die Türkei würden sich von einem solchen Machtgewinn des Irans bedroht fühlen. Sie drängen deshalb auf Pipelinerouten, die in Richtung Westen verlaufen.[222] Um dieser Forderung Nachdruck zu verleihen, haben die Amerikaner während der 1990er Jahre ihre Zusammenarbeit mit Georgien und Aserbaidschan ausgebaut, um einen Korridor zu schaffen, durch den das kaspische Öl in Richtung Weltmarkt fließen kann.[223] Mit dem Entstehen dieses Korridors ergibt sich die Möglichkeit, die bestehende Pipeline aus dem aserischen Baku zum

---

[222] Vgl. Amineh 2003, S. 196 und S. 204
[223] Vgl. Meyer, Fritjof / Neef, Christian: Sehnsucht nach dem Imperium, in: Der Spiegel 45/1999, S. 188

georgischen Schwarzmeerhafen Supsa auszubauen, von wo aus es seinen Weg in die ganze Welt findet. Die Realisierung dieser Pipelineoption würde aber den Schiffahrtsverkehr durch den Bosporus erheblich steigern. Heute passieren pro Tag ungefähr 3500 Schiffe und 1,8 Millionen Barrel den Bosporus, der an seiner engsten Stelle nur 750 m breit ist. Schon in der Vergangenheit kam es in der Meerenge wiederholt zu Havarien mit Rohöltankern, worauf die Türkei die Regelungen zur Verkehrssicherheit verschärfte.[224] Mit steigendem Verkehrsaufkommen würden auch die Tankerunfälle an Zahl und Intensität zunehmen. Neben den ökologischen Folgen würde dies wahrscheinlich auch die Meerenge und damit den Ölfluß aus der Kaspischen Region blockieren. Außerdem würde die Türkei die Verkehrssicherheitsbestimmungen für Tanker weiter verschärfen, was sich auf die Transportkosten niederschlagen und das kaspische Öl verteuern würde.

Aus diesem Grunde haben sich unter amerikanischer Vermittlung Aserbaidschan, Georgien und die Türkei sowie ein Konsortium aus der britischen BP, der aserischen Socar und weiteren internationalen Ölfirmen dafür entschieden, die Meerenge zu umgehen und eine Pipeline vom aserischen Baku direkt nach Ceyhan an der türkischen Mittelmeerküste zu bauen.[225]

Die Ölleitung, die den Namen Baku-Tiflis-Ceyhan Pipeline trägt, wurde im Mai 2005 fertiggestellt und wird im Dezember 2005 voll funktionsfähig sein.[226] Weil die Röhre dann ungefähr 0,8 bis 1 Millionen Barrel kaspisches Öl ans Mittelmeer liefern wird, ist ebenfalls das Problem eines russischen Pipelinemonopols gelöst. Die Kosten für den Öltransport übersteigen zwar mit knapp 5 Dollar je Barrel deutlich alle anderen Pipelinevarianten, dieses fällt aber bei den gegenwärtig hohen Ölpreisen nicht allzusehr ins Gewicht. Auch bei einem möglichen Preisverfall auf dem Ölmarkt sollte die Baku-Ceyhan Pipeline weiterhin profitabel arbeiten: Die Produktionskosten für ein Barrel aserisches Rohöl inklusive dem Transport durch die Baku-Ceyhan-Pipeline und der Anlieferung in Rotterdam betragen 10 Dollar.[227] Weil sich der Ölpreis seit 1970 weit über dieser Marke bewegt hat und mit größter

---

[224] Vgl. Köster 2001, S. 7

[225] Vgl. Baubeginn der Baku-Ceyhan Pipeline. Zeremonie in der aserbeidschanischen Hauptstadt Baku, in: Neue Züricher Zeitung, 19.09.2002, S. 3

[226] Vgl. Vom Kaukasus zum Mittelmeer. Gefahr für die Umwelt auf 1800 Kilometern? In: tagesschau.de vom 26.05.2005, http://www.tagesschau.de/aktuell/meldungen/0,1185,OID4372310_TYP6_THE_NAV_R EF1_BAB,00.html Download am 27.08.05 um 22:13

[227] Vgl. Herrmann, Rainer: Lebenslinien der Macht. Geld für den Kaukasus, Kontrollverlust für Moskau: Gewinner und Verlierer der neuen Ölleitung von Baku nach Ceyhan, in: Frankfurter Allgemeine Zeitung 02.10.2002, S. 3

Abb. 36: Pipelineverläufe und Konfliktherde im Kaukasus

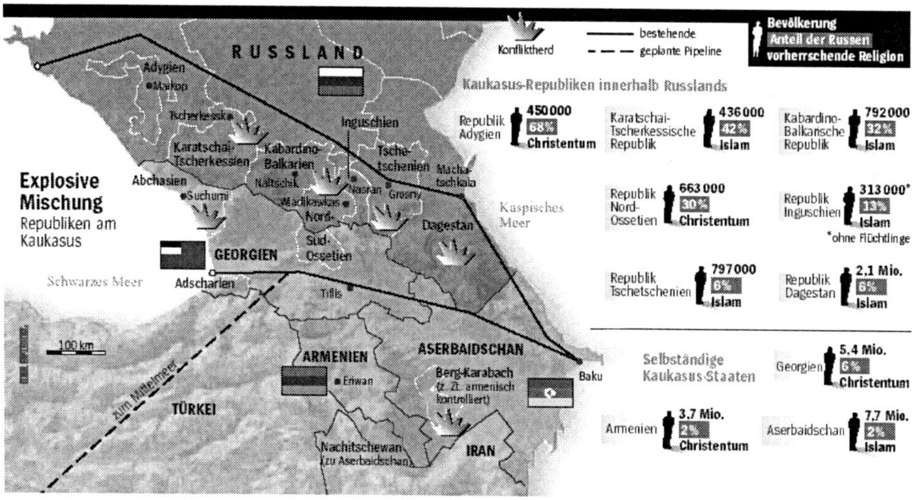

Quelle: Meyer, Fritjof / Neef, Christian: Sehnsucht nach dem Imperium in: Der Spiegel 45/1999 S. 186

Wahrscheinlichkeit auch in Zukunft nicht darunter absinken wird, können die beteiligten Ölfirmen trotz der hoher Transitkosten mit Gewinnen rechnen.

Obwohl mit der Fertigstellung der Baku-Tiflis-Ceyhan Pipeline eine Lösung für den Transit des kaspischen Öls realisiert wird, bemängeln Kritikern, daß die Ölleitung — wie in Abbildung 36 dargestellt — durch politisch instabiles Gebiet verläuft. So könnten von Rußland unterstützte südossetische Separatisten oder in der Osttürkei lebende Kurden die Pipeline als Angriffsziel ausmachen.[228] Ein erfolgreicher Schlag gegen die Pipeline würde den Strom von Gebühren, den Georgien und die Türkei für den Öltransit erheben versiegen lassen, und die Regime in Tiflis und Ankara schwächen. Diesen Bedenken muß man zwei Argumente entgegenhalten: Zum einen ist *jede* Pipelineroute, mit der man zentralasiatisches Öl aus der Region herausbewegen möchte, mit politischen Unsicherheitsfaktoren behaftet, weil die Region — wie oben schon erwähnt — mit internen wie externen Schwierigkeiten zu kämpfen haben wird. Bei anderen Routen wäre ein womöglich noch höherer politischer Preis zu zahlen. Zum anderen kann Zentralasien die globale Energieversorgungssicherheit steigern. Ein Blick zurück auf das klassische Konzept der Energieversorgungssicherheit in Abbildung 9 (S. 38) zeigt, daß wir unsere Bezugsquellen so weit wie möglich diversifizieren

---

[228] Vgl. Jaffe 1998/99, S. 115; Blutige georgisch-südossetische Scharmützel. Erste Todesopfer der jüngsten Eskalation, in: Neue Züricher Zeitung 13.08.04 S. 3

sollten. Ein voll entwickeltes Kaspisches Becken kann dann bei Krisen im Persischen Golf die dort ausgefallene Ölförderung teilweise oder ganz ersetzen. Auch wenn Zentralasien ähnlich — jedoch nicht in dem Umfang — wie der Persische Golf zu Instabilitäten neigt, ist es doch eher unwahrscheinlich, daß zeitgleich in beiden Regionen Krisen stattfinden, welche die Ölproduktion beeinflussen.

9.1.5 Lösung des Streits um die Aufteilung des Kaspischen Meeres als Auftakt für die regionale Kooperation

Die bisher ungelöste Frage, wie die Oberfläche und der Boden des Kaspischen Meeres unter den Anliegerstaaten aufzuteilen ist,[229] die Energieunternehmen momentan bei ihrem Engagement in der Region behindert, sollte kein langwieriges Hindernis darstellen. Viele Beobachter sind der Auffassung, daß der in der Region einsetzende Ölboom zu der bereits oben erwähnten *Dutch Disease*[230] führt, die negative Folgen für die Binnenwirtschaft der kaspischen Ölproduzenten hat und rasant steigende Arbeitslosenquoten nach sich ziehen wird.[231]

Was sich hier für zentalasiatische Ölproduzenten verheerend anhört, ist für den globalen Ölmarkt durchaus positiv: Weil die Dutch Disease zu Massenarbeitslosigkeit und damit zu politischer Unzufriedenheit unter der Bevölkerung führt, bleibt den Machthabern in Astana oder Baku zumindest kurzfristig keine andere Wahl. Sie werden die Erlöse aus dem Erdölgeschäft in Form von Sozialprogrammen an die unzufriedene Bevölkerung ausschütten müssen, damit wieder einigermaßen Ruhe im Land einkehrt. Die kaspischen Ölproduzenten werden dadurch in die Rolle von Rentierstaaten gedrängt, für die ein kontinuierlicher Strom von Petrodevisen zur Existenzfrage wird. Wenn die Mehrheit der Anliegerstaaten erst einmal auf die Erdölerlöse angewiesen ist, wird diese Abhängigkeit auf alle Akteure disziplinierend wirken: Die Ausbeutung der Ölressourcen Zentralasiens, die bei heutigen Ölpreisen einen Marktwert von 1,3 bis 11,9 Billionen Dollar[232] haben, ist nur durch Kooperation möglich. Die von der Dutch Disease befallenen Staaten werden dann sehr schnell ihre machtpolitischen Spielchen aufgeben und auch die restlichen Anlieger zu einer raschen Lösung des Territorialstreits um das Kaspische Meer drängen.

---

[229] Vgl. Warkotsch 2004, S. 72f
[230] Siehe Abschnitt 8.3.2 auf Seite 113 oder auch Glossar
[231] Vgl. Cuttler, Robert M.: The Caspian Energy Conundrum, in: Journal of International Affairs, Spring 2003, S. 89
[232] Reserven und Ressourcen des Kaspischen Meeres bewegen sich in einer Spanne von 27 bis 238 Milliarden Barrel. Diese Zahlen habe ich mit einem Ölpreis von 50 US-$ je Barrel multipliziert.

Weil im Gegensatz zum Persischen Golf in Zentralasien alle zusammenarbeiten müssen, wenn sie den Ölschatz des Kaspischen Beckens auf dem Weltmarkt in harte Währung ummünzen wollen, wird die Kooperation bei der Energiefrage den Startschuß für die weitere regionale Zusammenarbeit darstellen. Diese Zusammenarbeit kann zur Öffnung der Grenzen, der Schaffung von Wohlstand und letztendlich zu politischer Stabilität in ganz Zentralasien führen. Dann werden — anders als es uns heute die Pessimisten prophezeien — die Energiefragen der Kaspischen Region keine Disziplin mehr für Geostrategen und Machtpolitiker, sondern ausschließlich für Geologen und Ingenieure sein. Bis es so weit ist, ist ein positives Einwirken auf die am *New Great Game* beteiligten Akteure notwendig. Weil die Kaspische Region als kurzfristige Lösung der auf unseren Planeten zukommenden Energieprobleme unverzichtbar ist, sollten die von der EU betriebenen, auf Zentralasien ausgerichteten Förder- und Kooperationsprogramme[233] weiter ausgebaut werden.

---

[233] Eine ausführliche Darstellung der auf Zentralasien ausgerichteten Förder- und Kooperationsprogramme der EU findet sich im folgenden Artikel: Mayer, Sebastian: Die Beziehungen der Europäischen Union zum Südkaukasus: Von pragmatischer zu strategischer Politik? In: Integration 2/2002, S. 128-136

9.2 Afrika

Die Situation in Afrika ist weit weniger kompliziert als in Zentralasien. Ein Blick auf die Abbildungen 37 und 38 zeigt, daß alle afrikanischen Förderländer einen Zugang zum Atlantik, dem Mittelmeer, dem Roten Meer oder dem Indischen Ozean besitzen. Im

Abb. 37: Politische Karte Afrikas

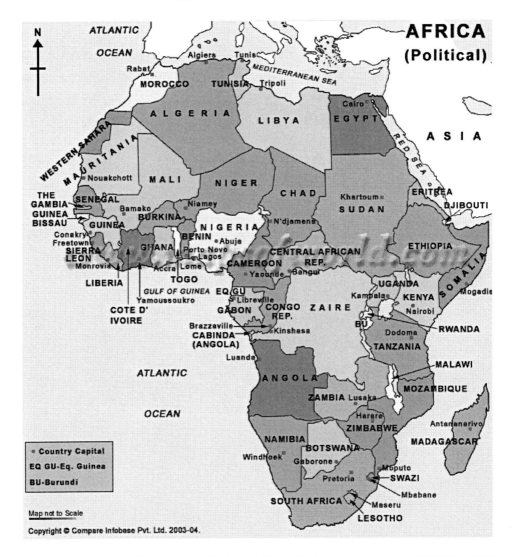

Quelle: mapsofworld.com: http://www.mapsofworld.com/africa-political-map.htm Download am 16.09.05 um 22:56

Vergleich zu Zentralasien bewahrt dieser freie Zugang zu internationalen Seewegen die afrikanischen Förderländer weitestgehend vor geopolitischen Machtspielen.

9.2.1 Reserven und Ressourcen

Ähnlich wie in Zentralasien gehen auch in Afrika die Schätzungen über das Erdölpotential des Kontinents auseinander. In den Abbildungen 39a bis 39f werden die Schätzungen verschiedener Institute und Ölgesellschaften vorgestellt. Demnach bewegen sich die gegenwärtigen afrikanischen Ölreserven in der Spanne von 63 bis 103 Milliarden Barrel. Die Zahl der gegenwärtig bekannten Ölressourcen bewegt sich zwischen 12 und 105 Milliarden Barrel. Damit gibt es in Afrika sowohl bei pessimistischer als auch bei optimistischer Schätzung etwa dreimal so viel

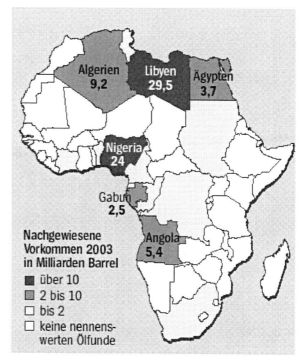

Abb. 38: Ölförderländer in Afrika

Quelle: Wiedemann, Erich: "Das Gold des Teufels", in: Der Spiegel 22/2004, S. 113

Erdölreserven wie in Zentralasien. Das Potential der Nordsee wird von Afrika sogar um das Vier- bis Achtfache übertroffen. Verglichen mit dem Kaspischen Becken sieht die Ölressourcensituation Afrikas nicht so gut aus. Diese wird sich allerdings — wie ich noch vorstellen werde — in Zukunft durchaus positiv entwickeln.

Abb. 39a: Schätzung BGR, Stand: Ende 2003

	nachgewiesene Ölreserven in Mrd. Barrel	Ölressourcen in Mrd. Barrel
Afrika gesammt	103,3	72,4

Quelle: Rempel, Hilmar / Thielemann, Thomas / Thoste, Volker: Geologie und Energieversorgung, in: Osteuropa 9-10/2004, S. 98

Abb. 39b: Schätzung BP Statistical Review of World Energy, Stand: Ende 2003

	nachgewiesene Ölreserven in Mrd. Barrel	Ölressourcen in Mrd. Barrel
Afrika gesammt	101,8	k.A.

Quelle: BP Statistical Review of World Energy 2004 - Excel Workbook

Abb. 39c: Schätzung EIA, Stand: Anfang 1999

	nachgewiesene Ölreserven in Mrd. Barrel	Ölressourcen in Mrd. Barrel
Afrika gesammt	75,4	k.A.

Quelle: Energy Information Administration: Africa Fossil Fuel Reserves 1/1/99.
http://www.eia.doe.gov/emeu/cabs/archives/africa/tbl3c.html Download am 16:09.05 um 15:17

Abb 39d: Schätzung Oil and Gas Journal, Stand: Ende 2003

	nachgewiesene Ölreserven in Mrd. Barrel	Ölressourcen in Mrd. Barrel*
Afrika gesamt (nur Reserven)	83,3	105

*) Die Zahl gibt nur die Ressourcen im offshore-Bereich Westafrikas wieder
Quelle: Wiedemann, Erich: "Das Gold des Teufels", in: Der Spiegel 22/2004, S. 112f

Abb 39e: Schätzung Petroconsultants, Stand: 1996

	nachgewiesene Ölreserven in Mrd. Barrel	Ölressourcen in Mrd. Barrel
Afrika gesamt	63	12

Quelle: Campbell, Colin J.: The Coming Oil Crisis, Brentwood 1999, S. 75 und S. 88

Abb 39f: Schätzung USGS, Stand: 1998

	nachgewiesene Ölreserven in Mrd. Barrel	Ölressourcen in Mrd. Barrel
Afrika gesamt	76,5	22,1 - 95,9

Quelle: United States Geological Survey: World Conventional Oil Resources, by basin - Africa,
http://energy.er.usgs.gov/products/papers/World_oil/oil/africa_tab.htm Download am 15.09.05 um 22:30

Abb. 40: Ölreserven und Ölressourcen in Afrika

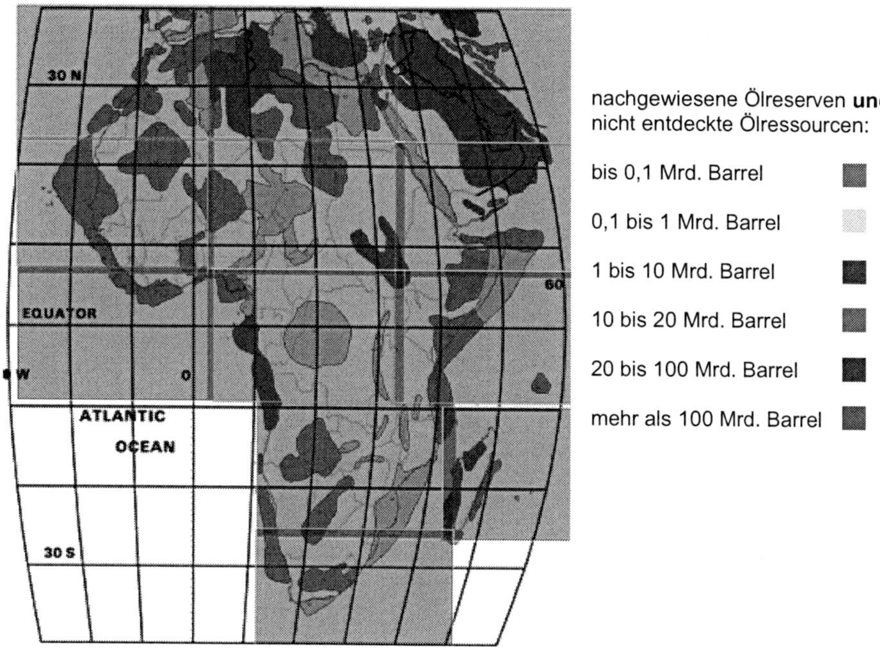

nachgewiesene Ölreserven **und** nicht entdeckte Ölressourcen:

bis 0,1 Mrd. Barrel	▪
0,1 bis 1 Mrd. Barrel	▫
1 bis 10 Mrd. Barrel	■
10 bis 20 Mrd. Barrel	▪
20 bis 100 Mrd. Barrel	▪
mehr als 100 Mrd. Barrel	▪

Quelle: United States Geological Survey: World estimates of identified reserves and undiscovered ressources of convetional crude oil - Africa http://energy.er.usgs.gov/products/papers/World_oil/oil/africa_map.htm Download am 17.09.05 um 14:55

9.2.2 Entwicklung der Ölproduktionskapazität

Für die globale Ölversorgung ist nicht nur die Frage wichtig, wieviel Öl im Erdboden vorhanden ist, sondern auch in welchem Umfang sich dieses Öl fördern läßt. Im Jahr 2004 wurden in Afrika 9,2 Millionen Barrel pro Tag gefördert.[234] Das entspricht ungefähr der Tagesförderung Saudi-Arabiens. Mit Ausnahme Ägyptens, Kameruns und Gabuns planen alle afrikanischen Öllieferanten für die nächsten Jahre eine Ausweitung ihrer Produktionsmenge. Diese soll bereits bis 2008 um 2 Millionen steigen und dann 11,2 Millionen Barrel pro Tag betragen.[235] Bis zum Ende des Jahrzehnts sind in Afrika weitere ehrgeizige Produktionssteigerungen geplant. Die Tagesförderung des Kontinents soll 2010 dann etwa 13 Millionen Barrel betragen.[236]

---

[234] Vgl. BP p.l.c: BP Statistical Review of World Energy 2005 - Excel Workbook, http://www.bp.com/statisticalreview Download am 20.07.05 um 20:12
[235] Vgl. Energy Information Administration: Country Analysis Briefs - Africa, http://www.eia.doe.gov/emeu/cabs/Region_af.htm Download am 14.09.05 um 14:47
[236] Vgl. Cheney, Dick: National Energy Policy. Report of the National Energy Policy Development Group,

Weil andernorts das Öl auszugehen scheint, rückt Afrika immer mehr in das Interesse internationaler Ölpolitik. Ein Blick auf Abbildung 40 zeigt, daß sich neben Libyen ein großer Teil der noch zu entdeckenden Ölressourcen in den Küstengebieten Westafrikas befindet. Seit das bekannt ist, ist im gesamten westafrikanischen Küstenbogen das Ölfieber ausgebrochen. Um sich einen Teil der Erdölprofite zu sichern, werden die Regierungen Westafrikas von Vertretern aller internationalen Energiekonzerne hofiert.

Die Hoffnungen der Ölfirmen richten sich vor allem auf den Offshorebereich des Golfs von Guinea — also des gesamten Küstenbogen angefangen von der Elfenbeinküste bis hinunter nach Angola. Die Offshore-Exploration hat in der jüngsten Vergangenheit zu Erfolgen geführt. Neue Ölfunde in den Gewässern der Elfenbeinküste Nigerias, Äquatorialguineas und Angolas heizen das Ölfieber in der Region weiter an. Weil die Küstengebiete geologisch gesehen relatives Neuland darstellen, ist es sehr wahrscheinlich, daß die zur Zeit intensiv durchgeführte Offshore-Exploration in den Gewässern Westafrikas zu weiteren Erfolgen führen wird.[237] Welches Potential unter dem Meeresboden des Golfs von Guinea auf seine Entdeckung wartet wird am winzigen Inselstaat Sao Tome deutlich. Die 150 000 Einwohner[238] der kleinen Insel, die sich circa 300 km vor der Küste Gabuns befindet, könnten in naher Zukunft sehr sehr reich werden. Denn nach aktuellen Schätzungen des Afrika-Experten Stephen Morrison, der für das Washingtoner Centre for Strategic and International Studies arbeitet, sollen sich hier Ölressourcen in Höhe von 4 bis 10 Milliarden Barrel befinden.[239] Sollte sich diese Einschätzung durch Probebohrungen bestätigen, so würde der Zwergstaat Norwegen über Nacht vom 13. Platz der Weltrangliste[240] verdrängen und damit zu einem wichtigen Lieferanten im globalen Ölgeschäft aufsteigen. Entwicklungen wie diese werden dazu führen, daß die in Abbildung 39a bis 39f vorgestellten Reserven- und

---

Washington DC 2001, Seiten 8 bis 11

[237] Vgl. Energy Information Administration: Angola Country Analysis Brief
http://www.eia.doe.gov/emeu/cabs/angola.html Download am 14.09.05 um 15:16; Energy Information Administration: Congo-Brazzaville Country Analysis Brief,
http://www.eia.doe.gov/emeu/cabs/congo.html Download am 14.09.05 um 15:17; Energy Information Administration: Côte d'Ivore Country Analysis Brief,
http://www.eia.doe.gov/emeu/cabs/cdivoire.html Download am 14.09.05 um 15:18; Energy Information Administration: Equatorial Guinea Country Analysis Brief,
http://www.eia.doe.gov/emeu/cabs/eqguinea.html Download am 14.09.05 um 16:07; Energy Information Administration: Gabon Country Analysis Brief,
http://www.eia.doe.gov/emeu/cabs/gabon.html Download am 14.09.05 um 16:07; Energy Information Administration: Nigeria Country Analysis Brief,
http://www.eia.doe.gov/emeu/cabs/nigeria.html Download am 14.09.05 um 16:08
[238] Vgl. Rudloff 2005, S. 366, http://www.herbatsch.de/
[239] Vgl. Grosse, Helmut: Der Griff nach dem Öl. Ein riskannter Wettlauf. Westdeutscher Rundfunk Köln 2005, ausgestrahlt auf der ARD am 13.07.2005 um 23:00
[240] Vgl. Sandrea 2004, S. 35

Ressourcenschätzungen nach oben korrigiert werden müssen. Mit der voranschreitenden Erkundung der Ressourcen des Golfs von Guinea wird sich auch die Ölproduktion dieser Region kontinuierlich nach oben bewegen. So sollen allein 20% der weltweit neu hinzukommenden Produktionskapazität aus Westafrika stammen.[241]

9.2.3 Auswirkungen afrikanischer Konflikte auf die Erdölförderung

Kritiker werden an dieser Stelle Zweifel aufbringen, ob Afrika denn wirklich einen Teil der zukünftigen Ölversorgung sichern kann. Sie werden argumentieren, daß bei gewaltsam ausgetragenen Auseinandersetzungen die Erdölinfrastruktur zur Zielscheibe der einen oder anderen Konfliktpartei werden könnte und daß damit die afrikanische Ölproduktion in Gefahr ist. Dem läßt sich allerdings entgegenhalten, daß trotz der gewaltsamen und kriegerischen Konflikte in der Elfenbeinküste, der Demokratischen Republik Kongo (Zaire), Kongo-Brazaville, Nigeria oder Angola[242] die Investitionen internationaler Ölfirmen in diese Länder Jahr für Jahr ansteigen. Neben wirtschaftlichen und rechtlichen Vorteilen gegenüber anderen Förderregionen ist vor allem die Tatsache, daß sich das westafrikanische Öl vorwiegend Offshore befindet, ein wichtiger Grund für Investitionen in die Ölinfrastruktur. Das Erschließen von Offshore-Gebieten mindert die politischen Risiken der Ölförderung entscheidend. Die Betreiberfirma kann ihr Ölgeschäft Kilometer entfernt vom Festland des Gaststaates betreiben und bleibt so von den Krisen und Kriegen des afrikanischen Kontinents weitestgehend verschont.[243] Ein Paradebeispiel hierfür ist Angola: Trotz 27 Jahren Bürgerkrieg[244] ist die Ölproduktion Angolas kontinuierlich gestiegen.[245]

Auch an Land könnte noch so mancher Ölfund gemacht werden. So zynisch es auch klingen mag, die vergangenen und gegenwärtigen Konflikte auf dem afrikanischen Festland wirken sich positiv auf die zukünftige Ölförderung aus. Ein Beispiel hierfür ist der Tschad: Der von 1960 bis 1990 dauernde Bürgerkrieg und eine weitere von 1998 bis 2003 dauernde

---

[241] Vgl. Goldwyn, David L. / Morrison Stephen J.: Promoting Transparency in the African Oil Sector. A Report of the CSIS Task Force on Rising U.S. Energy Stakes in Africa. Washington DC, März 2004, S. 4, http://www.csis.org/africa/GoldwynAfricanOilSector.pdf Download am 19.09.05 um 17:12

[242] Vgl. Heidelberger Institut für Internationale Konfliktforschung: Konfliktbarometer 2004, Heidelberg 2004, S. 17

[243] Vgl. Goldwyn 2004, S. 8

[244] Vgl. Arbeitsgruppe Friedensforschung an der Uni Kassel: Aussicht auf ein Ende des Bürgerkriegs in Angola, http://www.uni-kassel.de/fb5/frieden/regionen/Angola/frieden.html Download am 19.09.05 um 18:32

[245] Vgl. BP Statistical Review of World Energy 2004 - Excel Workbook

Rebellion[246] verhinderten jegliche Ölsuche. Seit die Waffen schweigen, sind die Ölexperten und Geologen vor Ort; die Exploration des Landes läuft auf Hochtouren. Im Zuge der Erkundung wurden im Doba-Becken im Süden des Landes neue vielversprechende Ölfunde gemacht. Das erste Öl wurde bereits gefördert und über eine mit Hilfe der Weltbank gebaute Pipeline an die Atlantikküste Kameruns gepumpt.[247]

Auch Libyen ist ein aussichtsreicher Kandidat für weitere Ölfunde. Libyen ist eine sehr attraktive Förderregion, weil hier — ähnlich wie in Saudi-Arabien — die Produktionskosten für Erdöl sehr niedrig sind. Verglichen mit anderen Regionen, in denen die Förderung eines Barrels ungefähr fünf bis sechs Dollar kostet, läßt sich ein Barrel libysches Öl schon für einen Dollar fördern. Trotz dieser Attraktivität ist laut der Ölberatungsfirma *Wood Mackenzie* das Land geologisch »hochgradig unterexploriert«[248]. Hierfür gibt es zwei Gründe: Zum einen die selbst gewählte Isolation Libyens in Ölfragen. Eine investitionsfeindliche Steuerpolitik der Gadaffi-Regierung behinderte sowohl die Geschäftstätigkeit internationaler Ölfirmen im Land als auch die Zusammenarbeit dieser Firmen mit dem verstaatlichten libyschen Ölsektor. Zweitens verhinderten Sanktionen der UNO und der USA die Entwicklung der libyschen Ölförderung. Seitdem die libysche Führung in den Jahren 2003/2004 die Verantwortung für den Terroranschlag von Lockerbie übernommen und einen Stop der Massenvernichtungswaffenprogramme angekündigt hat, wurden die seitens der UNO ausgesprochenen Wirtschaftssanktionen und das von Washington verordnete Einreiseverbot für US-Bürger aufgehoben. Seitdem können amerikanische Ölexperten und mit ihnen Know-how über modernste Explorations- und Fördertechniken ungehindert ins Land. Dieses neue Förder- und Explorationswissen wird mit sehr großer Sicherheit zwei Effekte nach sich ziehen: Erstens werden sich die Reserven bei bereits erschlossenen Ölfeldern nach oben bewegen. Zweitens wird der Einsatz modernster Explorations- und Fördermethoden in den noch nicht erschlossenen, weitestgehend unberührten Ölfeldern des Landes neue Ölfunde zur Folge haben.[249]

---

[246] Vgl. Central Intelligence Agency: The World Factbook - Chad, http://www.cia.gov/cia/publications/factbook/geos/cd.html Download am 19.09.05 um 19:08

[247] Vgl. Energy Information Administration: Chad and Cameroon Country Analysis Briefs, http://www.eia.doe.gov/emeu/cabs/chad_cameroon.html Download am 14.09.05 um 15:17

[248] Energy Information Administration: Libya Country Analysis Briefs, http://www.eia.doe.gov/emeu/cabs/libya.html Download am 14.09.05 um 16:08

[249] Vgl. Energy Information Administration: Libya Country Analysis Briefs, http://www.eia.doe.gov/emeu/cabs/libya.html Download am 14.09.05 um 16:08; Windfuhr, Volkhard / Zand, Bernhard: Big Business in Tripolis, in: Der Spiegel 39/2004, S. 124f

Vergangene und aktuelle Konflikte auf dem afrikanischen Festland verunmöglichen also die Geschäftstätigkeit ausländischer Ölkonzerne. Die afrikatypischen Konflikte tragen dazu bei, daß existierende Ölfelder nicht entdeckt beziehungsweise erschlossen werden können und so in Zukunft noch zur Ausbeutung bereitstehen.

In Afrika steckt also ein sehr großes Potential. Das Gros der zukünftigen afrikanischen Förderung wird Offshore erfolgen. Die Instabilitäten des Kontinents haben damit nur marginale Auswirkungen auf die Ölförderung und damit auf die zukünftige Energieversorgung aus Afrika. Optimistisch betrachtet könnte man damit Westafrika in die Kategorie der sicheren Förderregionen einordnen. Obwohl die Landförderung in Afrika mit politischen Unwägbarkeiten verbunden ist, sollte auch diese weiterentwickelt werden. Eine solche Diversifizierungsstrategie würde definitiv die globale Versorgungssicherheit mit Öl steigern: Denn falls in einem afrikanischen Land politische Unruhen ausbrechen, kann die Förderung der anderen afrikanischen Länder panikartige Reaktionen auf dem Ölmarkt mäßigen.

Zusammengefaßt läßt sich also das Folgende feststellen: Sollten die Ölressourcen in sicheren Fördergebieten wie Nordwesteuropa, dem Golf von Mexico oder Alaska zur Neige gehen, können die neuen Fördergebiete in Zentralasien und Afrika diese mehr als ersetzen und auch teilweise den Mehrbedarf aus Asien auffangen. Wie bereits erwähnt, läßt sich die westafrikanische Offshoreförderung als politisch sicher einstufen. Die Entwicklung des kaspischen Energiesektors wird zu einer Stabilisierung Zentralasiens führen. Der — in Abschnitt 4 beschriebene — drohende Ausfall von Öllieferungen aus politisch sicheren Förderländern kann durch Afrika und Zentralasien kompensiert werden. Die Förderländer Afrika und Zentralasien sind zwar politisch nicht so stabil wie Norwegen, Großbritannien, Mexico oder die Vereinigten Staaten. Dennoch kann mit dem Aufbau neuer Förderkapazitäten im Golf von Guinea und dem Kaspischen Becken die befürchtete totale Importabhängigkeit vom krisengeschüttelten Persischen Golf verhindert werden. Afrika und Zentralasien können damit die Ölversorgung Europas und Amerikas — wenn auch bei leicht gestiegenem Risiko — sicherstellen.

10. Technische Lösungen: Innovationen im Fördersektor

Wie bereits in Abschnitt 8.1 angedeutet, besteht die Möglichkeit, die Ölausbeute mit Hilfe hochentwickelter Technologie zu erhöhen. Innovationen bei der Exploration führen dazu, daß bisher unbekannte Ölreserven entdeckt werden. Erfindungen im Bereich der Förderungstechnologie haben zur Folge, daß bisher nicht zugängliche oder wirtschaftlich unrentable Ölfelder angeschlossen und ausgebeutet werden können. Der menschliche Erfindungsgeist läßt auch andere Bereiche der Technik nicht unberührt. Wissenschaftler und Ingenieure haben Verfahren gefunden, mit denen sich aus nicht-konventionellen Ölvorkommen wirtschaftlich Rohöl gewinnen läßt.

10.1 Technischer Fortschritt bei der Exploration

10.1.1 Ölsuche in der Vergangenheit

Die Ölsuche ist ein mühseliges und kostspieliges Geschäft. In der Vergangenheit bedienten sich die Geologen einer Explorationsmethode, die als *2-D-Seismik* bezeichnet wird. Dabei bingt man eine größere Ladung Sprengstoff zur Explosion. Die von der Explosion ausgehenden Druckwellen werden von den Gesteinsschichten im Untergrund reflektiert und von an der Oberfläche installierten Schallsonden aufgenommen. Weil jede Gesteinsschicht den Schall anders reflektiert, lassen sich mit dieser Methode Lage und Beschaffenheit des Untergrunds erfassen. Aus den so gewonnenen Daten wurde vom vermessenen Bereich ein zweidimensionales Profil des Untergrunds erstellt und auf einer meterlangen Papierrolle abgedruckt. Für die erfolgreiche Ölsuche war eine Vielzahl dieser Profile notwendig, was in einer Vielzahl von Meßprotokollen und damit Papierrollen resultierte. Geologen arbeiteten darauf Seite für Seite dieser Aufzeichnungen ab, bis sie auf Spuren verdächtiger Formationen, die sogenannten »Ölfallen« stießen. Als Ölfallen gelten Verwerfungen oder Sättel mit ölundurchlässigem Gestein. Darunter sammelt sich in porösen Schichten häufig Öl, das im Lauf der Zeit aus der Tiefe emporgepreßt wird.[250]

Trotz der Existenz dieser Daten konnten auch die erfahrensten Geologen bestenfalls einen Bereich ausmachen, an dem sich Öl verbergen könnte. Weil man nur einen zweidimensionalen Schnitt des Untergrunds zur Verfügung hatte, blieb unklar, wie das ganze Öllager beschaffen war und wie es sich in der Tiefe verzweigte. Die Suchteams konnten nur

---

[250] Vgl. Campbell 1999, S. 27f, S. 39 und S. 44

Abb. 41: LKW mit Meßvibratoren für die Erhebung von 3-D Seismik-Daten an Land

Quelle: Dworschak, Manfred: Tauchfahrt in die Unterwelt, in: Der Spiegel 3/2001, S. 154

raten und schätzen — und lagen in den meisten Fällen daneben. Erst eine Probebohrung gab endgültige Sicherheit. Von 20 Probebohrungen war in den 1970er Jahren aber im Schnitt nur eine einzige erfolgreich.

10.1.2 3-D und 4-D Seismik

In den letzten Jahren wurde das gerade beschriebene 2-D-Verfahren weiter verfeinert: Bei der Ölsuche an Land werden die Schallwellen nicht mehr durch große Explosionen erzeugt, sondern durch Lastwagen, die alle 25 Meter halt machen, einen tonnenschweren Stempel in den Boden rammen und Vibrationen erzeugen (Abbildung 41). Das Echo wird von parallel verlaufenden Kabeln aufgenommen, an denen alle 50 Meter ein Erdmikrophon angebracht ist. Diese Kabel werden hinter den Lastwagen hergezogen und sind oft bis zu acht Kilometern lang. Auf See sind diese Meßkabel in einer kilometerbreiten Schleppe angeordnet, welche hinter einem Erkundungsschiff hergezogen wird (Abbildung 42). Den Schall erzeugen Luftdruckkanonen, die Salven gepreßter Luftblasen nach unten abfeuern, die mit einem lauten Knall zerplatzen.

Mit dem heutigen Verfahren läßt sich in sehr kurzer Zeit eine gewaltige Datenmenge erheben. Während einer dreimonatigen Explorationsmission kann ein Erkundungsschiff ein Datenvolumen sammeln, mit dem sich bis zu 25 000 CDs füllen lassen. Diese Vielzahl an Daten könnte man mit den oben beschriebenen, traditionellen Analysenverfahren nicht mehr verarbeiten. Erst seit kurzem gibt es Supercomputer, die solche Datenmassen verarbeiten können. Die Hochleistungscomputer errechnen aus den Meßdaten eine räumliche Szenerie

Abb. 42: Erhebung von 3-D-Seismik-Daten auf See

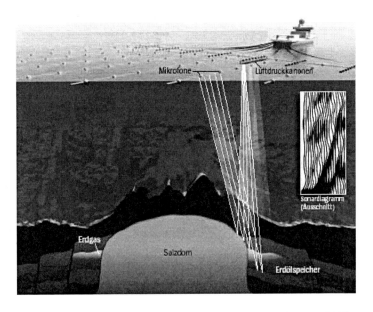

Quelle: Dworschak, Manfred: Tauchfahrt in die Unterwelt, in: Der Spiegel 3/2001,
S. 152

des Untergrunds und projizieren sie auf eine Großleinwand (Abbildung 43). Durch
Spezialbrillen betrachtet, wird das Bild dreidimensional. Die Ölsucher können sich nun wie
ein Maulwurf im 3-D-Abbild des Untergrunds in alle Richtungen bewegen und nach
möglichen Öllagerstätten Ausschau halten. Ist ein mögliches Ölfeld gefunden, können
Fachleute verschiedener Disziplinen gemeinsam im Simulator planen, wie das Vorkommen
am besten zu erschließen ist.

Ein wichtiger Vorteil der 3-D-Seismik ist, daß bei Probebohrungen eine erheblich höhere
Wahrscheinlichkeit besteht, auf Öl zu stoßen, als bei der 2-D Variante. Auch eine höhere
Ausbeute bereits entdeckter Felder wird durch die 3-D-Technik möglich. So hat die Ölfirma
Shell das norwegische Draugen-Feld für circa vier Millionen Dollar mit der neuen Technik
untersuchen lassen und dafür das 20-fache an zusätzlichem, finanziellen Ertrag erzielt.
Während noch vor kurzem Ölfelder als erschöpft galten, die bereits zu 20 Prozent
ausgebeutet waren, läßt sich mit Hilfe der 3-D Seismik ein Entölungsgrad von bis zu
40 Prozent erreichen.[251]

---

[251] Vgl. Dworschak, Manfred: Tauchfahrt in die Unterwelt, in: Der Spiegel 3/2001, S. 153f und Schrader 2005,
S. 63

Abb. 43: Räumliche Darstellung des Untergrunds im Simulator

Quelle: Dworschak, Manfred: Tauchfahrt in die Unterwelt, in: Der Spiegel 3/2001, S. 152

Die neueste Entwicklung in der Explorationstechnik ist die sogenannte 4-D-Seismik. Dabei wird die 3-D Ausrüstung permanent über einem Ölfeld installiert. Die Bewegung des Öls im Reservoir kann während des Ausbeutungsprozesses in Echtzeit beobachtet werden. Dieses Verfahren liefert neue Erkenntnisse über das auszubeutende Ölfeld und kann die Extraktionsquote von Ölfeldern noch weiter steigern.[252]

10.1.3 Ölsuche per Satellit

Um den Erfolg der 3-D Methode weiter zu erhöhen, experimentieren einige Ölkonzerne mit Satellitentechnik. Die Bahn dieser künstlichen Himmelskörper liefert bereits einen Hinweis auf mögliche noch nicht entdeckte Ölfelder. Wäre die Erde ein völlig symmetrischer und gleichmäßig mit Gestein angefüllter Körper, würden die Satelliten sie gleichmäßig umrunden. Die Erdkruste ist aber ein heterogener Körper, was sich auf das Schwerkraftfeld der Erde auswirkt und die Bahnen der Satelliten ablenkt. Verfolgt man die Umlaufbahnen der Satelliten mit hoher Genauigkeit, werden diese Anomalien sichtbar. Sie sind ein Hinweis auf

---

[252] Vgl. Campbell 1999, S. 58

besondere Gesteinsformationen und können so ein Anzeichen für Öllagerstätten sein. Da solche Satellitenkarten eine Auflösung von 5 Kilometern haben, sind sie nur relativ ungenau. Daher können sie das 3-D Seismik-Verfahren nicht ersetzen, sind aber dennoch von sehr großem Nutzen, weil sich mit ihrer Hilfe Gebiete für die weitere 3-D-Exploration eingrenzen lassen.

Seit Ende der 1990er ist auch eine weitere Satellitentechnik verfügbar. So ist es mit Radarsatelliten möglich, auf dem Meer treibende Öllachen aufzuspüren, die aus submarinen Lagerstätten austreten. Weil natürliche Ölteppiche stets an der selben Stelle auftreten, lassen sie sich von den Folgen illegaler Tankreinigung eines Schiffes auf Hoher See unterschieden. Allerdings kann auch diese Technik nur zur Eingrenzung verwendet werden, da nicht ermittelt werden kann, ob aus einer lecken Öllagerstätte nicht schon alle wertvollen Bestandteile entwichen sind.[253]

Zusammengefaßt haben 3-D und 4-D Methoden und die Ölsuche per Satellit gemein, daß sie die Ölausbeute steigern. Die neuen Explorationsmethoden sind zwar relativ teuer. Weil man aber mit ihrer Hilfe bei der Ölsuche wesentlich erfolgreicher ist, zahlt sich ihr Einsatz aus und hilft letztendlich dabei die Förderkosten zu senken. Optimistische Fachleute schätzen, daß mit den neuen Explorationsmethoden allein Offshore so viel neues Öl gefunden wird, daß die bekannten Erdölressourcen um weitere 25% nach oben korrigiert werden müssen.

10.2 Technischer Fortschritt bei der Förderung

Neues Öl zu finden ist nur die halbe Miete. Die andere Hälfte besteht aus der Frage, ob man über die Technologie verfügt, dieses an die Erdoberfläche zu pumpen und schließlich ob die Förderung auch wirtschaftlich durchführbar ist.

10.2.1 Erschließen von Öl aus großen Meerestiefen

Ähnlich wie bei den Explorationsmaßnahmen, hält auch bei den Bohr- und Fördermethoden technischer Fortschritt Einzug. Weil neues Öl überwiegend Offshore und meist an unerreichbaren Stellen entdeckt wird, hat man in den letzten Jahren Fördertechnologien entwickelt, um die Ausbeutung dieser unzulänglichen Vorkommen zu ermöglichen.

---

[253] Vgl. Bührke, Thomas: Erdöl bis zum letzten Tropfen, in: Die Welt, 13.02.1997, hier Online-Ausgabe: http://www.welt.de/data/1997/02/13/673688.html Download am 23.09.05 um 14:37

Noch zu Beginn der 1990er Jahre nutzte man Ölbohrtürme, die im relativ flachen Schelfwasser direkt auf dem Meeresuntergrund aufgestellt wurden. Um in immer tiefere Meeresregionen vordringen zu können, mußten immer höhere Bohrtürme gebaut werden. Bei 570 Metern Wassertiefe war aber eine Grenze erreicht. Die Fördertürme verlangten nach extrem flexiblen Stahlkonstruktionen, damit sie nicht von Strömungen und dem Wellengang in gefährliche Schwingungen versetzt wurden. Ingenieure entwickelten darauf schwimmende Bohrplattformen, die man mit Drahtseilen im Meeresuntergrund befestigte. Im Jahre 2002 war es üblich, Öl aus Wassertiefen um die 1000 Meter zu fördern. Bis zu 1800 Meter waren mit dem damaligen Know-how möglich.[254] Der technische Fortschritt ist aber nicht stehengeblieben: Galt das Bohren in Wassertiefen von 3000 Metern vor zwei Jahren als Sensation, gehört es heute zur Tagesordnung im Offshore-Geschäft.[255] Die neueste Entwicklung der Offshoretechnik sind Bohrinseln, die mit Selbstpositionierungssystemen ausgestattet sind. Sie werden nicht mehr mit Stahlseilen am Meeresgrund befestigt, stattdessen übernehmen nun Stabilisationsmotoren an der Unterseite der schwimmenden Förderplattformen diese Funktion. Ein GPS[256]-Positionierungssystem sorgt dafür, daß die Schiffsschrauben Meeresströmungen ausgleichen, und die Bohrinsel sich exakt über dem Bohrloch befindet. Die komplizierte und teure Verankerung im Meeresboden entfällt, das Vordringen in noch größere Meerestiefen wird mit dieser Technik möglich.[257]

Das größte Problem bei der Erschließung von Öllagerstätten in so großen Meerestiefen sind die Kosten. Während in der libyschen oder saudischen Wüste eine einzige Bohrung ungefähr 3 Millionen Dollar kostet, werden bei Wassertiefen zwischen 500 und 1000 Metern bereits 15 Millionen Dollar fällig. Hinzu kommt, daß — wie bereits in Abschnitt 10.1 dargestellt — nicht jede Bohrung sofort auf Öl stößt. Eine Möglichkeit, bei den sehr teuren Tiefsee-Bohrungen Kosten zu sparen, besteht darin die Trefferquote zu erhöhen. Mit der oben dargestellten 3-D Seismik ist dies möglich. Während beim 2-D Verfahren nur eine von 20 Bohrungen auf Öl traf, ist mit der 3-D Methode bereits jede Dritte erfolgreich.[258] Trotz der höheren Trefferwahrscheinlichkeit bleibt das Erschließen von Offshore-Vorkommen ein teures Geschäft.

[254] Vgl. Bojanowski, Axel: Erdöl aus 3000 Meter Meerestiefe, in: Die Welt, 06.09.2002, S. 31
[255] Vgl. Grosse, Helmut: Der Griff nach dem Öl. Ein riskanter Wettlauf. Westdeutscher Rundfunk Köln 2005, ausgestrahlt auf der ARD am 13.07.2005 um 23:00
[256] GPS für Global Positioning System
[257] Vgl. Traufetter 2004, S. 198
[258] Vgl. Ölindustrie rechnet mit Milliardeninvestitionen, in: Süddeutsche Zeitung, 14.10.2005, S. 22

10.2.2 Die 3-D Bohrtechnik

Um die Erschließungskosten von Offshore-Quellen weiter zu senken, haben Ingenieure die Technik des sogenannte *horizontalen* oder *3-D-Bohrens* entwickelt (Abbildung 44). Statt wie beim traditionellen Verfahren üblich, den Bohrturm direkt über dem Ölvorkommen aufzustellen und vertikal nach unten zu bohren, können die Erschließungstrupps den Bohrkopf neuerdings während der Bohrung lenken. Der Bohrkopf kann diagonal, um die Kurve oder sogar waagerecht bohren. Sensoren am Bohrkopf messen seine Neigung und Ausrichtung, sodaß die Ingenieure stets genau wissen, wo sich der Kopf gerade befindet.

So wird es möglich von einer einzigen Bohrplattform aus mehrere Bohrungen durchzuführen. Durch die gewundenen Bohrpfade können entweder verwinkelte, schwer zugängliche Ölreservoirs oder auch mehrere Felder nacheinander ausgebeutet werden, ohne daß der Bohrturm oder die Bohrinsel verlegt werden müssen. Das spart vor allem im Offshorebereich erhebliche Kosten. Aber auch an Land kann diese Technik eingesetzt werden. So ist zum Beispiel das deutsche Mittelplatte-Feld unter dem schleswig-holsteinischen Wattenmeer erschlossen worden: Der Bohrturm stand an Land und hat acht Kilometer unter dem Naturschutzgebiet nach Westen hin gebohrt.

Abb. 44: 3-D Bohrung von einer schwimmenden Bohrplattform

Quelle: Dworschak, Manfred: Tauchfahrt in die Unterwelt, in: Der Spiegel 3/2001, S. 153

10.2.3 Steigerung der Ölausbeute bereits erschlossener Vorkommen

Hat man mit Hilfe der 3-D / 4-D Seismik und dem Einsatz der 3-D Bohrtechnik eine ergiebige Ölquelle erfolgreich angezapft, möchte man sie auch möglichst vollständig ausbeuten. Normalerweise steht eine Öllagerstätte unter Druck. Wenn das Öl dünnflüssig und der Lagerstättendruck hoch ist, steigt das Öl von selbst an die Erdoberfläche. Wie bereits weiter oben angeschnitten (Abschnitt 8.1), läßt dieser Druck nach, wenn ungefähr 20% des Öls entnommen wurden. Danach gibt es die Möglichkeit, mit heißem Wasser, Gas oder chemischen Stoffen den Druck in der Lagerstätte zu erhöhen, um weiteres Öl an die Erdoberfläche zu pressen. Weil dieses Verfahren nicht immer funktioniert, wird nach neuen Möglichkeiten gesucht: Biologen und Genetiker experimentieren mit Bakterien. Diese sollen in der Öllagerstätte entweder tensideähnliche Stoffe absondern, die das Öl aus dem Gestein lösen, oder Gase erzeugen, die den Druck des Ölvorkommens erhöhen.[259]

Technologische Innovationen im Förderbereich sorgen also dafür, daß die mit neuen Explorationsmethoden entdecken Ölressourcen, die sich häufig an unzulänglichen Orten befinden, wirtschaftlich abgebaut werden können. Der Einsatz dieser modernen Bohr- und Fördertechniken verwandelt nicht nutzbare *Ressourcen* in verfügbare *Reserven*. Außerdem bedingt er, daß aus aufgegebenen oder als ausgebeutet klassifizierten Ölquellen wieder neues Öl sprudelt. An dieser Stelle sollte auch darauf hingewiesen werden, daß der technische Fortschritt bisher nicht stehengeblieben ist und auch in Zukunft nicht stehen bleiben wird. Wenn also Kritiker die Ausbeutung eines bestimmten Ölvorkommens heute für technologisch beziehungsweise wirtschaftlich nicht machbar halten, können wir durch Innovationen schon morgen über die Technologie verfügen, mit der sich genau dieses Ölfeld sowohl technologisch als auch wirtschaftlich wieder weiter ausbeuten läßt.

10.3 Förderung nicht-konventioneller Ölvorkommen

Neben dem Erschließen neuer Fördergebiete und der verstärkten Ausbeutung bereits bestehender Vorkommen durch den Einsatz modernster Technik besteht auch die Möglichkeit Rohöl aus sogenannten nicht-konventionellen Vorkommen zu gewinnen.

Genauso wie viele andere Rohstoffe kommt auch Erdöl in verschiedenen Typen und Qualitäten vor. Neben dem in dieser Arbeit bisher diskutierten konventionellen Rohöl existieren auch andere Ölformen wie *schweres Öl*, *extra-schweres Öl*, *Bitumen*, *Ölsand* oder *Teersand*. Klassifizieren lassen sich diese Öltypen nach dem API-Grad[260], der ein Indikator

---

[259] Vgl. Dworschak 2005 S. 63 und Bührke, Thomas: Erdöl bis zum letzten Tropfen, in: Die Welt, 13.02.1997, hier Online-Ausgabe: http://www.welt.de/data/1997/02/13/673688.html Download am 23.09.05 um 14:37

[260] Eine ausführlichere Definition des API-Grades findet sich im Glossar

Abb. 45: Öltypen

API-Grad	Bezeichnung	Charakteristik
mindestens 22°	- leichtes Öl - konventionelles Öl	- sehr leicht - dünnflüssig - leicht zu fördern - leicht zu raffinieren
10°-22°	- schweres Öl	- schwer, sehr schwer

unter 10°	- extra-schweres Öl
	- Bitumen
	- Ölsand
	- Teersand
		- dickflüssig
		- Förderung und Transport
		  kompliziert und kostenintensiv
		- vor der Raffinierung kostenintensive und umweltbelastende
		  chemische vorbehandlung nötig, da sehr stickstoff-,
		  schwefel- und schwermetallhaltig

Quelle: United States Geological Survey: USGS Fact Sheet. Heavy Oil and Natural Bitumen – Strategic Petroleum Resources, August 2003, S.2; pubs.usgs.gov/fs/fs070-03/fs070-03.pdf Download am 30.09.05 um 17:35

für Dichte, Gewicht und damit Qualität der verschiedenen Ölsorten ist. Öltypen mit hohem API-Grad sind in der Regel qualitativ hochwertiger als Öltypen mit niedrigem API-Grad. Eine Übersicht der Öltypen ist in Abbildung 45 dargestellt. Leichtes beziehungsweise konventionelles Öl, dessen Problematik wir bisher diskutiert haben, wird gegenüber schweren und extra schweren Ölen bevorzugt, weil es sich mit relativ geringem Aufwand zu niedrigen Kosten und in großen Mengen abbauen und raffinieren läßt.

10.3.1 Geographische Verteilung und Menge der nicht-konventionellen Vorkommen

Da die konventionelle Förderung in den politisch-sicheren Ölförderländern in naher Zukunft nachlassen wird, und der globale Ölbedarf unaufhörlich steigt, ist es sinnvoll sich nach

Abb. 46: Regionale Verteilung der Schweröl- und Bitumen-Reserven, Schätzung USGS, Stand: August 2003

Region	Schweres Öl in Mrd. Barrel	Bitumen in Mrd. Barrel	Summe schweres Öl und Bitumen in Mrd. Barrel
Nordamerika	35,3	530,9	566,2
Südamerika	265,7	0,1	265,8
Westliche Hemisphäre	301,0	531,0	832,0
Afrika	7,2	43,0	50,2
Europa	4,9	0,2	5,1
Mittlerer Osten	78,2	0,0	78,2
Rußland*	13,4	33,7	47,1
Übriges Asien	29,6	42,8	72,4
Östliche Hemisphäre	133,3	119,7	253,0
Welt	434,3	650,7	1085,0

*) 212,4 Mrd. Barrel Bitumen befinden sich zusätzlich in Rußland, jedoch in kleinen Lagerstäten oder in weit entfernten Regionen Ostsibiriens und sind gegenwärtig nicht wirtschaftlich abbaubar

Quelle: United States Geological Survey: USGS Fact Sheet. Heavy Oil and Natural Bitumen – Strategic Petroleum Resources, August 2003, S.1;
pubs.usgs.gov/fs/fs070-03/fs070-03.pdf Download am 30.09.05 um 17:35

weiteren Ölproduktionsmöglichkeiten umzusehen. Die Abhängigkeit vom Mittleren Osten könnte gering gehalten werden, wenn man die Importe aus dem Persischen Golf durch synthetisches Rohöl ersetzt, das aus schweren Ölen oder Bitumen hergestellt wird. Bei einem Blick auf Abbildung 46, in der die Verteilung von Bitumen und schwerem Öl dargestellt ist, fällt auf, daß sich mehr als die Hälfte aller weltweiten Vorkommen in einer politisch äußerst stabilen Region befindet: In Nordamerika. Auch das politisch relativ stabile Südamerika verfügt über beachtliche Reserven dieser

Abb. 47: Ölsandvorkommen in Kanada

Quelle: Paul, Rainer: Der Geruch des Geldes, in: Der Spiegel 14/2001, S.194

Energierohstoffe. Vor allem Venezuela besitzt ausgiebige Vorkommen an schwerem Öl. Interessant ist auch ein Blick in die kanadische Provinz Alberta (Abbildung 47). Laut der United States Geological Survey sollen sich hier 527 Milliarden Barrel oder 81% der weltweit abbaubaren Ölsand-Reserven befinden.[261] Damit besitzt Kanada doppelt so viele Ölreserven wie Saudi-Arabien. Allein diese Bitumenvorkommen würden ausreichen, um den

Abb. 48: Verteilung der weltweiten Ölreserven nach Öltyp, Schätzung USGS, Stand: August 2003

Mrd. Barrel

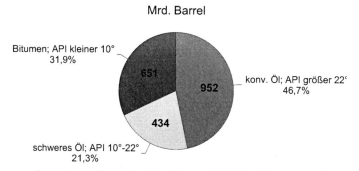

Quelle: United States Geological Survey: USGS Fact Sheet. Heavy Oil and Natural Bitumen - Strategic Petroleum Resources, August 2003, S.1; pubs.usgs.gov/fs/fs070-03/fs070-03.pdf Download am 30.09.2005

---

[261] Vgl. United States Geological Survey: USGS Fact Sheet. Heavy Oil and Natural Bitumen - Strategic Petroleum Resources, August 2003, S.1; pubs.usgs.gov/fs/fs070-03/fs070-03.pdf Download am 30.09.05 um 17:35

derzeitigen globalen Ölbedarf für weitere 14 Jahre zu sichern. Mit den Schweröl- und Bitumenreserven der politisch stabilen Länder Nord- und Südamerikas sowie Europas und Rußlands ließe sich der gegenwärtige globale Ölbedarf sogar für die nächsten 31 Jahre decken; und zwar ohne einen einzigen Tropfen konventionelles Erdöl zu fördern.

Wie gewaltig die Menge der nicht-konventionellen Öle ist, wird deutlich, wenn man diese mit den bekannten konventionellen Ölreserven vergleicht (Abbildung 48). Addiert man die nicht-konventionellen Öle zu den heute bekannten konventionellen Ölreserven, verdoppelt sich die Ölmenge, die auf unserem Planeten noch zum Verbrauch bereitsteht. Demnach würde uns das Erdöl nicht schon im Jahre 2036 ausgehen; die nicht-konventionellen Öle sorgen dafür, daß das Rohöl bei gegenwärtigem Verbrauch bis 2075 ausreichen wird.

10.3.2 Technische und wirtschaftliche Realisierung des Abbaus nicht-konventioneller Ölvorkommen am Beispiel Kanadas

Obwohl die Schweröl- und Bitumenvorkommen gewaltig sind, wurden sie bisher nur in einem sehr geringen Umfang abgebaut. Es war wirtschaftlich vernünftiger, Öl aus konventionellen Vorkommen zu gewinnen. Der reale Ölpreis der letzten Jahrzehnte war schlichtweg zu niedrig, um Firmen dazu zu bewegen, in großem Umfang in Technologien für den Ölsandabbau zu investieren. Seitdem technische Innovationen die Produktionskosten für Erdöl aus Ölsanden verringert haben, und der Ölpreis in der jüngsten Vergangenheit gestiegen ist, kommt der Ölsandabbau in die Gewinnzone. Ein Musterbeispiel für die erfolgreiche Produktion von Öl aus nicht-konventionellen Vorkommen ist die kanadische Provinz Alberta (Abbildung 47). Hier wird die Förderung von Bitumen und dessen Konversion zu synthetischem Rohöl seit kurzem im großen Stil kommerziell betrieben. Wie in Abbildung 49 dargestellt, fördern gigantische Bagger im Tagebauverfahren die ölsandhaltigen Schichten. Nach dem Zerkleinern der ölsandhaltigen Gesteinsbrocken, trennt man mit Hilfe von heißem Wasser und Chemikalien das Öl vom Gestein. Abschließend wird das so gewonnene Zwischenprodukt in einer Raffinerie zu synthetischem Rohöl verwandelt.[262]

Obwohl dieses Verfahren im Vergleich zur konventionellen Ölförderung relativ anspruchsvoll und damit teuer ist, konnten durch massiven Kapitaleinsatz die Kosten beachtlich gesenkt werden. Mußte man Anfang der 1980er Jahre für ein aus Bitumen gewonnenes Barrel Öl noch 30 US-Dollar bezahlen, kostet die Produktion heute zwischen 12

---

[262] Vgl. Paul, Rainer: Der Geruch des Geldes, in: Der Spiegel 14/2001, S. 194

Abb. 49: Ölsandabbau im Tagebauverfahren

1. Förderung: Nach dem Abräumen der Deckschicht liegt der Bitumenhaltige Ölsand frei. Er wird mit Baggern herausgeschaufelt und auf Lastwagen verfrachtet, die ihre Ladung in einen Zerkleinerer kippen. Dort werden die Ölsand-Brocken zerrieben und gelangen über Förderbänder zur Weiterverarbeitung.
2. Trennung: Um das Bitumen aus dem Sediment zu lösen, wird der Ölsand in Zentrifugen mit heißem Wasser und Ätznatron vermischt. Die Trennung erfolgt in trichterförmigen Kesseln, in denen sich das Bitumen als Schaum abschöpfen läßt.
3. Raffinierung: Das Bitumen wird erhitzt, wobei Kohlenwasserstoffe in Form von Dampf freigesetzt werden. Diese kondensieren in großen Tanks zu Öldestilaten.

Quelle: Paul, Rainer: Der Geruch des Geldes, in: Der Spiegel 14/2001, S.194

und 20 US-Dollar.[263] Die kanadischen Ölsand-Produzenten streben sogar Produktionskosten von nur noch 5,50 US-Dollar je Barrel an.[264] Damit wäre die Produktion aus Ölsand genauso teuer wie die Förderung von konventionellem Erdöl. Die langfristige Rentabilität des kanadischen Ölsand-Projekts scheint also gesichert, auch wenn sich — wie ich bereits in Abschnitt 8.2 ausgeführt habe — der Ölpreis bei 43 Dollar je Barrel einpendelt.

Um auch in Zukunft den Ölpreis auf einem erträglichen Niveau zu stabilisieren, reicht es nicht aus über Ölreserven zu verfügen und diese wirtschaftlich abbauen zu können; es ist genauso wichtig die Ölproduktionskapazitäten entsprechend zu entwickeln, damit der steigende Ölbedarf befriedigt werden kann. Gegenwärtig wird in Alberta 1 Million Barrel Öl pro Tag hergestellt. Dank der Großinvestitionen in die Ölsandförderung wird die Produktion im Jahre 2011 2,2 Millionen Barrel pro Tag betragen[265] und bis 2015 auf 2,6 Millionen Barrel steigen. Die lokalen Ölgesellschaften und die kanadische Regierung gehen für 2015 sogar

---

[263] Vgl. »Royal Dutch Shell Plc.« ist beschlossene Sache, in: Die Welt, 29.06.2005, hier Online-Ausgabe, http://www.welt.de/data/2005/06/29/738552.html?prx=1 Download am 30.09.05 um 17:06 und Follath, Erich / Jung, Alexander: Die Quelle des Krieges, in Der Spiegel 22/2004, S. 119
[264] Vgl. Paul 2001, S. 192
[265] Vgl. United States Geological Survey: USGS Fact Sheet, 2003, S.2

von einer Produktionsmenge von 5 Millionen Barrel pro Tag aus.[266] Damit könnte das kanadische Ölsandprojekt die heutige Ölproduktion Saudi-Arabiens zur Hälfte oder die des Irans vollständig kompensieren.

10.3.3 Umweltschutz oder Ausweitung der Förderung?

Gegen die Gewinnung von Rohöl aus Ölsanden spricht die Umweltproblematik: Für die Herstellung von einem Barrel Öl werden durchschnittlich zwei Tonnen Ölsand benötigt. Das Tagebauverfahren mit dem der Ölsand gewonnen wird hinterläßt in der Landschaft gravierende Spuren.

Auch bei der Verarbeitung des Ölsands zum Endprodukt wird die Umwelt stark belastet. So wird bei der Trennung des Öls vom Sand viel Wasser verbraucht. Außerdem fallen bei der Trennung und Raffinierung große Mengen giftiger und schwermetallhaltiger Chemikalien an, welche in großen Absatzbecken entsorgt werden müssen. Es dauert viele Jahre bis die giftigen Bestandteile auf den Boden dieser Becken abgesunken sind, und die Toxizität des Chemiecocktails einigermaßen abgenommen hat.[267] Obwohl sich die ansässige Ölsandindustrie bemüht, Umweltschäden gering zu halten, ist es nicht möglich diesen gefährlichen Schlamm vollständig vom Ökosystem fernzuhalten. Seine giftigen Bestandteile können vom Wind verweht werden oder im Erdreich versickern, was zu langfristigen Grundwasserschäden und unabsehbaren Umweltproblemen führt. Neben dem Giftschlamm werden beim Produktionsprozeß große Mengen Schwefeldioxid, Kohlenwasserstoffe und Stickoxide frei, die die regionale Luftqualität beeinflussen und als saurer Regen niedergehen. So wird bei der Trennung und Raffinierung 25 mal mehr Schwefeldioxid frei als bei der Produktion von konventionellem Erdöl. Würde es bei Grundwasserschäden, der Verschmutzung des Erdreichs und der Atmosphäre bleiben, dann blieben die Umweltschäden durch den Abbau und die Verarbeitung des Schweröls lokal begrenzte Probleme. Allerdings emittiert das aus Ölsand hergestellte synthetische Rohöl bei seiner Verbrennung mehr Kohlendioxid als konventionelles Rohöl. Auch bei der Umwandlung des synthetischen Rohöls in Endprodukte wie Benzin, Heizöl oder Diesel entsteht mehr Kohlendioxid als bei der Raffinierung von konventionellem Erdöl.[268]

---

[266] Vgl. Gärtner, Markus: China greift nach Kanadas Öl. Großinvestitionen in Fördergesellschaften und Pipelines, in: Die Welt, 25.04.2005, hier Online-Ausgabe,
http://www.welt.de/data/2005/04/25/709441.html Download am 18.12.05 um 4:44
[267] Vgl. Paul 2001, S. 196
[268] Vgl. Rifkin 2002, S. 144

Im Vergleich zum konventionellen Erdöl wird bei der Nutzung von schweren und extra-schweren Ölen die Umwelt sowohl bei der Produktion als auch beim Verbrauch stärker belastet. Die Verwendung von Ölsand ist also mit gravierenden lokalen Umweltschäden und einem zusätzlichen globalen Treibhauseffekt-Risiko verbunden.

Ölsand ist zwar mit diesen Umweltrisiken behaftet. Solange es aber kein striktes, international verbindliches Regime zur Reduktion von Treibhausgasemissionen gibt, steht dem Ausbau der Ölsandförderung nichts im Wege, zumal sich mit ihr kurz-, mittel- und langfristig Gewinne erwirtschaften lassen. Auch die Verabschiedung von Umweltauflagen seitens der kanadischen Administration, die dem Ölsandabbau den Garaus machen könnten, ist sehr unwahrscheinlich. Der Ölsandabbau ist mittlerweile zu einem Wirtschaftsfaktor geworden. Fachleute sprechen davon, daß allein der Ölsandboom die kanadische Wirtschaft Jahr für Jahr um zusätzliche zwei Prozent wachsen läßt.[269] Außerdem wird aufgrund der Ölsandvorkommen die Bedeutung Kanadas in der globalen Wirtschaft und der außenpolitischen Sphäre dramatisch zunehmen. Die Regierung in Ottawa würde sich also nur ins eigene Fleisch schneiden, wenn sie den Bitumenabbau stoppen ließe.

Zusammengefaßt werden Ölsande wegen ihrer großen Menge, ihrem Vorkommen in politisch stabilen Ländern und der Möglichkeit, sie wirtschaftlich zu fördern eine wichtige Rolle in der zukünftigen Ölversorgung einnehmen. Weil die Ölgewinnung aus schweren und extra-schweren Ölvorkommen sowohl energie-, sicherheits- und wirtschaftspolitisch als auch ökonomisch sinnvoll ist, sollte diese Art der Ölgewinnung weiter ausgebaut werden. Die gewaltigen nicht-konventionellen Vorkommen stellen nicht nur eine kurzfristige Lösung unserer zukünftigen Energieprobleme dar, sie können auch die mittelfristige und sogar langfristige Versorgung unseres Planeten mit Rohöl sicherstellen.

Alles in allem sorgt der technische Fortschritt bei der Exploration und Förderung dafür, daß neues konventionelles Öl gefunden wird, und neue wie bestehende Ölvorkommen besser ausgebeutet werden können. Innovationen führen also dazu, daß letztendlich die Förderkosten für konventionelles Erdöl sinken werden. Innovationen im nicht-konventionellen Bereich führen dazu, daß sich Schweröl und Ölsande wirtschaftlich abbauen lassen und daß auch hier die Förderkosten sinken. Zusätzlich kommt durch den

---

[269] Gärtner, Markus: Auf Ölsand gebaut, in: Die Welt, 22.07.2005, hier Onlineausgabe, http://www.welt.de/data/2005/07/22/749053.html?prx=1 Download am 30.09.05 um 17:02

Abbau nicht-konventioneller Vorkommen neues Öl auf den Weltmarkt. Sinkende Förderkosten im konventionellen und nicht-konventionellen Bereich sowie die Zunahme der Förderung von konventionellem und nicht-konventionellem Öl werden die steigende globale Mehrnachfrage nach Öl kompensieren und so den Ölpreis stabilisieren beziehungsweise sogar sinken lassen.

11. Bewertung der vorgestellten Lösungen

Um eine Aussage darüber treffen zu können, ob die in Teil B vorgestellten Vorschläge auch tatsächlich den zukünftigen Ölbedarf decken können, reicht eine qualitative Analyse der Lösungsmöglichkeiten nicht aus. Wichtig ist es, auf die Zahlen zu schauen und zu überprüfen, wieviel Öl sich mit den in Teil B vorgestellten Lösungen tatsächlich fördern läßt, ob dieses Öl dazu ausreicht die schwindende Produktion in Westeuropa, dem Golf von Mexico und Alaska aufzufangen und ob diese Lösungen auch in der Lage sind, den weltweit steigenden Mehrbedarf an Öl teilweise oder sogar ganz zu kompensieren.

Um zu sehen wie sich die vorgestellten Lösungen quantitativ auf den Ölmarkt auswirken, habe ich zwei Modelle entwickelt. Beide Modelle prognostizieren die Entwicklungen bis zum Jahre 2020. Das erste Modell zeigt eine pessimistische Prognose, das zweite Modell eine realistische Prognose. Weil allzu optimistische Prognosen meist von der Realität widerlegt werden, verzichte ich auf die Vorstellung eines optimistischen Szenarios.

Modelle sind vereinfachte Darstellungen der Wirklichkeit. Um eine solche vereinfachte Darstellung der Wirklichkeit zu erzielen, sind Annahmen notwendig.[270] Um das Modell nicht allzu komplex werden zu lassen und eine Aussage darüber zu erhalten, wie sich die in Teil B vorgestellten Lösungen auf unsere zukünftige Energiesituation auswirken, treffe ich zum Erstellen beider Szenarien sechs Annahmen. Das pessimistische und das realistische Szenario unterscheiden sich nur in den ersten beiden Annahmen. Um diese später unterscheiden zu können, wird im pessimistischen Szenario ein »P« und im realistischen Szenario ein »R« hinter die jeweilige Annahme hinzugefügt.

11.1 Pessimistische Prognose

Ich entwickle hier ein »Worst Case« Szenario— im Folgenden *pessimistische Szenario* genannt. Ziel dieses Szeanarios ist es, eine obere Schranke für die globale Ölabhängigkeit

---

[270] Vgl. Varian, Hal R: Grundzüge der Mikroökonomik München 1999, S. 1f und Hanusch 1998, S. 38

vom Mittleren Osten bis zum Jahre 2020 zu bestimmen. Das zugrundeliegende Modell basiert auf den folgenden Annahmen:

Annahmen pessimistisches Szenario

Annahme 1P: Die Produktion der *neuen Fördergebiete* — also konventionelles Öl aus Zentralasien und Afrika sowie die kanadische Produktion aus Ölsand — steigt, bleibt jedoch hinter den Erwartungen zurück.

Annahme 2P: Die Ölproduktion in den USA und der Nordsee fällt exakt so, wie es der pessimistische Geologe Colin Campbell vorhersagt.

Annahmen beide Szenarien

Annahme 3: Mexico hat den Midpoint of Depletion bereits 2003 erreicht. Mexicos Produktion fällt ab 2003 wieder genauso schnell, wie sie bis zum Jahre 2003 gestiegen ist.[271]

Annahme 4: Die globale Nachfrage nach Rohöl wächst jedes Jahr um 1,9%.

Annahme 5: Der Mittlere Osten, die *neuen Fördergebiete* (Zentralasien, Afrika, Kanada) und die *alten Fördergebiete* (Nordsee, USA, Mexico) können ihre Produktionskapazität variieren. Die Produktion aller anderen Öllieferanten bleibt konstant auf dem Wert von 2003.

Annahme 6: Falls die *neuen* und *alten Fördergebiete* den zunehmenden globalen Ölbedarf nicht kompensieren, kann die entstehende Lücke durch zusätzliche Ölförderung aus dem Mittleren Osten abgedeckt werden.

Mit diesen Annahmen läßt sich ein Szenario erstellen, daß in Abbildung 50a dargestellt wird. Wie die **Spalte 1** dieser Tabelle zeigt, wurde für das pessimistische Szenario der Zeitraum von 2003 bis 2020 gewählt.

Um der Annahme 1P gerecht zu werden, ist in **Spalte 2** der Abbildung 50a die konventionelle Ölproduktion der Kaspischen Region und Afrikas sowie die kanadische Ölsandförderung dargestellt. Die drei grünen Balken in Spalte 2 zeigen, daß die Ölförderung in jedem der drei neuen Fördergebiete gegenüber 2003 zunehmen wird.

---

[271] Tatsächlich ist die Förderung in Mexico von 2003 auf 2004 noch weiter gestiegen. Weil Mexicos Produktion laut Oil & Gas Journal nur noch eine Reichweite von 9 bis 11 Jahren besitzt, muß in ich meiner Prognose davon ausgehen, daß Mexicos Produktion unmittelbar vor einer Trendwende steht. Vgl. Sandrea 2004, S. 35

Abb. 50a: Pessimistische Prognose: Änderung der Ölproduktion in alten und neuen Fördergebieten 2003-2020

Spalte 1	Spalte 2 (Produktion und Produktionszunahme gegenüber 2003, neue Fördergebiete in Mio. Barrel/Tag)						Spalte 3 (Produktion und Produktionsabnahme gegenüber 2003, alte Fördergebiete in Mio. Barrel/Tag)						Spalte 4 (Summe neue und alte Fördergebiete in Mio. Barrel/Tag)		Spalte 5 (Ölnachfrage und Nachfragezunahme der Welt in Mio. Barrel/Tag)		Spalte 6 (Lücke zwischen Produktion und Nachfrage in Mio. Barrel/Tag)	Spalte 7 (globale Öl-abhängigkeit vom mittleren Osten in Mio. Barrel/Tag und in Prozent)	
Jahr	Kaspi Prod.	+/-	Afrika Prod.	+/-	Kanada* Prod.	+/-	Nordsee Prod.	+/-	USA Prod.	+/-	Mexico Prod.	+/-	Prod.	+/-	Nachfrage	+/-		Prod.	Anteil
2003	1,3	0,0	8,6	0,0	0,2	0,0	4,8	0,0	4,2	0,0	3,8	0,0	22,8	0,0	78,1	0,0	0,0	23,2	29,7%
2004	1,3	0,0	9,2	+0,6	0,6	+0,4	4,4	-0,4	3,9	-0,3	3,6	-0,2	23,0	+0,2	79,6	+1,5	-1,3	25,9	32,5%
2005	2,1	+0,8	9,8	+1,3	1,0	+0,8	4,1	-0,7	3,7	-0,5	3,3	-0,4	24,0	+1,2	81,1	+3,0	-1,8	26,4	32,5%
2006	2,2	+0,9	10,5	+1,9	1,4	+1,2	3,8	-1,0	3,5	-0,7	3,1	-0,6	24,5	+1,7	82,6	+4,5	-2,8	27,4	33,2%
2007	2,4	+1,1	11,1	+2,6	1,8	+1,6	3,5	-1,3	3,3	-0,9	3,0	-0,8	25,0	+2,2	84,2	+6,1	-3,9	28,4	33,8%
2008	2,6	+1,3	11,8	+3,2	2,2	+2,0	3,2	-1,6	3,1	-1,1	2,8	-1,0	25,6	+2,8	85,8	+7,7	-4,9	29,5	34,3%
2009	2,8	+1,5	12,4	+3,8	2,6	+2,4	3,0	-1,8	2,9	-1,3	2,6	-1,2	26,2	+3,4	87,4	+9,3	-5,9	30,5	34,9%
2010	2,9	+1,6	13,0	+4,5	3,0	+2,8	2,8	-2,0	2,7	-1,5	2,5	-1,3	26,9	+4,1	89,1	+11,0	-6,9	31,5	35,3%
2011	3,1	+1,8	13,7	+5,1	3,4	+3,2	2,6	-2,2	2,5	-1,6	2,3	-1,5	27,6	+4,8	90,7	+12,6	-7,9	32,4	35,8%
2012	3,3	+2,0	14,3	+5,8	3,8	+3,6	2,4	-2,4	2,4	-1,8	2,2	-1,6	28,3	+5,5	92,5	+14,4	-8,9	33,4	36,2%
2013	3,5	+2,2	15,0	+6,4	4,2	+4,0	2,2	-2,6	2,2	-1,9	2,0	-1,7	29,1	+6,3	94,2	+16,1	-9,8	34,4	36,5%
2014	3,6	+2,3	15,6	+7,0	4,6	+4,4	2,0	-2,8	2,1	-2,1	1,9	-1,9	29,9	+7,1	96,0	+17,9	-10,8	35,4	36,9%
2015	3,8	+2,5	16,2	+7,7	5,0	+4,8	1,9	-2,9	2,0	-2,2	1,8	-2,0	30,7	+7,9	97,8	+19,7	-11,8	36,4	37,2%
2016	4,0	+2,7	16,9	+8,3	5,4	+5,2	1,7	-3,1	1,9	-2,3	1,7	-2,1	31,6	+8,7	99,7	+21,6	-12,8	37,4	37,5%
2017	4,2	+2,9	17,5	+9,0	5,8	+5,6	1,6	-3,2	1,8	-2,4	1,6	-2,2	32,4	+9,6	101,5	+23,4	-13,8	38,4	37,8%
2018	4,3	+3,0	18,2	+9,6	6,2	+6,0	1,5	-3,3	1,6	-2,5	1,5	-2,3	33,3	+10,5	103,5	+25,4	-14,9	39,4	38,1%
2019	4,5	+3,2	18,8	+10,2	6,6	+6,4	1,3	-3,5	1,5	-2,6	1,4	-2,4	34,1	+11,3	105,4	+27,3	-16,0	40,6	38,5%
2020	4,7	+3,4	19,4	+10,9	7,0	+6,8	1,2	-3,6	1,5	-2,7	1,3	-2,5	35,1	+12,2	107,4	+29,3	-17,1	41,6	38,8%

*) in Kanada wird auch konventionelles Erdöl gefördert. Die hier aufgeführte Produktionsdaten berücksichten nur die Herstellung von Rohöl aus Ölsand

Quellen: Eigene Berechnung und Projektion, Zahlenmaterial aus: Abschnitt 9.1; Abschnitt 9.2; Abschnitt 10.3; BP Statistical Review of World Energy 2004 - Excel Workbook; Sandrea, Rafael: Imbalances among oil demand, reserves, alternatives define energy dilemma today, in: Oil & Gas Journal, July 12, 2004, S. 3; Campbell, Colin: The Comming Oil Crisis, Brentwood 1999, S. 204f

Entsprechend der Annahmen 2P und 3, ist analog zur Spalte 2, in **Spalte 3** die Entwicklung der Produktion in der Nordsee, der USA und in Mexico dokumentiert. Die drei roten Balken zeigen, daß in jedem der drei alten Fördergebiete die Produktion gegenüber 2003 sinken wird. In **Spalte 4** habe ich die Ölproduktion der neuen und alten Fördergebiete aufsummiert. Wie wir sehen steigt diese im betrachteten Zeitraum von circa 23 Millionen Barrel je Tag auf 35 Millionen Barrel. Die in Spalte 2 und 3 aufgeführten Regionen gehören zu den politisch sicheren Fördergebieten. In den sicheren Fördergebieten nimmt also im besagten Zeitraum die Tagesproduktion um 12,2 Millionen Barrel zu.

Diese Zunahme ist zwar schön; sie reicht aber leider nicht aus, um die Ölnachfrage vollständig zu decken, die im untersuchten Zeitraum ebenfalls stark ansteigt. Entsprechend der Annahme 4 wächst die globale Nachfrage nach Erdöl jährlich um 1,9 Prozent: Die Welt wird — gegenüber 2003 — im Jahre 2020 also einen Mehrbedarf von 29,3 Millionen Barrel pro Tag haben (**Spalte 5**). In Spalte 4 sehen wir aber, daß die Tagesproduktion der sicheren Förderländer in diesem Zeitraum nur um 12,2 Millionen Barrel wächst. Es entsteht also eine Lücke zwischen globaler Tagesproduktion und globalem Tagesverbrauch, die im untersuchten Zeitraum auf 17,1 Millionen Barrel anwächst. Diese Lücke ist in **Spalte 6** abgebildet.

Entprechend Annahme 5 bleibt die Produktion aller anderen Förderländer konstant auf dem Wert von 2003. Nur die neuen (Spalte 2) und alten (Spalte 3) Fördergebiete und der Mittlere Osten können in diesem Modell ihre Produktionsmengen ändern. Weil die Förderung in den alten und neuen Fördergebieten (Spalte 4) aber mit dem globalen Ölverbrauch (Spalte 5) nicht schritthalten kann, wird der Mittlere Osten — wie in Annahme 6 festgelegt — die entstehende Lücke abdecken. Das Ergebnis — also die prozentuale globale Ölabhängigkeit vom Mittleren Osten — sehen wir in **Spalte 7**.

Die Aussage des pessimistischen Szenarios ist also, daß die Menge des Öls, das aus dem Persischen Golf kommt, bis 2020 auf 41,6 Millionen Barrel je Tag ansteigen wird. Dadurch vergrößert sich auch der Anteil, den der Mittlere Osten zur globalen Ölversorgung beisteuert. Die Abhängigkeit vom Mittleren Osten steigt somit von circa 30% heute auf 39% im Jahre 2020. Der Wert für die globale Ölabhängigkeit vom Mittleren Osten wird also bis zum Jahre 2020 die 39%-Marke nicht übersteigen.

11.2 Realistische Prognose

Das Ziel dieses Szenarios ist es, die zuküftige Entwicklung auf dem Ölmarkt möglichst wirklichkeitsnah vorherzusagen. Hierzu werde ich die Annahmen des pessimistischen Szenarios lockern und stärker den zu erwartenden Gegebenheiten anpassen. Wie das pessimistische Modell verfügt auch mein realistisches Szenario über sechs Annahmen. Es unterscheidet sich lediglich dadurch, daß die Annahmen 1P und 2P durch die Annahmen 1R und 2R ersetzt werden.[272]

Annahme 1P wird nun zu **Annahme 1R** geändert. Annahme 1R besagt, daß sich die Produktion der neuen Fördergebiete exakt so entwickelt, wie es weiter oben in den Abschnitten 9.1, 9.2 und 10.3 ausgeführt wurde.

Auch **Annahme 2P** wird zu **Annahme 2R** geändert: Die Prognosen zum Rückgang der Produktion in den USA und der Nordsee, die Colin Campbell in seinem 1999 erschienenen Buch »The Coming Oil Crisis« getroffen hat, wurden in den letzten Jahren von den amerikanischen und westeuropäischen Produktionsdaten widerlegt. Die Ölproduktion in den USA und der Nordsee geht zwar zurück, aber viel langsamer als Campbell es uns prophezeit hat. Innovationen im Fördersektor und die gegenüber 1998/99 gestiegenen Ölpreise sind Gründe hierfür. In meinem realistischen Szenario nehme ich daher an, daß sich der kontinuierliche Rückgang der Produktion in den USA und der Nordsee in ähnlichem Umfang wie in den letzten Jahren fortsetzt.

Die Annahmen 3 bis 6 werden unverändert aus dem pessimistischen Szenario übernommen. Die Bedingungen für mein realistisches Modell sehen also wie folgt aus:

Annahmen realistisches Szenario

Annahme 1R: Die Produktion der *neuen Fördergebiete* — also konventionelles Öl aus Zentralasien und Afrika sowie die kanadische Produktion aus Ölsand — entwickelt sich exakt so, wie es in den Abschnitten 9.1, 9.2 und 10.3 ausgeführt wurde.

Annahme 2R: In den USA und der Nordsee setzt sich der kontinuierliche Rückgang der Ölförderung in ähnlichem Umfang wie in den letzten Jahren fort.

---

[272] »P« für pessimistisch, »R« für realistisch

Annahmen beide Szenarien

Annahme 3: Mexico hat den Midpoint of Depletion bereits 2003 erreicht. Mexicos Produktion fällt ab 2003 wieder genauso schnell, wie sie bis zum Jahre 2003 gestiegen ist.[273]

Annahme 4: Die globale Nachfrage nach Rohöl wächst jedes Jahr um 1,9%.

Annahme 5: Der Mittlere Osten, die *neuen Fördergebiete* (Zentralasien, Afrika, Kanada) und die *alten Fördergebiete* (Nordsee, USA, Mexico) können ihre Produktionskapazität variieren. Die Produktion aller anderen Öllieferanten bleibt konstant auf dem Wert von 2003.

Annahme 6: Falls die *neuen* und *alten Fördergebiete* den zunehmenden globalen Ölbedarf nicht kompensieren, kann die entstehende Lücke durch zusätzliche Ölförderung aus dem Mittleren Osten abgedeckt werden.

Setzt man diese Annahmen in Datenwerte um, ergibt sich ein Szenario, das in Abbildung 50b dargestellt ist. Wir sehen, daß aufgrund der geänderten Annahme 1 die Produktion in den neuen Fördergebieten nun stärker wächst als im pessimistischen Szenario prognostiziert (**Spalte 2**). Weil auch Annahme 2 verändert wurde, sinkt analog dazu die Produktion der Nordsee und der USA langsamer als im pessimistischen Fall angenommen (**Spalte 3**). In der Summe wächst die Produktion der neuen und alten Fördergebiete viel stärker als im pessimistischen Szenario (**Spalte 4**). Ein Blick auf die **Spalten 4 und 5** zeigt, daß das Produktionswachstum in den neuen Fördergebieten nicht nur den Produktionsverfall der alten Fördergebiete auffangen kann. Es ist sogar so stark, daß es die rasant steigende Ölnachfrage nahezu kompensieren kann. Die in **Spalte 6** aufgeführte Lücke zwischen Produktion und Nachfrage fällt weitaus geringer aus als die Lücke im vorherigen Szenario. Weil die alten und neuen Fördergebiete einen sehr großen Teil der gesamten Mehrnachfrage nach Öl auffangen werden können, muß der Mittlere Osten seine Produktion nur in geringem Umfang steigern (**Spalte 7**). Prozentual betrachtet wird die Ölabhängigkeit vom Mittleren Osten dadurch sogar abnehmen.

---

[273] Tatsächlich ist die Förderung in Mexico von 2003 auf 2004 noch weiter gestiegen. Weil Mexicos Produktion laut Oil & Gas Journal nur noch eine Reichweite von 9 bis 11 Jahren besitzt, muß ich in meiner Prognose davon ausgehen, daß Mexicos Produktion unmittelbar vor einer Trendwende steht. Vgl. Sandrea 2004, S. 35

Abb. 50b: Realistische Prognose: Änderung der Ölproduktion in alten und neuen Fördergebieten 2003-2020

Spalte 1	Spalte 2						Spalte 3						Spalte 4		Spalte 5		Spalte 6	Spalte 7	
Jahr	Produktion und Produktionszunahme gegenüber 2003, neue Fördergebiete in Mio. Barrel/Tag						Produktion und Produktionsabnahme gegenüber 2003, alte Fördergebiete in Mio. Barrel/Tag						Summe neue und alte Fördergebiete in Mio. Barrel/Tag		Ölnachfrage und Nachfragezunahme der Welt in Mio. Barrel/Tag		Lücke zwischen Produktion und Nachfrage in Mio. Barrel/Tag	globale Ölabhängigkeit vom mittleren Osten in Mio. Barrel/Tag und in Prozent	
	Kaspi		Afrika		Kanada*		Nordsee		USA		Mexico								
	Prod.	+/-	Prod.	+/-	Prod.	+/-	Prod.	+/-	Prod.	+/-	Prod.	+/-	Prod.	+/-	Nachfrage	+/-		Prod.	Anteil
2003	1,3	0,0	8,7	0,0	0,7	0,0	5,7	0,0	7,4	0,0	3,8	0,0	27,6	0,0	78,1	0,0	0,0	23,2	29,7%
2004	1,3	0,0	9,2	+0,5	0,9	+0,1	5,6	-0,2	7,3	-0,1	3,6	-0,2	27,8	+0,2	79,6	+1,5	-1,3	25,9	32,5%
2005	1,9	+0,6	9,7	+1,1	1,0	+0,3	5,4	-0,4	7,2	-0,2	3,3	-0,4	28,7	+1,0	81,1	+3,0	-1,9	26,5	32,7%
2006	2,1	+0,8	10,3	+1,6	1,2	+0,4	5,3	-0,3	7,1	-0,3	3,1	-0,6	29,1	+1,5	82,6	+4,5	-3,0	27,6	33,4%
2007	2,2	+0,9	10,9	+2,2	1,4	+0,7	5,1	-0,6	7,0	-0,4	3,0	-0,8	29,6	+2,0	84,2	+6,1	-4,1	28,6	34,0%
2008	2,4	+1,1	11,6	+2,9	1,6	+0,9	5,0	-0,7	6,9	-0,5	2,8	-1,0	30,3	+2,6	85,8	+7,7	-5,0	29,6	34,5%
2009	2,6	+1,3	12,3	+3,6	1,9	+1,2	4,9	-0,8	6,8	-0,6	2,6	-1,2	31,0	+3,4	87,4	+9,3	-5,9	30,5	34,9%
2010	2,7	+1,4	13,0	+4,3	2,2	+1,5	4,7	-1,0	6,7	-0,7	2,5	-1,3	31,9	+4,2	89,1	+11,0	-6,7	31,3	35,1%
2011	2,9	+1,6	13,7	+5,1	2,6	+1,9	4,6	-1,1	6,6	-0,8	2,3	-1,5	32,8	+5,2	90,7	+12,6	-7,4	32,0	35,2%
2012	3,1	+1,8	14,6	+5,9	3,1	+2,4	4,5	-1,2	6,5	-0,9	2,2	-1,6	34,0	+6,3	92,5	+14,4	-8,0	32,6	35,2%
2013	3,3	+2,0	15,4	+6,7	3,6	+2,9	4,4	-1,3	6,4	-1,0	2,0	-1,7	35,2	+7,6	94,2	+16,1	-8,5	33,1	35,1%
2014	3,6	+2,3	16,3	+7,6	4,3	+3,5	4,3	-1,5	6,4	-1,0	1,9	-1,9	36,7	+9,1	96,0	+17,9	-8,8	33,4	34,8%
2015	3,8	+2,5	17,3	+8,6	5,0	+4,3	4,2	-1,6	6,3	-1,1	1,8	-2,0	38,3	+10,7	97,8	+19,7	-9,0	33,6	34,3%
2016	4,1	+2,8	18,3	+9,6	5,9	+5,1	4,0	-1,7	6,2	-1,2	1,7	-2,1	40,2	+12,6	99,7	+21,6	-9,0	33,6	33,7%
2017	4,4	+3,1	19,4	+10,7	6,9	+6,2	3,9	-1,8	6,1	-1,3	1,6	-2,2	42,3	+14,7	101,5	+23,4	-8,8	33,3	32,8%
2018	4,7	+3,4	20,5	+11,8	8,1	+7,4	3,8	-1,9	6,0	-1,4	1,5	-2,3	44,7	+17,0	103,5	+25,4	-8,3	32,9	31,8%
2019	5,0	+3,7	21,7	+13,1	9,5	+8,8	3,7	-2,0	5,9	-1,5	1,4	-2,4	47,3	+19,7	105,4	+27,3	-7,6	32,2	30,5%
2020	5,4	+4,1	23,0	+14,3	11,2	+10,4	3,6	-2,1	5,8	-1,6	1,3	-2,5	50,4	+22,7	107,4	+29,3	-6,6	31,1	29,0%

*) In Kanada wird auch konventionelles Erdöl gefördert. Die hier aufgeführte Produktionsdaten berücksichtigen nur die Herstellung von Rohöl aus Ölsand

Quellen: Eigene Berechnung und Projektion, Datenmaterial wie in Abbildung 50a, jedoch ohne Campbell.

Quelle: Abbildung 50a und 50b

Das realistische Szenario kommt zu folgender Aussage: Die Ölmenge, die im Jahre 2020 den Persischen Golf verläßt, wird also geringfügig größer als heute sein. Auch in Abbildung Abbildung 50c — die eine Zusammenfassung der Abbildungen 50a und 50b ist — sieht man, daß die Ölabhängigkeit der Welt von dieser Krisenregion bis 2011 geringfügig ansteigt. Nach 2011 jedoch wird die Abhängigkeit vom arabischen Öl wieder sinken. Dieses Ergebnis ist besonders bemerkenswert, weil es der geläufigen Meinung der meisten Energieexperten widerspricht. Ähnlich wie im Jahre 2003 wird der Beitrag des Mittleren Ostens zur globalen Ölversorgung im Jahre 2020 bei 29% liegen. Alles in allem bleibt die globale Abhängigkeit vom arabischen Öl in dieser und in der nächsten Dekade weitgehend konstant.

11.3 Diskussion der Ergebnisse beider Prognosen

Würden die Annahmen der Pessimisten stimmen, dann würde in den politisch sicheren Förderländern die Ölproduktion sinken. Weil diese politisch sicheren Förderländer die unaufhörlich steigende Ölnachfrage dann nicht befriedigen könnten, würde sich das Gros der

Ölproduktion in den erdölreichen, aber konflikträchtigen Mittleren Osten verlagern. Unser ganzer Planet würde zunehmend am Öltropf des Persischen Golfs hängen. Jede noch so kleine Krise in der Region würde sich dann schockwellenartig über den gesamten Globus ausbreiten. Während die Industrieländer sich dann von Ölkrise zu Ölkrise hangeln würden, würden steigende Arbeitslosenzahlen den politischen Frieden gefährden, galoppierende Inflationsraten die Weltwirtschaft und damit den Wohlstand und die gesicherte Existenz eines jeden einzelnen zerfressen.

So negativ sich die Apostel des Schreckens die kurz- und mittelfristige Zukunft auch ausmalen mögen; die gerade vorgestellten Szenarien zeigen, daß unser Planet noch eine geraume Zeit von diesen düsteren Visionen verschont bleiben wird. Das pessimistische Szenario sagt aus, daß in den nächsten 15 Jahren die globale Ölabhängigkeit vom Mittleren Osten 39% nicht überschreiten wird. In der realistischen Variante steigt die Abhängigkeit auf maximal 35% und sinkt dann sogar wieder auf 29% ab.

Beide Szenarien zeigen, daß wir nicht im übertriebenem Ausmaß auf die Quellen des Mittleren Ostens angewiesen sein werden. Die Produktionszuwächse in Zentralasien und Afrika sowie der verstärkte Einsatz von kanadischem Teersand werden dafür sorgen, daß die Abhängigkeit vom arabischen Öl nur mäßig steigt — im realistischen Fall gegenüber heute sogar abnimmt.

11.3.1 Vergleich der Ergebnisse beider Szenarien mit anderen aktuellen Prognosen

Um die Ergebnisse meiner Szenarien besser einzuordnen, sollten diese mit den Prognosen anderer Autoren und Experten, die sich mit Energiefragen auseinandersetzen, verglichen werden. Ein solcher Vergleich ist in Abbildung 51 dargestellt. Wir sehen, daß die hier vorgestellten Studien aussagen, daß unser Planet im Jahre 2010 zu 30% bis 48% und im Jahre 2020 zu 36% bis 55% vom Öl des Persischen Golf abhängen wird. Der Vergleich dieser Werte mit dem Ergebnis meiner eigenen Szenarien macht zwei Dinge deutlich:

1. In allen hier vorgestellten Studien wird die Meinung vertreten, daß die globale Ölabhängigkeit vom Mittleren Osten bis 2020 weiter zunehmen wird. Das pessimistische Szenario stimmt damit weitgehend mit diesen Prognosen und der landläufigen Meinung überein, daß die Abhängigkeit vom arabischen Öl zunimmt.

2. Das realistische Szenario kommt zu dem Ergebnis, daß die Ölabhängigkeit zunächst leicht steigt und bis zum Jahre 2020 auf einen Wert sinkt, der mit der heutigen Situation

vergleichbar ist. Damit stimmt das realistische Szenario **nicht** mit der geläufigen Meinung der anderen Wissenschaftler überein.

Das realistische Szenario ist also sehr interessant, weil es im Vergleich zu den Prognosen aller anderen Wissenschaftler zu einem scheinbar gegenteiligen Ergebnis kommt; im Abschnitt 11.3.3 werde ich zeigen, daß mein realistisches Szenario dennoch durch die Studien dieser Wissenschaftler bestätigt wird. Man könnte nun behaupten, daß die Annahmen, die für das realistische Szenario getroffen wurden, utopisch sind, und daß es damit kein Wunder ist, daß das realistische Szenario zu einem solch unerwarteten Ergebnis kommt.

So unglaublich es auch klingen mag: Nicht die Annahmen des realistischen Szenarios sind aus der Luft gegriffen; alle Annahmen des realistischen Szenarios entsprechen realen Gegebenheiten. Es sind vielmehr die Annahmen des pessimistischen Szenarios, die nicht der Wirklichkeit entsprechen. Im Folgenden werde ich darauf eingehen, warum das pessimistische Szenario nicht eintreffen wird, und warum mein realistisches Szenario auch tatsächlich realistisch ist.

Abb. 51: Globale Ölabhängigkeit vom Mittleren Osten,
Vergleich des eigenen pessimistischen und realistischen Szenarios mit den
Prognosen anderer Experten

Name (Jahr der Veröffentlichung)	2010	2020
Campbell (1999)	48%	54%
Eichhammer / Jochem (2001)	35%	50%
Müller (2001)	47%	55%
Umbach (2002)	31%	38%
Müller (2003)	30%	36%
Bandbreite	30% - 48%	36% - 55%
eigenes pessimistisches Szeanrio	35%	39%
eigenes realistisches Szenario	35%	29%

Quellen: Campbell 1999, S. 201f; Eichammer, Wolfgang / Jochem, Eberhard: Europäische Energiepolitik - die Herausforderungen beginnen erst, in: Energiewirtschaftliche Tagesfragen, Heft 3, 2001, S. 101; Müller, Friedemann: Der zukünftige Energiebedarf Europas und die Ressourcen der kaspischen Region, in: Rill, Bernd / Sen, Faruk: Kaukasus, Mittelasien, Nahost - gemeinsame Interessen von EU und Türkei, München 2001, S. 17; Umbach 2002, S. 159; Müller, Friedemann: Versorgungssicherheit. Die Risiken der internationalen Energieversorgung, in: Internationale Politik 3/2003, S. 5; Abbildung 50a und 50b

11.3.2 Warum das pessimistische Szenario falsch und das realistische Szenario richtig ist

Das pessimistische Szenario wird nicht eintreffen, weil es auf unrealistischen Annahmen beruht. Annahme 1P geht zum Beispiel davon aus, daß die Produktion in den neuen Fördergebieten zwar wächst, aber hinter den in Teil B dargestellten Erwartungen zurückbleibt. Um Annahme 1P gerecht zu werden, bin ich bei der pessimistischen Prognose davon ausgegangen, daß die Produktionsmenge der neuen Fördergebiete im untersuchten Zeitraum nur leicht ansteigt. Um einen solchen leichten Anstieg zu modellieren, habe ich für alle drei neuen Fördergebiete eine lineare Funktion[274] verwendet.

Eine solche lineare Modellierung ist jedoch falsch. Denn schon in Abschnitt 4.2.4, in dem die Hubbert-Kurve diskutiert wurde, haben wir festgestellt, daß sich die Produktion neu erschlossener Ölfelder nicht linear, sondern immer exponentiell entwickelt. Ich habe hier die Hubbert Kurve noch einmal in Abbildung 52 dargestellt. Wir sehen, daß sich die Fördermengen der gelb eingezeichneten Ölfelder im ersten Drittel ihrer Lebensdauer stets exponentiell entwickeln. Da es sich in Zentralasien, Afrika und Kanada auch um neue Fördergebiete handelt, wird auch ihre Produktion exponentiell wachsen. Auch die in Teil B vorgestellten Daten sprechen gegen ein lineares Wachstum der Fördermengen in Zentralasien, Afrika und Kanada. Die Produktionsdaten aus Teil B können aber durch eine Exponentielle Wachstumsfunktion sehr gut angenähert werden. Annahme 1P ist also unrealistisch, weil sie weder den exponentiellen Anstieg neu erschlossener Ölfelder noch die in Teil B vorgestellte Entwicklung miteinbezieht.

Wollen wir also ein verläßliches Szenario erhalten, ist die Abkehr von Annahme 1P und eine Hinwendung zu Annahme 1R notwendig. Um Annahme 1R zu erfüllen, ist die folgende Modellierung der Produktionsdaten der neuen Fördergebiete notwendig: Erstens soll sich die Produktion ähnlich wie in den gelb eingezeichneten Ölfeldern aus Abbildung 52 exponentiell entwickeln. Zweitens sollen die in Teil B angesprochenen Produktionsprognosen für die neuen Fördergebiete möglichst gut in unsere Funktion hineinpassen. Genau dies habe ich im realistischen Szenario gemacht und eine exponentielle Wachstumsfunktion erhalten, die diese Vorgaben und damit Annahme 1R erfüllt.

Abbildung 53 zeigt die unterschiedliche Wirkung der Annahmen 1P und 1R auf die Produktionsentwicklung der neuen Fördergebiete. Dabei steht die rote Linie für die im pessimistischen Szenario getroffene Annahme 1P; die grüne Kurve repräsentiert die Annahme 1R. Man sieht, daß die in Teil B vorgestellten Produktionsdaten von dieser Kurve

---

[274] Erläuterungen zu linearen und exponentiellen Funktionen finden sich in Kapitel 8, S. 96 und im Glossar.

Abb. 52: Hubberts Normalverteilungskurve

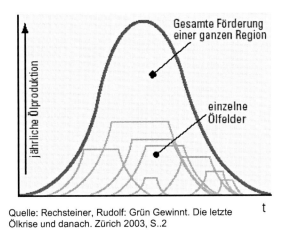

Quelle: Rechsteiner, Rudolf: Grün Gewinnt. Die letzte
Ölkrise und danach. Zürich 2003, S..2

optimal eingeschlossen werden. Der Vergleich der Abbildung 53 mit der Abbildung 52 zeigt
Folgende: Die grüne Kurve der Abbildung 53 besitzt einen ähnlichen Verlauf wie die gelb
eingezeichneten Ölfelder der Abbildung 52.

**Abb. 53: Entwicklung der Ölproduktion der neuen Fördergebiete
unter verschiedenen Annahmen**

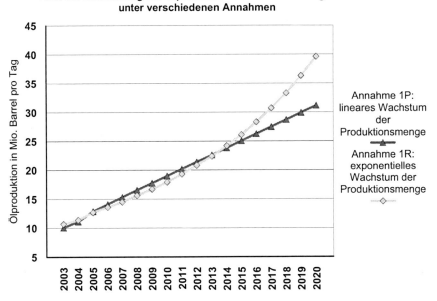

Quelle: Abb. 50a und 50b

Annahme 1P untertreibt also die Realität bei weitem und eignet sich damit nicht zum Erstellen eines realistischen Szenarios. Für das Modellieren einer wirklichkeitsnahen Prognose ist also Annahme 1R definitiv die richtige Wahl.

Genauso wie die Annahme 1P geht auch die Annahme 2P weit an der Realität vorbei. Um ein pessimistisches Szenario und damit eine obere Schranke für die globale Ölabhängigkeit vom Mittleren Osten bis zum Jahre 2020 zu erhalten, habe ich mich in Annahme 2P für die Prognosen der Ölproduktion der USA und der Nordsee von Colin Campbell entschieden. Campbells Daten eignen sich vorzüglich für ein pessimistisches Modell, weil er zu den Skeptikern unter den Geologen gehört. Die Daten sind Campbells Buch »The Coming Oil Crisis« entnommen.[275] Weil er dieses Buch 1999 veröffentlicht hat, beginnen seine Prognosen bereits ab dem Jahre 1997. Leider hat sich Campbell bei seinen Vorhersagen geirrt. Seine Prognosen waren zu pessimistisch und wurden von den tatsächlichen Produktionsmengen sowohl in den USA als auch in der Nordsee bereits widerlegt.[276] So wie es aussieht haben die in Kapitel 10 vorgestellten technischen Innovationen im Fördersektor dafür gesorgt, daß die amerikanischen und westeuropäischen Ölfelder besser ausgebeutet werden können. Die Ölproduktion sinkt also viel langsamer als angenommen. Auch der gegenüber den 1990er Jahren gestiegene Ölpreis wirkte dem Abflauen der Produktionsmenge entgegen. So läßt sich wegen dem hohen Ölpreis in den USA sogar ein kleiner Ölboom verzeichnen: Immer mehr kleine Ölfirmen bohren in bereits stillgelegten US-Feldern nach Öl. Die Minifirmen kratzen in Texas und New Mexico die letzten Reste des schwarzen Goldes aus dem Boden und arbeiten ab einem Ölpreis von 30 US-$ in der Gewinnzone. Diese Resteverwerter bewirken, daß aus bereits stillgelegten Ölfeldern wieder neues Öl sprudelt und auf den amerikanischen Markt geworfen wird.[277] In der Summe führt dies dazu, daß die Gesamtproduktion der USA viel langsamer sinkt als 1999 von Campbell vorhergesagt.

Während das pessimistische Szenario mit der Annahme 2P lediglich eine obere Schranke für die globale Ölabhängigkeit vom Mittleren Osten bis zum Jahre 2020 darstellt, ermöglicht das realistische Szenario mit der Annahme 2R eine wirklichkeitsnahe Abschätzung dieser Ölabhängigkeit. Im Gegensatz zu Campbell geht Annahme 2R davon aus, daß sich in den USA und der Nordsee der kontinuierliche Produktionsrückgang langsamer fortsetzt und zwar

---

[275] Vgl. Campbell 1999, S. 201f
[276] Vgl. BP Statistical Review of World Energy 2005 - Excel Workbook
[277] Vgl. Höfinghoff, Tim: Bis zum letzten Tropfen, in: Financial Times Deutschland, 18.10.2005, S. 27

in einem ähnlichen Umfang, wie in den letzten Jahren. Die Annahme 2R ist sehr konservativ. Aufgrund der in Teil B vorgestellten Lösungen ist es durchaus möglich, daß der Verfall der Produktion in den alten Fördergebieten noch viel langsamer voranschreitet als in meinem realistischen Szenario modelliert.

Auch die Annahmen 3 bis 6, die sowohl im pessimistischen als auch im realistischen Szenario verwendet werden, sind sehr konservativ beziehungsweise vorsichtig gewählt.

Annahme 3 geht davon aus, daß in Mexico der Midpoint of Depletion 2003 erreicht wurde und daß die Produktion ab 2003 genauso schnell fällt wie sie bis 2003 gestiegen ist. Im Gegensatz zu dieser Annahme gipfelte die Produktion Mexicos jedoch nicht 2003. Sie hat seitdem sogar leicht zugenommen.[278] Mexicos Produktion steht zwar unmittelbar vor der Trendwende; dennoch können Innovationen im Fördersektor dazu führen, daß der Produktionsrückgang Mexicos viel niedriger ausfällt als in Annahme 3 festgelegt. Weil mein realistisches Szenario konservativ sein soll, habe ich mich für die in Annahme 3 definierte Modellierung entschlossen.

In Annahme 4 habe ich definiert, daß die globale Nachfrage nach Rohöl jedes Jahr um 1,9% wächst. Auch diese Annahme ist sehr vorsichtig gewählt. In der Literatur, die mir für diese Arbeit vorlag, wurden diverse Prognosen zur Zunahme des globalen Ölverbrauchs aufgestellt. Wie Abbildung 54 zeigt, sagen diese Prognosen eine jährliche Zunahme von 0,9% bis 2% voraus. Die Spanne liegt also bei 0,9% bis 2%. Weil mein realistisches Szenario auf möglichst konservativen Annahmen beruhen sollte, habe ich mit 1,9% den oberen

Abb. 54: Verschiedene Prognosen zur Entwicklung des globalen Ölbedarfs bis 2020

Autor oder Institut	jährliche Zunahme des globalen Ölbedarfs
al-Husseini	0,9%
US-Energy Information Administration	1,5%
Internationale Energieagentur	1,6%
US-Department of Energy	1,7%
OPEC	1,5 % - 1,8%
Eichhammer / Jochem	2%

Quellen: al-Husseini, Saddad: Rebbuting the critics: Saudi Arabia's oil reserves, production practices ensure ist cornerstone role in future oil supply, in: Oil & Gas Journal / May 17, 2004, S. 16; Sandrea 2004, S. 34; Umbach 2002, S. 150 und 157; Johnson, Harry / Crawford, Peter / Bunger James: Strategic Significance of America's Oil Shale Ressoure. Volume I. Assessment of Strategic Issues, Washington D.C. 2004, S. 5, www.evworld.com/library/Oil_Shale_Slategic_Significant pdf Download am 02.10.05 um 13:44; Eichhammer 2001, S. 101.

---

[278] Vgl. BP Statistical Review of World Energy 2005 - Excel Workbook

Abb. 55: Produktionsreichweiten der restlichen Öllieferanten, Ende 2004

Land/Region	nachgewiesene Ölreseven in Mrd. Barrel Ende 2004	Produktion 2004 in Mio. Barrel/Tag	Reichweite in Jahren
Argentinien	2,7	0,8	10
Brasilien	11,2	1,5	20
Kolumbien	1,5	0,6	8
Ekuador	5,1	0,5	26
Peru	0,9	0,1	27
Trinidad & Tobago	1,0	0,2	18
Venezuela	77,2	3,0	71
restliches Zentral- und Südamerika	1,5	0,2	27
Summe Lateinamerika ohne Mexico	101,2	6,8	41
Australien	4,0	0,5	20
Brunei	1,1	0,2	14
China	17,1	3,5	13
Indien	5,6	0,8	19
Indonesien	4,7	1,1	12
Malaysia	4,3	0,9	13
Thailand	0,5	0,2	6
Vietnam	3,0	0,4	19
restlicher asiatisch-pazifischer Raum	0,9	0,2	13
Summe asiatisch-pazifischer Raum	41,1	7,9	14
Rußland ohne Zentralasien	72,3	9,3	21
Gesamtsumme 'restliche Öllieferanten'	214,5	24,0	24

Quelle: BP Statistical Review of World Energy 2005 - Excel Workbook, eigene Berechnung

Bereich dieses Intervalls gewählt. Ich gehe also in Annahme 4 davon aus, daß die globale Ölnachfrage bis 2020 sehr stark wächst. Wirft man noch einmal einen Blick auf die anderen Prognosen aus Abbildung 54, dann ist es durchaus wahrscheinlich, daß der globale Ölbedarf langsamer ansteigt als in Annahme 4 vorausgesetzt. Sollte es in den nächsten 15 Jahren einen langsameren Zuwachs geben, dann wäre in meinem realistischen Szenario die Lücke zwischen Produktion und Verbrauch (Abbildung 50b, Spalte 6, S. 159) viel geringer. Eine geringere Lücke würde dann auch eine niedrigere Ölabhängigkeit vom Mittleren Osten bedeuten. Weil ich in Annahme 4 von einem viel zu hohen Anstieg des Ölbedarfs ausgehe ist, auch diese Annahme sehr konservativ gewählt.

Da ich sowohl im pessimistischen als auch realistischen Szenario die globale Situation auf dem Ölmarkt prognostizieren möchte, muß ich in meinem Szenario auch alle Ölproduzenten einbeziehen. Neben Zentralasien, Afrika, Kanada, Mexico, der USA, der Nordsee und dem Mittleren Osten wird auf unserem Planeten auch andernorts Öl gefördert. Um die Modellierung meiner beiden Szenarien nicht allzu komplex werden zu lassen, habe ich in Annahme 5 festgelegt, daß ausschließlich der Mittlere Osten, die *neuen Fördergebiete* (Zentralasien, Afrika, Kanada) und die *alten Fördergebiete* (Nordsee, USA, Mexico) ihre

Produktionskapazität ändern können. Die Produktion aller anderen Öllieferanten soll hingegen — gemäß Anahme 5 — konstant auf dem Wert von 2003 verharren.

Diese Annahme ist erlaubt, weil die Gesamtproduktion der restlichen Öllieferanten bis 2020 mindestens konstant bleibt oder sogar noch ansteigt. Hierfür sprechen die folgenden Gründe: Für das Konstantbleiben der Produktion spricht Abbildung 55. Hier ist sowohl die Reservensituation als auch die gegenwärtige Produktion der restlichen Öllieferanten dargestellt. Wir sehen, daß die restlichen Öllieferanten insgesamt eine Produktionsreichweite von 24 Jahren besitzen. Sie könnten also ihren Förderoutput nicht nur bis ins Jahr 2020, sondern sogar darüber hinaus bis ins Jahr 2028 auf einem konstanten Niveau halten, ehe ihnen das Öl ausgeht.

Dafür, daß die Fördermenge der restlichen Öllieferanten sogar noch leicht steigt, sprechen technische und wirtschaftliche Argumente. Aufgrund des hohen Ölpreises werden auch die restlichen Öllieferanten technologische Neuerungen in ihre Förderinfrastruktur implementieren. Bereits erschlossene Ölvorkommen können so intensiver ausgebeutet werden. Zusätzlich sorgt der hohe Ölpreis gepaart mit Innovationen im Fördersektor dafür, daß sich bislang technisch und/oder wirtschaftlich nicht erschließbare Ölvorkommen ausbeuten lassen. Auf diese Weise ist die Produktion der restlichen Öllieferanten von 2003 auf 2004 nicht etwa konstant geblieben — sie ist in diesem Zeitraum sogar um 5,1% (!) Gewachsen.[279] Annahme 5 wird also mehr als erfüllt. Weil sie die Entwicklung der Produktionsmengen unterschätzt, ist auch sie eine eher konservative Annahme.

Zusammengefaßt sehen wir also das Folgende: Die Annahmen 3 bis 5, die für beide Szenarien gelten, sind extrem konservativ gewählt. Eine Verletzung von Annahme 6 verändert das Ergebnis der Szenarien ebenfalls nicht, da eine Verletzung von Annahme 6 die Abhängigkeit vom Mittleren Osten allenfalls verringert. Die Annahmen 1P und 2P, auf denen mein pessimistisches Szenario basiert sind so pessimistisch gewählt, daß es nahezu ausgeschlossen ist, daß dieses Szenario auch eintrifft. Das pessimistische Szenario sollte lediglich zeigen, daß auch im schlimmsten Fall die globale Ölabhängigkeit vom Mittleren Osten bis zum Jahre 2020 nicht sonderlich steigen wird. Annahmen 1R und 2R entsprechen dagegen realen Entwicklungen, so wie sie bereits im Teil B dieser Arbeit diskutiert wurden. Alle Annahmen sind also entweder sehr sehr vorsichtig gewählt oder entsprechen tatsächlichen Entwicklungen. Die Wahrscheinlichkeit, daß mein realistisches Szenario

---

[279] Vgl. BP Statistical Review of World Energy 2005 - Excel Workbook, eigene Berechnung

eintreffen wird, ist damit sehr hoch. Weil die Annahmen des realistischen Szenarios so konservativ getroffen wurden, besteht darüber hinaus die Möglichkeit, daß die Situation sich besser entwickelt und die Ölabhängigkeit vom Mittleren Osten noch wesentlich niedriger ausfällt als sie das realistische Modell vorhersagt.

Während die Prognosen der anderen Wissenschaftler, die allesamt zu der Einschätzung kommen, daß die globale Abhängigkeit vom Persischen Golf weiter zunehmen wird, und diese krisengeschüttelte Region im Jahre 2020 zwischen 36% und 55% des globalen Ölbedarfs decken wird, bin ich zu einem vollkommen anderen Ergebnis gekommen: Die Abhängigkeit vom Mittleren Osten, die im Jahre 2003 bei 30% lag, wird in den Jahren 2011/2012 ihren Höhepunkt bei 35% erreichen und von da an beständig zurückgehen und im Jahre 2020 schließlich auf einen Wert von 29% fallen.

11.3.3 Überprüfen des realistischen Szenarios auf Plausibilität

Auf den ersten Blick widerspricht mein Ergebnis den Einschätzungen der meisten anderen Wissenschaftler. Es sieht danach aus, als ob meine realistische Prognose ein Einzelfall wäre. Betrachtet man aber noch einmal den Vergleich meines realistischen Szenarios mit den Ergebnissen anderer Prognosen aus Abbildung 51 (S. 162), läßt sich ein bemerkenswerter Zusammenhang erkennen: Je neuer die Prognose ist, desto geringer ist die durch sie prognostizierte globale Abhängigkeit vom arabischen Öl im Jahre 2020. Um diesen Zusammenhang näher zu untersuchen, habe ich die Daten aus Abbildung 51 in ein XY-Diagramm der Abbildung 56 eingetragen.

Auf der Y-Achse ist die globale Ölabhängigkeit vom Mittleren Osten im Jahre 2020 eingetragen. Die X-Achse stellt dabei das Erscheinungsjahr der jeweiligen Prognose dar. Die Prognosen der Abbildung 51 werden als grüne Punkte in dieses XY-Diagramm eingetragen. Betrachtet man die Verteilung dieser Punkte genauer, so läßt sich erkennen, daß sich diese grüne Punktwolke im XY-Diagramm nach unten rechts bewegt. Um diesen Trend genau zu erfassen, wird eine Gerade an die grünen Punkte angenähert.[280] Wir erhalten durch dieses Annäherungsverfahren die rote Gerade, die den Trend der in Abbildung 51 vorgestellten Prognosen darstellt. Mein eigenes realistisches Szenario habe ich als blauen Stern in Abbildung 56 eingetragen. Hier wird deutlich, daß das Ergebnis meines realistischen

---

[280] Der Trend läßt sich durch eine lineare Approximation nach der Methode der kleinsten Fehlerquadrate bestimmen, die ein mathematisches Standardverfahren darstellt.

Quelle: Abbildungen 50b und 51

Szenarios, die Welt des Jahres 2020 wäre zu 29% vom Öl des Mittleren Ostens abhängig, vollkommen mit dem Trend der Vergleichsprognosen liegt.

Auf den zweiten Blick ist also das Ergebnis des realistischen Szenarios kein Einzelfall, sondern liegt — betrachtet man auch die zeitliche Dimension der Vergleichsprognosen — voll im Trend.

Warum ist das so? Durch welche Faktoren wird dieser Trend ausgelöst? Der Trend wird durch Unterschiede im Datenmaterial für die verschiedenen Prognosen verursacht. Da die vorliegenden Arbeiten älter sind, verwenden sie auch älteres Datenmaterial. Seit dem Veröffentlichungsdatum der Vergleichsstudien sind aber die folgenden Ereignisse eingetroffen:

- In Zentralasien gab es nur begrenzte Möglichkeiten, das Öl aus der Region herauszubefördern. Vor wenigen Jahren war noch unklar, ob oder wann Projekte wie die Baku-Tiflis-Ceyhan Pipeline zum Lösen des Transitproblems für das kaspische Öl fertiggestellt werden.

- Afrika als Fördergebiet wurde in den Vergleichsarbeiten noch nicht detailliert thematisiert. Vor allem die Fördermöglichkeiten im Offshore-Bereich Westafrikas wurden unterschätzt.
- Weil die Herstellung von Rohöl aus Ölsand vor einigen Jahren noch unwirtschaftlich war, wurde die kanadische Ölsandförderung je nach Alter der Vergleichsstudie entweder überhaupt nicht oder nur ungenügend in die Prognosen einbezogen.
- Der Anstieg des Ölpreises führte zur Erschließung bisher unrentabler Quellen.

Die gerade aufgezählten Ereignisse sind im Datenmaterial für mein realistisches Szenario bereits erhalten. Auch ein kleines Gedankenspiel mit meinem realistischen Szenario zeigt, daß es die gerade aufgezählten Stichpunkte sind, die das Resultat meiner Prognose von den Ergebnissen der Vergleichsprognosen abweichen lassen. Sobald ich die Existenz der Baku-Tiflis-Ceyhan Pipeline und der kanadischen Ölsandförderung nicht mehr berücksichtige, kommt mein realistisches Szenario zu dem Ergebnis, daß die Welt im Jahre 2010 zu 38% und im Jahre 2020 zu 45% vom arabischen Öl abhängig sein wird — ein ähnliches Ergebnis also, wie in der Arbeit von Eichhammer und Jochem aus dem Jahre 2001.[281]

Summa summarum werden also die von Skeptikern geäußerten und in Teil A analysierten Befürchtungen, die Produktion in den politisch stabilen Förderländern würde so weit absacken, daß wir schon sehr bald in eine verhängnisvolle Abhängigkeit von den arabischen Öllieferanten geraten, **nicht** eintreffen. Öl aus neuen Fördergebieten, Investitionen in die bestehende Förderinfrastruktur und die Produktion von Öl aus nicht-konventionellen Vorkommen werden die Ölabhängigkeit vom Nahen und Mittleren Osten zunächst relativ konstant halten und später sogar noch verringern.

Die Kernaussage meiner Arbeit ist also, daß sich verglichen mit heute an der Versorgungssicherheit unseres Planeten mit der kostbaren Ressource Erdöl in den nächsten 15 Jahren **nichts** ändern wird. Die Welt des Jahres 2020 wird sogar noch weniger vom arabischen Öl abhängig sein als die Welt von heute.

---

[281] Vgl. Eichhammer 2001, S. 101

Die aufgestellte Hypothese, daß *die prozentuale Abhängigkeit unseres Planeten vom Öl des Nahen und Mittleren Ostens bis zum Jahre 2020 weitgehend konstant bleibt,* ist damit bewiesen.

q.e.d.

12. Fazit — Empfehlungen für die Politik

Wir haben also festgestellt, daß die apokalyptischen Vorhersagen der Energie-Pessimisten nicht eintreffen werden. Uns wird weder in absehbarer Zeit das Erdöl ausgehen, noch werden sich Befürchtungen bewahrheiten, daß wir in eine verhängnisvolle Ölabhängigkeit vom Mittleren Osten geraten. Da wir unsere Ölabhängigkeit vom Orient weitgehend konstant halten können, sind wir ölversorgungstechnisch auf der sicheren Seite — zumindest für die nächsten 15 Jahre. Konflikte im krisengeschüttelten Orient werden zwar ab und an die Ölpreise in die Höhe springen lassen, die Ölpreise werden aber nach so einem Sprung wieder sehr schnell auf ein moderates Niveau zurückfallen. Es wird also weder eine dauerhafte Ölkrise geben, noch werden Konflikte im Mittleren Osten die Entwicklung der OECD-Volkswirtschaften nachhaltig beeinflussen.

So wie es aussieht, haben also mal wieder die Energie-Optimisten Recht behalten und die düsteren Visionen der Skeptiker auf Eis gelegt. Das liegt daran, daß die zu Beginn der Arbeit zitierten Kritiker bei ihren Vorhersagen sowohl das Spiel von Angebot und Nachfrage als auch den menschlichen Erfindungsgeist vernachlässigt haben. Die Analysen der Pessimisten waren zu statisch und bezogen mögliche volkswirtschaftliche und technische Entwicklungen nicht mit ein. Doch zur Schmach der Pessimisten und zum Triumphe der Optimisten wurden neue Möglichkeiten gefunden, die drohende Ölknappheit abzuwenden.

Möchte man die Diskussion zwischen Öl-Optimisten und Öl-Pessimisten prägnant zusammenfassen, dann eignet sich dafür die folgende Karikatur: Ein Pessimist und ein Optimist sitzen zusammen am Küchentisch. Der Pessimist öffnet den Kühlschrank und sagt: »Oh, wir haben nur noch Essen für drei Tage, in vier Tagen werden wir verhungern!« Darauf erwidert Optimist: »Nein, in zwei Tagen werden wir in den Supermarkt gehen und unsere Vorräte aufstocken.«

Wir befinden uns im Augenblick genau in einer solchen Phase. Es wird höchste Zeit unsere Vorräte aufzustocken. Weil die Vorräte in unserem Erdöl-Kühlschrank langsam zur Neige gehen, werden sie knapper — und damit teurer. Weil die letzten Essensreste in diesem Kühlschrank teurer geworden sind, erwirtschaften die Energieunternehmen mit dem Verkauf dieser Reste zur Zeit Rekordgewinne. Die Energiefirmen *müssen* das Öl sogar so teuer verkaufen, damit sie sich die teure Fahrt in den Supermarkt überhaupt leisten und mit vollen Einkaufstüten nach Hause zurückkehren können.

Auch wenn das Aufstocken von Vorräten in der Vergangenheit dafür sorgte — und auch in der näheren Zukunft dafür sorgen wird —, daß immer neue Bezugsquellen für Öl gefunden werden, muß man an dieser Stelle den Pessimisten dennoch Recht geben: Die in dieser Arbeit vorgestellten Möglichkeiten — also Preismechanismus und technische Innovationen — können die Ölversorgung unseres Planeten zwar kurz- und mittelfristig sicherstellen; aber — und da liegen die Pessimisten prinzipiell richtig — kann dieses »Aufstocken« nicht bis in alle Ewigkeit so weitergehen. Erdöl ist schließlich eine begrenzte Ressource und wird langfristig definitiv versiegen.

Das Wichtigste ist aber, daß dies nicht schon morgen der Fall sein wird. Wie hier gezeigt wurde, haben wir auf jeden Fall mindestens 15 Jahre Zeit. Erst ab dem Jahre 2020 — und kein bißchen früher — wird die Ölabhängigkeit vom Mittleren Osten allmählich zunehmen. Die Ölversorgung unseres Planeten ist also bis zum Jahre 2020 sicher.

Weil wir eine steigende Ölabhängigkeit vom Mittleren Osten nicht heute, sondern erst im Jahre 2020 befürchten müssen, ergeben sich neue Möglichkeiten und Herausforderungen für die europäische und deutsche Energiepolitik. Im Folgenden möchte ich einige Vorschläge unterbreiten, die für die Gestaltung der europäischen und deutschen Energiepolitik der nächsten 15 Jahre sinnvoll wären. Damit das gerade beschriebene »Aufstocken« der Vorräten so reibungslos wie möglich erfolgen kann, sollten in der Energiepolitik die folgenden Punkte beachtet werden.

- **Ausbau der Beziehungen zu den Anrainerstaaten des Kaspischen Meeres**

  Die Kaspische Region kann zum einen die Nordsee als Fördergebiet ersetzen. Zum anderen ist sie für die Lösung der kurz- und mittelfristigen globalen Energieprobleme unverzichtbar. Weil die Kaspische Region so wichtig ist, sollte die EU ihre Beziehungen zu den zentralasiatischen Staaten, vor allem aber zu Aserbaidschan, Kasachstan und zu Georgien — wegen seiner wichtigen Funktion als Transitland — intensivieren. Die Förderprogramme der EU sollten unbedingt weitergeführt, am besten forciert werden. Dies ist insofern wichtig, weil die EU-Wirtschaftsförderprogramme darauf abzielen, die Volkswirtschaften der einzelnen zentralasiatischen Länder miteinander zu verflechten und damit gegenseitige wirtschaftliche Abhängigkeiten zu schaffen. Die Wahrscheinlichkeit, daß in Zentralasien gewalttätige Konflikte ausbrechen, wird damit entscheidend eingedämmt.

  Auch die bisher offene Frage der territorialen Aufteilung des Kaspischen Meeres, welche die Energieunternehmen bei ihrem Engagement in der Region derzeit noch behindert, sollte zu einer Lösung geführt werden. Man kann zwar warten bis die *Dutch Disease* wirtschaftliche und sozialpolitische Notwendigkeiten schafft und somit die Anrainer des Kaspischen Meeres zur Kooperation zwingt;[282] man kann aber auch durch politische Initiativen den Willen zur Kooperation bestärken und damit die Lösung der Territorialfrage entscheidend beschleunigen. Die EU könnte hier zum einen ihre Verhandlungserfahrung einbringen und zwischen den Anrainern vermitteln oder in multilateralen Gesprächen als Moderator auftreten. Zum anderen sollte die EU neue (großzügige) Wirtschaftshilfeprogramme in Aussicht stellen. Gegen entsprechende finanzielle Anreize werden die Anrainer des Kaspischen Meeres schnell ihre Blockadehaltung aufgeben und zu einer Lösung der Territorialfrage bereit sein.

An dieser Stelle wäre es von Vorteil, auch China mit ins Boot zu holen. China ist genauso wie die EU daran interessiert, die Ölabhängigkeit vom Mittleren Osten möglichst gering zu halten. Daher stellt Zentralasien nicht nur für Brüssel sondern, auch für Peking eine lohnende Alternative zum Mittleren Osten dar. Weil die EU und China in Zentralasien gleiche energiepolitische Interessen haben, würden sie beide von einer Stabilisierung der Region profitieren. Daher wäre es auch für China sinnvoll, sich entweder an den Förderprogrammen der EU finanziell zu beteiligen oder den Anrainern des Kaspischen Meeres eigene wirtschaftliche Förder- und Kooperationsprogramme in Aussicht zu stellen. Selbstverständlich wird sich Rußland gegen eine solche gemeinsame Aktion seitens der EU und China wehren, weil es die Kaspische Region als Zone vitalen Interesses sieht. Vielleicht würde sich aber Moskau durch die Abgabe von Garantien beruhigen lassen, die sicherstellen, daß das chinesische und europäische Engagement rein wirtschaftlicher — und nicht etwa militärischer Natur ist. Zusätzlich ließe sich Moskau durch entsprechende Zahlung oder Zugeständnisse — welcher Art auch immer — sehr wahrscheinlich zur Kooperation in der Zentralasienfrage bewegen.

Entsprechende Kooperationsabkommen oder Zahlungen würden die EU oder China zwar mehrstellige Millionenbeträge kosten; trotzdem sollte einem klar sein, daß dieses nur einen Bruchteil der Summe darstellt, die eine vom arabischen Öl abhängige Welt bei einer schweren Ölkrise bezahlen müßte.

---

[282] Siehe Abschnitt 9.1.4 auf Seite 124

- **Intensivierung der Beziehungen zu Kanada**

  Kanada wird durch seine enormen Ölsandvorkommen schon bald unter die größten vier Ölproduzenten aufsteigen und mittelfristig eine ähnliche Bedeutung wie der wichtigste Öllieferant Saudi Arabien erlangen. Ein wichtiges Ziel der europäischen Energiepolitik sollte es daher sein, die Beziehungen zu Kanada zu intensivieren.

- **Afrika den Amerikanern überlassen**

  Weil sich die USA bereits stark in den neuen Fördergebieten in Westafrika engagieren, sollte die EU hier das Heft des Handelns Washington überlassen. Anstatt daß Europa mit eigenen Initiativen seine Ressourcen in Afrika verschwendet, sollten die Europäer lieber ihre Kräfte auf das vor ihrer Haustür liegende Zentralasien bündeln.

- **EU-Beitritt der Türkei forcieren**

  Es wäre zum Beispiel sinnvoll, die Kräfte der EU auf eine rasche Aufnahme der Türkei zu konzentrieren. Auch wenn sich die Mehrheit der EU-Bürger genauso wie manche deutsche Partei gegen einen Türkei-Beitritt ausspricht, aus der Sicht der Energiesicherheit wäre dieser Schritt sehr zu empfehlen. Mit einer beigetretenen Türkei wären sowohl die Länder des Kaspischen Beckens als auch die ölreichen Länder Iran und Irak direkte Nachbarn der EU. Die Europäische Union hätte dann die Möglichkeit direkter und intensiver sowohl auf Zentralasien als auch auf den Iran und den Irak einzuwirken. Im Energie-Sektor würden sich neue Kooperationsmöglichkeiten ergeben. Ein Beitritt würde den Handel zwischen der Türkei und ihren Nachbarstaaten begünstigen und könnte gewissermaßen der Startschuß für eine rasante wirtschaftliche Entwicklung der Region sein. Ein EU-Beitritt der Türkei würde sich also sowohl auf Zentralasien als auch auf Teile des Mittleren Ostens stabilisierend auswirken und damit die Versorgungssicherheit der EU mit Erdöl entscheidend verbessern.

- **Entwicklung fortschrittlicher Fördertechnologie unterstützen**

  Die in Teil B vorgestellten Lösungen können für die nächsten Jahrzehnte die Versorgung unseres Planeten mit Erdöl sichern. Wir dürfen allerdings nicht die Hände in den Schoß legen. Weil das Ausbeuten von Erdölvorkommen technologisch immer anspruchsvoller wird, sollten wir dafür sorgen, daß weiterhin fortschrittliche Explorations- und Fördertechnologien entwickelt werden, die die Ölförderung auch in den nächsten

Jahrzehnten ermöglichen — wenn auch zu leicht erhöhten Kosten. Die Politik könnte hier über Ausgaben für Forschung und Entwicklung ihren Beitrag leisten.

- **Eine Politik der niedrigen Energiepreise**

Die wichtigste Empfehlung für die Politik, die sich aus dem Ergebnis dieser Arbeit herleiten läßt, ist aber, daß wir erst frühestens im Jahre 2020 eine Energiewende einleiten sollten. Das Motto »weg vom Öl«, das die Grünen im letzten Wahlkampf propagiert haben, kommt also 15 Jahre — oder etwa vier Bundestagswahlen — zu früh. Anders als es die Grünen fordern, müssen wir uns nicht schon heute Hals über Kopf in neue Energieträger stürzen.

Das von der rot-grünen Bundesregierung beschlossene *Erneuerbare-Energien-Gesetz* (EEG) mag vielleicht ökologisch sinnvoll sein, wirtschaftlich gesehen ist es aber Unfug. Einige wenige — beispielsweise die Besitzer von Solaranlagen — mögen sich zwar freuen, weil ihnen der Staat hohe Abnahmepreise für ihren Solarstrom garantiert. Die Kosten dieser Gesetzgebung müssen aber letztendlich — über erhöhte Strompreise — wir alle bezahlen. Die gesamtwirtschaftlichen Auswirkungen einer solchen Energiepolitik sind fatal: EEG und Ökosteuer leisten ihren Beitrag dazu, daß Deutschland die zweithöchsten Strompreise in Europa hat. Diese hohen Strompreise bringen energieintensive Branchen in Schwierigkeiten: Bei den Aluminiumwerken in Hamburg und Stade hat diese »Politik der künstlich hohen Energiepreise« jüngst Arbeitsplätze gekostet. Auch andere Industriebetriebe müssen Arbeitnehmer entlassen oder wandern gleich ins Ausland ab.[283] Es leiden aber nicht nur energieintensive Branchen wie die Aluminium- oder Stahlherstellung unter den hohen Energiepreisen. Wie ich bereits in Kapitel 7 gezeigt habe, schädigen hohe Energiepreise insgesamt die Wirtschaft und lassen die Arbeitslosenzahlen in die Höhe schnellen. Zwar sind durch die EEG-Subventionen in der Wind- und Solarbranche einige 10 000 Arbeitsplätze entstanden.[284] Gleichzeitig schädigt aber diese »Politik der künstlich hohen Energiepreise« — wie bereits in

---

[283] Vgl. Energiestreit: Wirtschaft fordert mehr Sachlichkeit. Die Welt vom 19.07.2005, hier Online-Ausgabe: http://www.welt.de/data/2005/07/19/747641.html Download am 22.12.05 um 17:04
[284] Vgl. Bündnis 90/Die Grünen: »Mehrere 10.000 Arbeitsplätze in Gefahr« Interview mit Johannes Lackmann, Präsident des Bundesverbandes Erneuerbare Energien. http://www.gruene-partei.de/cms/themen_energiewende/dok/71/71038.mehrere_10 _000_arbeitsplaetze_in_gefahr.htm Download am 22.12.05 um 16:55

Kapitel 7 gezeigt — die Gesamtwirtschaft und macht mehrere 100 000 Menschen arbeitslos.[285]

Die Politik sollte es also vermeiden, die zur Zeit ohnehin hohen Energiepreise mit Abgaben wie dem EEG oder der Ökosteuer weiter in die Höhe zu treiben — zumal für eine Energiewende noch mindestens 15 Jahre Zeit bleibt. Weil wir die Energiewende heute noch nicht brauchen, sollte eine Politik eingeschlagen werden, die ein maximales Wirtschaftswachstum fördert. Denn wenn unsere Wirtschaft — und damit das Einkommen eines jeden Einzelnen — wächst, dann können wir uns in Zukunft erhöhte Benzin- und Energiepreise oder den Umstieg auf alternative Energieträger leisten. Damit ein solcher Umstieg vom Öl auf eine andere Energieform möglichst geringe Kosten verursacht, sollte er nicht politisch forciert werden, sondern ökonomisch erfolgen.

- **Alternativen weiterentwickeln aber noch nicht in den Markt einführen**

Ein solcher Wechsel in eine andere Energieform muß nicht angeordnet werden. Er erfolgt auch ohne Hilfe der Politik. So hat die Steinkohle das Holz als Energieträger schlichtweg deswegen abgelöst, weil Steinkohle der billigere Energieträger war. Auch Erdöl hat die Steinkohle verdrängt, weil sich aus Erdöl — wie schon in Kapitel 3 erwähnt — viel billiger Energie gewinnen läßt. Würde also Wind- und Solarenergie billiger als die Energiegewinnung aus Rohöl sein, dann würden diese alternativen Energieformen — auch ohne jedes politische Zutun — das Erdöl ablösen. Dieses ist heute aber leider noch nicht der Fall. Während die Produktion einer Kilowattstunde Strom in einem modernen Öl- oder Kohlekraftwerk ungefähr 7,5 US-Cent kostet,[286] liegen die Stromerzeugungskosten für eine Kilowattstunde Wind- oder Solarstrom um ein vielfaches höher. Das heißt aber nicht, daß die Energiegewinnung aus Wind oder Sonnenstrahlen auch in Zukunft so teuer bleiben wird. Die Politik kann dazu beitragen, daß Wind- oder Solarstrom in Zukunft so billig werden, daß sie die fossilen Energieträger verdrängen.

---

[285] Vgl. Industrie beklagt hohe Energiepreise. In: Die Welt vom 02.07.2004, hier Online-Ausgabe: http://www.welt.de/data/2004/07/02/299394.html Download am 22.12.05 um 17:13

[286] In diesem Wert sind bereits die zusätzlichen gesellschaftlichen Kosten der Stromerzeugung aus fossilen Energieträgern - wie beispielsweise erhöhtes Sterberisiko in Kohlebergwerken, Schäden durch sauren Regen, negative Auswirkungen für Seen, Feldfrüchte, Kinder und alte Menschen - bereits eingerechnet. Die Produktion einer Kilowattstunde bringt zusätzliche gesellschaftliche Kosten von 0,59 US-Cent mit sich. Die zusätzlichen Kosten für das Weltklima durch das emittierte Kohlendioxid belaufen sich auf 0,65 US-Cent pro Kilowattstunde. Vgl. Lomborg 2002, S. 157 und 160

Weil wir noch 15 Jahre Zeit haben, bis wir mit der Einführung von Wind- oder Solarenergie beginnen sollten, wäre es sinnvoll, uns in dieser Zeit vollkommen auf die ökonomische und technologische Entwicklung unserer Volkswirtschaften zu konzentrieren. Die Mehrerträge, die wir durch das Wirtschaftswachstum erhalten, sollten wir teilweise in die Forschung und Entwicklung von Nicht-Öl-Energieträgern wie beispielsweise dem Erdgas, erneuerbaren Energien oder — wenn es sein muß — der Kernenergie reinvestieren. Diese Forschungsgelder sollten *nicht* dazu verwenden, diese Technologien im breiten Stil in den Markt einzuführen. Vielmehr sollte in entsprechenden Forschungslabors die Entwicklung der Nicht-Öl-Energieträger so weit vorangetrieben werden, daß sie bis 2020 Marktreife erhalten — also ohne staatliche Subventionen wirtschaftlich sind. Mit der Markteinführung dieser Technologien sollten wir aber noch bis zum Jahre 2020 warten. Erst im Jahre 2020, wenn die Ölabhängigkeit vom Mittleren Osten zunimmt, sollten wir diese Nicht-Öl-Technologien »aus der Schublade« holen. Denn wenn wir bis dahin eine Politik maximalen Wirtschaftswachstums praktiziert und Forschung im Bereich der Nicht-Öl-Energieträger betrieben haben, befinden wir uns auf einem viel höheren wirtschaftlichen und technologischen Niveau als heute. Weil wir 2020 über mehr wirtschaftliche und technische Ressourcen verfügen werden, wird dann die Strategie »weg vom Öl« — relativ gesehen — wesentlich geringere Kosten verursachen, als wenn wir schon heute mit ihr beginnen würden. Auch bleibt ab 2020 genug Zeit, um eine solche Strategie zu implementieren. Es ist nicht so, daß uns 2020 schlagartig das Öl ausgeht. Vielmehr wird es sich erst dann nach und nach in die politisch nicht-sicheren Förderländer verlagern. Möchten wir also unsere Energiesicherheit aufrechterhalten, so sollten wir erst nach 2020 allmählich Öl durch Nicht-Öl-Energieträger substituieren.

Eine auf diese Weise herbeigeführte Energiewende würde auch den Technologievorsprung Deutschlands bei alternativen Energien gewährleisten. Die Protagonisten alternativer Energien mögen zwar Recht haben, daß Deutschland zur Zeit gerade wegen dem EEG Technologieführer bei Wind- und Solaranlagen ist. Sie sollten sich aber die Frage gefallen lassen, ob dieses Ziel nicht mit weniger volkswirtschaftlichen Kosten erreicht worden wäre, wenn man statt einer breiten Markteinführung via EEG lieber auf kleine Entwicklungslabors gesetzt und diesen großzügige Forschungsgelder zur Verfügung gestellt hätte.

- **Lohnt sich die Energiewende wirklich?**

Schließlich sollte sich die Politik die folgende Frage stellen, die wahrscheinlich den Umfang einer Dissertation, aber definitiv den Rahmen dieser Diplomarbeit sprengen würde: Ist die Strategie des »weg vom Öl« wirklich die Richtige? Denn der Wechsel in eine andere Energieform erfordert erhebliche Investitionen: Raffinerien, Tankstellen, Autos, Lastwagen, Diesellokomotiven, Flugzeuge, Ölheizungen — also die gesamte Ölinfrastruktur, die wir während des 20. Jahrhunderts aufgebaut haben, müßte nach und nach durch eine andere Energieinfrastruktur ersetzt werden. Wenn dieser Umbau der Energieinfrastruktur zu teuer wäre, könnte es vernünftiger sein auch nach 2020 trotz erhöhter Ölpreise weiterhin an Öl festzuhalten.

Genauso wie heute der kanadische Ölsand seinen Beitrag dazu leistet, die drohende Abhängigkeit vom Öl des Mittleren Ostens zu brechen, könnten im Jahre 2020 ähnliche Technologien diese Funktion übernehmen. Diese Technologien werden zur Zeit entwickelt. Beispielsweise wird in den USA derzeit ein Verfahren erforscht, bei dem aus Ölschiefer Rohöl gewonnen werden kann. Genauso wie die Ölgewinnung aus Bitumen könnte das Ölschiefer-Verfahren eine interessante alternative zur konventionellen Ölförderung darstellen: Allein in den USA lagern gewaltige Ölschiefervorkommen. Die Vereinigten Staaten verfügen bereits heute über Ölschiefer-Reserven von 1000 Milliarden Barrel.[287] Addiert man diese Zahl zu den bekannten konventionellen und nicht-konventionellen Ölreserven aus Abbildung 48 (S. 147), dann wird deutlich, daß unser Planet noch über gewaltige Ölreserven verfügt. Der Abbau von Ölschiefer ist heute zwar noch nicht wirtschaftlich. Allerdings könnte die Ölschieferförderung — genauso wie der Ölsandabbau in den letzten Jahren — mit fortschreitender technischer Entwicklung im nächsten Jahrzehnt in die Gewinnzone kommen. Würden wir uns neben dem Abbau von Ölsand auch für die Rohölgewinnung aus Ölschiefer entscheiden, dann würde uns das Öl — beim gegenwärtigen Verbrauch — erst im Jahre 2109 ausgehen.

Die Frage, ob eine Energiewende ab dem Jahre 2020 wirklich sinnvoll ist oder ob wir lieber an der heutigen von Öl dominierten Energieinfrastruktur festhalten sollten, läßt sich hier also nicht beantworten. Den Wissenschaftlern und Politikern bleibt aber genug Zeit, sich mit dieser Frage zu beschäftigen. Bis zum Jahre 2020 wird sich an unserer

---

[287] Snyder, Robert E.: What's new in production. Oil shale back in the picture, in: World Oil Magazine: http://www.worldoil.com/Magazine/MAGAZINE_DETAIL.asp?ART_ID=2378 Download am 04.10.05 um 16:40

Versorgungssicherheit mit Rohöl kaum etwas ändern. Auch wenn wir uns im Jahre 2020 gegen den Ölschieferabbau entscheiden sollten, bleibt uns noch genug Zeit: Die Nutzung von Ölsand und Schweröl sorgt dafür, daß der letzte Tropfen erst im Jahre 2075 gefördert werden wird.

Alles in allem bleibt Rohöl aber eine begrenzte Ressource. Auch wenn die hier vorgestellten Lösungen den Zeitpunkt herauszögern können, an dem es knapp werden sollte; früher oder später wird der Tag kommen, an dem uns definitiv das Öl ausgeht. Wollen wir ab diesem Zeitpunkt nicht auf ein vorindustrielles Niveau zurückfallen, müssen wir spätestens dann auf andere Energieträger zugreifen.

Wahrscheinlicher ist aber, daß uns aufgrund der Fülle der nicht-konventionellen Vorkommen wie Schieferöl und Teersand das Öl gar nicht ausgehen wird. Denn der nicht aufzuhaltende technische Fortschritt sorgt dafür, daß Nicht-Öl-Energieträger wie Erdgas, Kernkraft oder erneuerbare Energien immer billiger werden — so billig, daß sie früher oder später das Öl als Energierohstoff verdrängen. Genauso wie die Steinkohle das Holz und das Erdöl die Steinkohle verdrängt haben, wird eine neue, billigere Energieform das Öl entmachten. Das Erdölzeitalter wird also nicht deswegen enden, weil zu wenig Erdöl vorhanden ist, sondern schlichtweg deshalb, weil uns bessere Alternativen zur Verfügung stehen.

Entscheidend ist also nicht die Tatsache, daß auch nachfolgende Generationen über Öl oder andere fossile Energieressourcen verfügen. Entscheidend ist, daß wir genügend Wissen und Kapital hervorbringen, um unseren Kindern und Enkelkindern einen vergleichbaren oder besseren Lebensstandart zu ermöglichen. Denn die Gesellschaft verlangt nicht nach Erdöl als Solchem, sondern nur nach der in ihm enthaltenen Energie. Entscheidend ist also nicht die Frage, ob wir der nachfolgenden Generation mehr oder weniger Öl hinterlassen; entscheidend ist, ob wir eine Welt erschaffen, in der die Produktion von Energie billig oder teuer ist.

Haben wir eine solche Welt erbaut, dann wird *das* eintreten, was ein saudischer Ölminister schon im Jahre 1974 prophezeit hat: »Die Steinzeit endete nicht aus einem Mangel an Steinen, und auch das Ölzeitalter wird nicht aus einem Mangel an Öl enden.«[288]

---

[288] So Scheich Yamani, Ölminister Saudi-Arabiens 1962 bis 1986. Vgl. economist.com: The end of the Oil Age, http://www.economist.com/opinion/PrinterFriendly.cfm?story_id=2155717 Download am 24.12.05 um 03:17

Literaturverzeichnis

Printmedien

- **Abdolvand**, Behrooz / **Adolf**, Matthias: Verteidigung des Dollar mit anderen Mitteln. Der »Ölkrieg« im Kontext der kommenden Währungsbipolarität, in: Blätter für deutsche und internationale Politik. 2/2003.
- **Al-Husseini**, Sadad: Rebutting the critics: Saudi-Arabia's oil reserves, production practices ensure ist cornerstone role in future oil supply, in: Oil & Gas Journal 17. Mai 2004.
- **Altmann**, Christian / **Nienhuysen**, Frank: Brennpunkt Kaukasus. Wohin Steuert Rußland? Frankfurt am Main 1995.
- **Altvater**, Elmar: Öl-Empire, in: Blätter für deutsche und internationale Politik 1/2005.
- **Amineh**, Mehdi Parvizi: Globalisation, Geopolitics and Energy Security in Central Eurasia and the Caspian Region The Hague 2003.
- **Ashour**, Omar: Security, Oil and Internal Politics. The Causes of the Russo-Chechen Conflicts, in: Studies in Conflict & Terrorism, Nr. 27, 2004.
- **Baratta**, Mario: Der Fischer Weltalmanach 2001. Frankfurt am Main 2000.
- **Baratta**, Mario: Der Fischer Weltalmanach 2003. Frankfurt am Main 2002.
- **Bahghat**, Gawdat: American Oil Diplomacy in the Persian Gulf and the Caspian Sea. Gainesville 2003.
- **Bednarz**, Dieter / **Beste**, Ralf / **Follath**, Erich / **von Ilsemann**, Siegesmund / **Mascolo** Georg / **Spörl**, Gerhard: Weltverbesserer im Weißen Haus, in: Der Spiegel 4/2005.
- **Bednarz**, Dieter: »Wir schützen unsere Freiheiten«. Interview mit der iranischen Friedensnobelpreisträgerin Schirin Ebadi, in: Der Spiegel 27/2005.
- **Bensahel**, Nora / **Byman**, Daniel L: The Future Security Environment in the Middle East. Conflict, Stability and Political Change, Santa Monica, California 2004.
- **Bojanowski**, Axel: Erdöl aus 3000 Meter Meerestiefe, in: Die Welt, 06.09.2002
- **BP p.l.c.**:BP Statistical Review of World Energy 2004 - gedruckte Ausgabe. London 2004.
- **Brauer** Birgit: Kasachtan auf dem Weg zum Petro-Staat, in: Internationale Politik 8/2004.
- **Brössler**, Daniel: Maschadows Demaskierung. Der von Russland als Rebellenchef gesuchte tschetschenische Ex-Präsident kündigt Terror an, in: Neue Züricher Zeitung, 03.08.2004.
- **Brzezinski**, Zbigniew, Die einzige Weltmacht. Amerikas Strategie der Vorherrschaft. Frankfurt am Main 1999.
- **Bundesministerium für Wirtschaft und Technologie**: Energie Daten 2002. Nationale und internationale Entwicklung. Berlin 2002.
- **Buse**, Uwe / **Fichtner**, Ullrich / **Kaiser**, Mario / **Klussman**, Uwe / **Mayr**, Walter / **Neef** Christian: Putins Ground Zero, in: Der Spiegel 53/2004.
- **Campbell**, Colin J.: The Coming Oil Crisis, Brentwood 1999.
- **Cheney**, Dick: National Energy Policy. Report of the National Energy Policy Development Group, Washington DC 2001.
- **Cordesman**, Anthony H. / **Hacatoryan**, Sarin: The Changing Geopolitics of Energy - Part I. Key Global Trends in Supply and Demand, Washington DC 1998.
- **Cuttler**, Robert M.: The Caspian Energy Conundrum, in: Journal of International Affairs, Spring 2003.
- **Dichtl**, Erwin / **Issing**, Otmar: Vahlens Großes Wirtschaftslexikon. München 1994
- **Dietz**, Harald: Zeitbombe Nahost. Vom Golfkrieg zur Neuen Weltordnung? Asslar 1991.
- **Dworschak**, Manfred: Tauchfahrt in die Unterwelt, in: Der Spiegel 3/2001.
- **Dzebisashvili**, Kakhaber: Zwischen Lenin, Dollar und Mullah. Demokratie und Islam im postsowjetischen Raum, in: Die Politische Meinung, November 2003.
- **Dzieciolowski**, Zygmunt / **Schakirow**, Mumin: Die GUS Connection, in Focus 9/1995.

- **Eichhammer**, Wolfgang / **Jochem**, Eberhard: Europäische Energiepolitik - die Herausforderungen beginnen erst. In: Energiewirtschaftliche Tagesfragen Heft 3/2001.
- **Fituni**, Leonid: Der Begriff des »Staats am Rande des Zusammenbruchs« - Herausforderungen und Antworten aus russischer Perspektive, in: Politische Studien Januar/Februar 2004.
- **Follath**, Erich / **Jung**, Alexander: Die Quelle des Krieges, in Der Spiegel 22/2004.
- **Follath** Erich: Steppenwolf & Stiefkinder, in: Der Spiegel 48/2004.
- **Ghaffari**, Amir: OPEC. Entwicklung und Perspektive. Osnabrück 1989.
- **Gienke**, Eckart: Energiebedarf wächst dramatisch, in: Frankfurter Rundschau, 06.09.2004
- **Goldstein**, Joshua S. / **Huang**, Xiaoming / **Akan**, Burkcu: Energy in the World Economy, 1950-1992, in: International Sudies Quarterly 41,1997.
- **Götz**, Roland: Pipelinepolitik. Wege für Rußlands Erdöl und Erdgas, in: Osteuropa 9-10/2004
- **Hanusch**, Horst / **Kuhn** Thomas: Einführung in die Volkswirtschaftslehre. Berlin 1998.
- **Heine**, Peter: Terror in Allahs Namen. Extremistische Kräfte im Islam, Freiburg 2001.
- **Hemminger**, Hansjörg: Fundamentalismus in der verweltlichten Kultur. Stuttgart 1991.
- **Herrmann, Rainer**: Lebenslinien der Macht. Geld für den Kaukasus, Kontrollverlust für Moskau: Gewinner und Verlierer der neuen Ölleitung von Baku nach Ceyhan, in: Frankfurter Allgemeine Zeitung 02.10.2002.
- **Hersh**, Seymour M.: Von künftigen Kriegen, in: Der Spiegel 4/2005.
- **Höfinghoff**, Tim: Letzte Ölung, in: Financial Times Deutschland 22.08.2005.
- **Höfinghoff**, Tim: Bis zum letzten Tropfen, in: Financial Times Deutschland, 18.10.2005.
- **Hubel**, Helmut: Das Ende des Kalten Krieges im Orient. München 1995.
- **Huntington**, Samuel P.: The Clash of Civilizations?, in: Foreign Affairs, Summer 1993.
- **Jaffe**, Amy / **Manning**, Robert A.: The Myth of the Caspian »Great Game« The Real Geopolitics of Energy, in: Survival, Winter 1998-99.
- **Johannsen**, Margret: Einflußsicherung und Vermittlung: Die USA und der Nahe Osten, in: Wilzewski, Jürgen: Weltmacht ohne Gegner. Amerikanische Außenpolitik zu Beginn des 21. Jahrhunderts. Baden-Baden 2000.
- **Johnson, Chalmers**: Ein Imperium verfällt. Wann endet das amerikanische Jahrhundert? München 2000.
- **Khoury**, Theodor / **Hagemann**, Ludwig / **Heine**, Peter: Islam-Lexikon, Freiburg im Breisgau 1991.
- **Kommission der Europäischen Gemeinschaften, Generaldirektion Wirtschaft und Finanzen**: Europäische Wirtschaft, Nummer 46, Dezember 1990.
- **Köster**, Jens-Uwe: Erdöl als strategischer Faktor, in: Führungsakademie der Bundeswehr, Internationales Clausewitz-Zentrum: Clausewitz-Protokolle Heft 2/2001.
- **Krönig**, Jürgen: Feindliche Vorräte, in: Die Zeit vom 22.08.2002.
- **Krugman**, Paul R. / **Obstfeld** Maurice: International Economics. Theory and Policy, Boston 2003.
- **Lomborg**, Bjørn: Apocalypse No! Wie sich die menschlichen Grundlagen wirklich entwickeln. Lüneburg 2002.
- **Luft**, Gal / **Korin**, Anne: Terrorism Goes to Sea, in: Foreign Affairs November / Dezember 2004.
- **Mankiw**, Gregory N.: Markoökonomik. Stuttgart 1998.
- **Massarrat**, Mohssen: Britisch-amerikanischer Ölimperialismus und die Folgen für den Mittleren und Nahen Osten, in: Massarrat, Mohssen: Mittlerer und Naher Osten. Eine Einführung in Geschichte und Gegenwart der Region. Münster 1996.
- **Mayer**, Sebastian: Die Beziehungen der Europäischen Union zum Südkaukasus: Von pragmatischer zu strategischer Politik? In: Integration 2/2002.
- **Meadows**, Dennis: Die Grenzen des Wachstums. Bericht des Club of Rome zur Lage der Menschheit, Stuttgart 1972.
- **Mey**, Holger H.: Die Weiterverbreitung von Massenvernichtungswaffen und Trägersystemen. Grundlegende Probleme, zukünftige Herausforderungen, mögliche Sicherheitsvorkehrungen, in: Der Mittler-Brief. Informationen zur Sicherheitspolitik, 2. Quartal 2000.
- **Meyer**, Fritjof / **Neef**, Christian: Sehnsucht nach dem Imperium, in: Der Spiegel 45/1999.

- **Müller**, Friedemann: Der zukünftige Energiebedarf Europas und die Ressourcen der kaspischen Region, in: Rill, Bernd / Sen, Faruk: Kaukasus, Mittelasien, Nahost - gemeinsame Interessen von EU und Türkei, München 2001.
- **Müller**, Friedemann: Versorgungssicherheit. Die Risiken der internationalen Energieversorgung, in: Internationale Politik 3/2003.
- **Neue Züricher Zeitung**: Baubeginn der Baku-Ceyhan Pipeline. Zeremonie in der aserbeidschanischen Hauptstadt Baku, in: Neue Züricher Zeitung, 19.09.2002.
- **Neue Züricher Zeitung**: Blutige georgisch-südossetische Scharmützel. Erste Todesopfer der jüngsten Eskalation, in: Neue Züricher Zeitung, 13.08.2004
- **Neue Züricher Zeitung**: Wer steckt hinter den Anschlägen in Usbekistan, in Neue Züricher Zeitung 13.08.2004.
- **Noreng**, Oystein: Crude Power. Politics and the Oil Market. New York 2002.
- **Paul**, Rainer: Der Geruch des Geldes, in: Der Spiegel 14/2001.
- **Popper**, Karl: Logik der Forschung (5. Aufl.) Tübingen 1973.
- **Popper**, Karl: Zwei Bedeutungen von Falsifizierbarkeit, in: Seiffert, Helmut / Radnitzky, Gerard: Handlexikon zur Wissenschaftstheorie, München 1989.
- **Ploetz**, Carl: Der Grosse Ploetz. Die Daten-Enzyklopädie der Weltgeschichte. Freiburg im Breisgau 1998.
- **Rahr**, Alexander: Energieressourcen im Kaspischen Meer, in: Internationale Politik 1/2001.
- **Rechsteiner**, Rudolf: Grün Gewinnt. Die letzte Ölkrise und danach. Zürich 2003.
- **Rempel** Hilmar / **Thielemann**, Thomas / **Thorste**, Volker: Geologie und Energieversorgung. Rohstoffvorkommen und Verfügbarkeit, in: Osteuropa 9-10/2004.
- **Rifkin**, Jeremy: Die H2-Revolution. Frankfurt am Main 2002.
- **Ross**, Dennis: Iran und Syrien, die Brandstifter, in: Die Zeit, 01.08.2002
- **Rossner**, Johannes. Der Bürgerkrieg in Tadschikistan, Ebenhausen 1997.
- **Rudloff** Felix / **Kobert**, Heide: Der Fischer Weltalmanach 2005. Frankfurt am Main 2004.
- **Sandrea** Rafael: Imbalances among oil demand, reserves, alternatives define energy dilemma today, in: Oil & Gas Journal. July 12, 2004.
- **Saikal**, Amin: Iraq, Saudi-Arabia and oil: risk factors, in: Australian Journal of International Affairs, December 2004, S. 417 und Schütt 1996.
- **Schmedt**, Claudia: Russische Außenpolitik unter Jelzin: internatonale und innerstaatliche Einflußfaktoren außenpolitischen Wandels. Frankfurt am Main 1997.
- **Schmidt**, Manfred G.: Wörterbuch zur Politik. Stuttgart 1995.
- **Scholl-Latour**, Peter: Den Gottlosen die Hölle. Der Islam im zerfallenden Sowjetreich. München 1991.
- **Scholl-Latour**, Peter: Kampf dem Terror – Kampf dem Islam?, München 2003.
- **Schrader**, Christopher: Die Suche nach dem letzten Tropfen, in: SZ Wissen 01/2005.
- **Schütt**, Klaus-Dieter: Öl und die Rentierstaaten: Saudi-Arabien und Libyen, in: Massarrat, Mohssen: Mittlerer und Naher Osten. Eine Einführung in Geschichte und Gegenwart der Region. Münster 1996.
- **Süddeutsche Zeitung**: Ölindustrie rechnet mit Milliardeninvestitionen, in: Süddeutsche Zeitung, 14.10.2005.
- **Takin**, Manouchehr: Sustainable supply from Saudi-Arabia, Iraq: Oil reserves or politics? In: Oil & Gas Journal, 12. April 2004.
- **Thränert**, Oliver: Atommacht Iran - was tun?, in: Internationale Politik 8/2003.
- **Traufetter**, Gerald: Ölfieber am Pol, in: Der Spiegel 50/2004.
- **Trautner**, Bernhard: Hegemonialmächte im Vorderen und Mittleren Orient, in: Schmidt, Renate: Naher Osten. Politik und Gesellschaft: Beiträge zur debatte. Berlin 1998.
- **Ulmishek**, Gregory F. / **Masters**, Charles D.: Oil, gas ressources estimated in the former
- Soviet Union, in: Oil and Gas Journal, Nr. 50/1993, S. 59-62
- **Umbach**, Frank: Globale Energiesicherheit. Strategische Herausforderungen für die europäische und deutsche Außenpolitik. München 2002.
- **Umbach**, Frank: Internationale Energiesicherheit zu Beginn des 21. Jahrhunderts, in: BAKS: Sicherheitspolitik in neuen Dimensionen, Ergänzungsband I, Hamburg-Berlin-Bonn 2004.

- **United Nations Department of Economic and Social Affairs:** World Population Monitoring 2003. Population, education and development. New York 2004, S. 6
- **Varian**, Hal R: Grundzüge der Mikroökonomik München 1999.
- **Warkotsch**, Alexander: Europa und das kaspische Öl, in: Blätter für deutsche und internationale Politik 1/2004.
- **Weber**, Wolfgang: Vom Krisenmanagement zur Konfliktlösung? Probleme und Perspektiven amerikanischer Nahostpolitik, in Dembinski, Matthias: Amerikanische Weltpolitik nach dem Ost-West-Konflikt. Baden-Baden: 1994.
- **Windfuhr**, Volkhard / **Zand**, Bernhard: Big Business in Tripolis, in: Der Spiegel 39/2004
- **Windfuhr,** Volkhard / **Zand**, Bernhard: »Bei uns gibt es keine Armen«, Interview mit Scheich Hamdan Ibn Raschid Al Maktum, Minister für Industrie und Finanzen der Vereinigten Arabischen Emirate, in: Der Spiegel 9/2005.
- **Winter**, Heinz-Dieter: Der Nahe und Mittlere Osten am Ende des Ost-West-Konflikts: politische und ideologische Orientierung der Region zwischen Maghreb und Golf. Berlin 1998.
- **Zahn**, Ulf: Diercke Weltatlas. Braunschweig 1992.
- **Zand**, Bernhard: Der Turmbau zu Dubai, in: Der Spiegel 9/2005.

Quellen aus dem Internet

- **Arbeitsgruppe Friedensforschung an der Uni Kassel**: Aussicht auf ein Ende des Bürgerkriegs in Angola,
  `http://www.uni-kassel.de/fb5/frieden/regionen/Angola/frieden.html`
  Download am 19.09.05 um 18:32
- **Auswärtiges Amt**: Länder- und Reiseinformationen - Iran. Wirtschaftspolitik,
  `http://www.auswaertiges-amt.de/www/de/laenderinfos/laender/laende`
  `r_ausgabe_html?type_id=12&land_id=63` Download am 06.06.05 um 18:05
- **Auswärtiges Amt**: Länder- und Reiseinformationen - Saudi-Arabien,
  `http://www.auswaertiges-amt.de/www/de/laenderinfos/laender/laende`
  `r_ausgabe_html?type_id=12&land_id=146` Download am 25.05.05 um 14:30
- **Botschaft der Volksrepublik China in der Bundesrepublik Deutschland:** China wird 2004 zum weltweit zweitgrößten Ölkonsumenten.
  `http://www.china-botschaft.de/det/jj/t93448.htm` Download am 03.04.04 um 20:26
- **BP p.l.c: BP Statistical Review of US-Energy 2003 - Excel Workbook,**
  `http://www.bp.com/sectiongenericarticle.do?categoryId=119&content`
  `Id=2004165` Download am 21.05.05 um 15:12
- **BP p.l.c.: BP Statistical Review of World Energy 2004 - Excel Workbook,**
  `http://www.bp.com/statisticalreview2004` Download am 11.04.05 um 18:36
- **BP p.l.c: BP Statistical Review of World Energy 2005 - Excel Workbook,**
  `http://www.bp.com/statisticalreview` Download am 20.07.05 um 20:12
- **Bundesanstalt für Geowissenschaften und Rohstoffe, Homepage,**
  `http://www.bgr.de/index.html?/menu/service.htm` Download am 19.08.02 um 22:28
- **Bundesministerium der Finanzen**: Finanzplan des Bundes 2004 bis 2008. S. 11,
  `http://www.bundesfinanzministerium.de/bundeshaushalt2005/pdf/vors`
  `p/fpl2004-2008.pdf` Download am 17.12.05 um 20:10
- **Bührke**, Thomas: Erdöl bis zum letzten Tropfen, in: Die Welt, 13.02.1997, hier Online-Ausgabe:
  `http://www.welt.de/data/1997/02/13/673688.html` Download am
  `23.09.05 um 14:37`
- **Bündnis 90/Die Grünen**: »Mehrere 10.000 Arbeitsplätze in Gefahr« Interview mit Johannes Lackmann, Präsident des Bundesverbandes Erneuerbare Energien.

http://www.gruene-partei.de/cms/themen_energiewende/dok/71/71038.
mehrere_10_000_arbeitsplaetze_in_gefahr.htm Download am 22.12.05 um
16:55

- **Central Intelligence Agency**: The World Factbook - Chad,
  http://www.cia.gov/cia/publications/factbook/geos/cd.html Download
  am 19.09.05 um 19:08
- **Communication from President Prodi, Vice President de Palacio and Commissioner Patten to the Commission**
  http://europa.eu.int/comm/energy_transport/russia/comm-final-en.p
  df Download am 22.05.03 um 16:07
- **Die Welt**: Industrie beklagt hohe Energiepreise. In: Die Welt vom 02.07.2004, hier
  Online-Ausgabe: http://www.welt.de/data/2004/07/02/299394.html Download
  am 22.12.05 um 17:13
- **Die Welt**: »Royal Dutch Shell Plc.« ist beschlossene Sache, in: Die Welt, 29.06.2005, hier
  Online-Ausgabe, http://www.welt.de/data/2005/06/29/738552.html?prx=1
  Download am 30.09.05 um 17:06
- **Die Welt**: Energiestreit: Wirtschaft fordert mehr Sachlichkeit. Die Welt vom 19.07.2005, hier
  Online-Ausgabe: http://www.welt.de/data/2005/07/19/747641.html Download
  am 22.12.05 um 17:04
- **Dresdner Bank AG**: Die Wirtschaftsentwicklung der Bundesrepublik Deutschland 1950 bis
  2001. Dresdner Bank Statistische Reihen. Frankfurt am Main, Mai 2002. S. 5,
  http://www.dresdner-bank.de/meta/kontakt/01_economic_research/16_
  sonstiges/Wirtsch.pdf Download am 14.05.05 um 15:26
- **economist.com**: The end of the Oil Age,
  http://www.economist.com/opinion/PrinterFriendly.cfm?story_id=215
  5717 Download am 24.12.05 um 03:17
- **Energy Information Administration**: About Us
  http://www.eia.doe.gov/neic/aboutEIA/aboutus.htm Download am 15.09.05
  um 22:06
- **Energy Information Administration**: Angola Country Analysis Brief
  http://www.eia.doe.gov/emeu/cabs/angola.html Download am 14.09.05 um
  15:16
- **Energy Information Administration**: Africa Fossil Fuel Reserves 1/1/99.
  http://www.eia.doe.gov/emeu/cabs/archives/africa/tbl3c.html
  Download am 16:09.05 um 15:17
- **Energy Information Administration**: Caspian Sea Region: Survey of Key Oil and Gas Statistics
  and Forecasts, July 2005.
  http://www.eia.doe.gov/emeu/cabs/caspian_balances.htm Download am
  20.08.05 um 15:17
- **Energy Information Administration**: Chad and Cameroon Country Analysis Briefs,
  http://www.eia.doe.gov/emeu/cabs/chad_cameroon.html Download am
  14.09.05 um 15:17
- **Energy Information Administration**: Congo-Brazzavile Country Analysis Brief,
  http://www.eia.doe.gov/emeu/cabs/congo.html Download am 14.09.05 um
  15:17
- **Energy Information Administration**: Country Analysis Briefs - Africa,
  http://www.eia.doe.gov/emeu/cabs/Region_af.htm Download am 14.09.05 um
  14:47
- **Energy Information Administration**: Country Analysis Brief Caspian Region,
  http://www.eia.doe.gov/emeu/cabs/caspian.html Download am 20.08.05 um
  16:23
- **Energy Information Administration**: Côte d'Ivore Country Analysis Brief,
  http://www.eia.doe.gov/emeu/cabs/cdivoire.html Download am 14.09.05 um
  15:18

- **Energy Information Administration**: Equatorial Guinea Country Analysis Brief, http://www.eia.doe.gov/emeu/cabs/eqguinea.html Download am 14.09.05 um 16:07
- **Energy Information Administration**: Gabon Country Analysis Brief, http://www.eia.doe.gov/emeu/cabs/gabon.html Download am 14.09.05 um 16:07
- **Energy Information Administration**: Iran Country Analysis Brief, März 2005, http://www.eia.doe.gov/emeu/cabs/iran.html Download am 11.07.03 um 15:30
- **Energy Information Administration**: Libya Country Analysis Briefs, http://www.eia.doe.gov/emeu/cabs/libya.html Download am 14.09.05 um 16:08
- **Energy Information Administration**: Nigeria Country Analysis Brief, http://www.eia.doe.gov/emeu/cabs/nigeria.html Download am 14.09.05 um 16:08
- **Energy Information Administration**: Saudi-Arabia Country Analysis Brief, Januar 2005, http://www.eia.doe.gov/emeu/cabs/saudi.html Download am 11.07.05 um 15:38
- **Gärtner**, Markus: China greift nach Kanadas Öl. Großinvestitionen in Fördergesellschaften und Pipelines, in: Die Welt, 25.04.2005, hier Online-Ausgabe, http://www.welt.de/data/2005/04/25/709441.html Download am 18.12.05 um 4:44
- **Gärtner**, Markus: Auf Ölsand gebaut, in: Die Welt, 22.07.2005, hier Onlineausgabe, http://www.welt.de/data/2005/07/22/749053.html?prx=1 Download am 30.09.05 um 17:02
- **Goldwyn**, David L. / **Morrison** Stephen J.: Promoting Transparency in the African Oil Sector. A Report of the CSIS Task Force on Rising U.S. Energy Stakes in Africa. Washington DC, März 2004, S. 4, http://www.csis.org/africa/GoldwynAfricanOilSector.pdf Download am 19.09.05 um 17:12
- **Handelsblatt.com:** OPEC erwägt höhere Förderung, in: Handelsblatt 07.06.05, Online-Ausgabe, http://www.handelsblatt.com/pshb?fn=tt&sfn=go&id=1048275 Download am 07.06.05 um 19:49
- **Hauschild**, Helmut: Zahl der Arbeitslosen sinkt im Juli auf 4,7 Millionen, in: Handelsblatt vom 30.06.2005, Online-Ausgabe, http://www.handelsblatt.com/pshb?fn=tt&sfn=go&id=1061293 Download am 18.07.05 um 15:25
- **Heidelberger Institut für Internationale Konfliktforschung**: Konfliktbarometer 2004, Heidelberg 2004. www.konfliktbarometer.de Download am 30.06.05 um 17:20
- **Infoplease.com**: http://www.infoplease.com/atlas/middleeast.html Download am 13.10.05 um 22:36
- **Johnson**, Harry / **Crawford**, Peter / **Bunger** James: Strategic Significance of America's Oil Shale Ressoure. Volume I. Assessment of Strategic Issues, Washington D.C. 2004, S. 5, www.evworld.com/library/Oil_Shale_Stategic_Significant.pdf Download am 02.10.05 um 13:44
- **Luft**, Gal: Iraq's oil sector one year after liberation, in: Saban Centre for Middle East Policy, Memo #4, 17. Juni 2004, http://brookings.edu/fp/saban/luftmemo20040617.htm Download am 11.07.04 um 16:03
- **mapsofworld.com**: http://www.mapsofworld.com/africa-political-map.htm Download am 16.09.2005 um 22:56
- **Pocock**, Emil: Consumer Price Index 1950-1997, Homepage der Eastern Connecticut State University, http://www.easternct.edu/personal/faculty/pocock/CPI.htm Download am 14.05.05 um 16:07

- **Pressestelle des Statistischen Bundesamtes**: Belastung der privaten Haushalte durch die gestiegenen Rohölpreise. Pressemitteilung vom 24.11.2004, `http://www.destatis.de/presse/deutsch/pm2004/p4990121.htm` Download am 12.05.05 um 16:32
- **rigzone.com**: `http://www.rigzone.com/images/news/library/maps/9/258.jpg` Download am 26.08.05 um 18:36
- **Schreer**, Benjamin / **Rid,** Thomas: Demokratie als Waffe. Präemption und das neue Abschreckungskonzept der USA. In: Homepage des American Insititute for Contemporary German Studies, `http://www.aicgs.org/c/schreerc.shtml` Download am 16.12.05 um 16:12
- **Snyder**, Robert E.: What's new in production. Oil shale back in the picture, in: World Oil Magazine: `http://www.worldoil.com/Magazine/MAGAZINE_DETAIL.asp?ART_ID=2378` Download am 04.10.05 um 16:40
- **Stockholm International Peace Research Institute**: SIPRI Yearbook 2004. Armaments, Disarmament and International Security, S. 14, `http://editors.sipri.se/pubs/yb04/SIPRIYearbook2004mini.pdf` Download am 30.06.05 um 21:33
- **tagesschau.de**: Vom Kaukasus zum Mittelmeer. Gefahr für die Umwelt auf 1800 Kilometern? In: tagesschau.de vom 26.05.2005, `http://www.tagesschau.de/aktuell/meldungen/0,1185,OID4372310_TYP6_THE_NAV_REF1_BAB,00.html` Download am 27.08.05 um 22:13
- **Ulmishek**, Gregory F. / **Masters**, Charles D.: Oil, Gas Resources Estimated in the Former Soviet Union, `http://energy.er.usgs.gov/products/papers/World_oil/FSU/figure1.htm` Download am 19.08.05 um 23:23
- **United Nations Development Programme**: Unemployment in OECD Countries, `http://hdr.undp.org/statistics/data/pdf/hdr04_table_20.pdf` Download am 01.06.05 um 18:26
- **United Nations Population Division**: World Population Prospects. The 2002 Revision. `www.un.org/esa/population/publications/wpp2002/wpp2002annextables.PDF` Download am 27.12.05 um 17:03
- **United Nations Youth Unit**. Contry Profiles on the Situation of Youth. Saudi-Arabia, `http://esa.un.org/socdev/unyin/country3c.asp?countrycode=sa` Download am 24.04.05 um 21:00 Uhr
- **United States Geological Survey**: USGS Fact Sheet: Heavy Oil and Natural Bitumen - Strategic Petroleum Resources, August 2003, S.1; `pubs.usgs.gov/fs/fs070-03/fs070-03.pdf` Download am 30.09.05 um 17:35
- **United States Geological Survey**: World Estimates of Identified Reserves and Undiscovered Ressources of conventional crude oil - Antarctica, `http://enery.er.usgs.gov/products/papers/World_oil/oil/ant_map.htm` Download am 22.09.05 um 0:05
- **United States Geological Survey**: World Conventional Oil Resources, by basin - Africa, `http://energy.er.usgs.gov/products/papers/World_oil/oil/africa_tab.htm` Download am 15.09.05 um 22:30
- **United States Geological Survey**: World estimates of identified reserves and undiscovered ressources of convetional crude oil - Africa, `http://energy.er.usgs.gov/products/papers/World_oil/oil/africa_map.htm` Download am 17.09.05 um 14:55
- **United States Geological Survey**: World estimates of identified reserves and undiscovered ressources of convetional crude oil – Middle East, `http://energy.er.usgs.gov/products/papers/World_oil/oil/meast_map.htm` Download am 13.10.2005 um 22:37

- **Wagenknecht**, Eberhardt: Den Briten geht das Öl aus - das Ende des Aufschwungs scheint gekommen. In: Eurasisches Magazin, 29.09.04, `http://www.eurasischesmagazin.de/artikel/?thema=Europa&artikelID=20040910` Download am 05.04.04 um 19:31

Fernsehdokumentationen

- **Armbruster**, Jörg / **Aders**, Thomas: Lunte Am Ölfaß. Droht Saudi-Arabien eine Katastrophe? Südwestfunkt Baden-Baden 2005. Ausgestrahlt in der ARD am 30.03.2005 um 23:45
- **Grosse**, Helmut: Der Griff nach dem Öl. Ein riskanter Wettlauf. Westdeutscher Rundfunk Köln 2005, ausgestrahlt auf der ARD am 13.07.2005 um 23:00
- **Gruber**,Reinhold: Erdöl aus dem Iran. Karriere des Schwarzen Goldes. Bayerischer Rundfunk 2004, Reportage ausgestrahlt auf Phönix am 09.06.05 von 20:15-21:00 Uhr

Umrechnungsfaktoren

Menge

1 Tonne Erdöl = 7,33 Barrel Erdöl
1 Barrel Erdöl = 0,14 Tonnen
1 Barrel Erdöl = 159 Liter

Energie

1 BTU (British Termal Unit) = 1055,06 J
1 kWh = 3412 BTU
1 kWh = 3,6 MJ (Megajoule)
1 kWh = 0,123 kg SKE (Steinkohleeinheit)

Leistung

1 kW = 3412 BTU/h

Englische Begriffe

quadrillion [EN]= Billiarde [DE] = 10^{15}
trillion [EN] = Billion [DE] = 10^{12}

Vorsilben

k (kilo)	$= 10^3$	= Tausend
M (mega)	$= 10^6$	= Million
G (giga)	$= 10^9$	= Milliarde
T (tera)	$= 10^{12}$	= Billion
P (peta)	$= 10^{15}$	= Billiarde
E (exa)	$= 10^{18}$	= Trillion

Glossar

Alte und neue Fördergebiete

Mit dem Begriff *alte Fördergebiete* sind in dieser Arbeit die Fördergebiete USA, Mexico und die Nordsee gemeint. Als *neue Fördergebiete* werden in dieser Arbeit die Kaspische Region, Afrika und die kanadische Ölsandförderung in der kanadischen Provinz Alberta bezeichnet.

API-Grad

Der API-Grad ist eine Einheit, die weltweit zur Charakterisierung und als Qualitätsmaßstab von Rohöl verwendet wird. Der API-Grad wurde vom American Petroleum Institute, dem größten Interessensverband der amerikanischen Öl-, Gas- und Petrochemieindustrie entwickelt. Berechnet wird der API-Grad nach folgender Formel:

$$API\text{-}Grad = (141{,}5 \,/\, Dichte\ Roh\ddot{o}l) - 131{,}5$$

Je dichter und schwerer das Öl ist, desto niedriger ist sein API Grad. Dementsprechend läßt sich Öl nach seinem API-Grad klassifizieren: Öl mit mehr als 22° API wird als »leichtes« oder auch »konventionelles»« Öl bezeichnet. Öle mit API-Graden von 10°-22° bezeichnet man als »schwere« Öle. Öle mit API-Graden von weniger als 10° werden als »extra-schwere« Öle, »Bitumen«, »Ölsande«, oder »Teersande« bezeichnet. Verglichen mit den leichten Ölen besitzen schwere und extra-schwere Öle zwei Nachteile. Erstens ist ihr Abbau und Transport komplizierter. Zweitens müssen sie chemisch behandelt werden, ehe sie als Ausgangsmaterial für eine Raffinerie verwendet werden können, um in Ölprodukte weiterverarbeitet werden zu können. Verglichen mit der konventionellen Förderung von Erdöl, ist die Produktion von Rohöl aus schweren und extra schweren Ölen teurer und umweltbelastender.

Barrel

Das Volumen von Erdöl wird meist in Barrel gemessen. Ein Faß Öl (Barrel) enspricht 159 Litern.

BIP

Siehe Bruttoinlandsprodukt

Bruttoinlandsprodukt (BIP)

Das Bruttoinlandsprodukt ist eine gebräuchliche Meßgröße für die wirtschaftliche Gesamtleistung einer Volkswirtschaft. Es umfaßt den Geldwert aller in einem Zeitraum erzeugten Waren und Dienstleistungen, wobei es gleichgültig ist, ob die Produktionsfaktoren Arbeit und Kapital aus dem In- und Ausland stammen. Im Unterschied dazu zeigt das Bruttosozialprodukt (BSP) welcher Wert von Inländern geschaffen wurde. Einnahmen von Ausländern im Inland bleiben beim BSP unberücksichtigt, Einnahmen von Deutschen im Ausland werden jedoch berechnet.

Dutch Disease

In Länder, in denen plötzlich neue natürliche Ressourcen gefunden werden, kann es zu einer sogenannten »Dutch Disease« kommen. Erdgasfunde in der Nordsee führten dazu, daß Holland seine Exporterlöse massiv steigern konnte. Diese Exporterlöse erhöhten das holländische Lohniveau, was sich nachteilig auf den Export nicht-mineralischer Güter ausgewirkt hat. Weil die Löhne in den Niederlanden nun sehr hoch waren, konnten holländische Industriebetriebe nicht mehr mit der Konkurrenz auf dem Weltmarkt mithalten: Exportgüter holländischer Firmen waren zu teuer und konnten auf dem Weltmarkt nicht mehr abgesetzt werden. Auch der importkonkurrierende Sektor der holländischen Volkswirtschaft stellte aufgrund des hohen Lohnniveaus Güter viel zu teuer her. Holländer kauften lieber billigere ausländische Importgüter als die viel zu teuren inländischen Produkte. Sowohl der Exportsektor als auch der importkonkurrierende Sektor mußten wegen der hohen Löhne Umsatzeinbußen hinnehmen und Arbeitnehmer entlassen. Die Erdgasfunde vor der holländischen Küste führten also zu einer hohen Arbeitslosigkeit in den Niederlanden.

Elastizität

Elastizität ist ein Maß für die prozentuale Veränderung einer abhängigen Variablen zur prozentualen Veränderung einer unabhängigen Variablen.

Preiselastizität: Die Preis- oder auch Nachfrageelastizität gibt an, um wieviel Prozent sich die Nachfrage nach einem bestimmten Gut ändert, wenn der Preis dieses Gutes steigt oder fällt.
Die Nachfrage nach den meisten Gütern ist elastisch. Das heißt, wenn der Preis dieses Gutes steigt, dann geht die Nachfrage nach diesem Gut zurück. Nehmen wir als Beispiel tragbare Computer (Notebooks). Ende der 80er Jahre als Notebooks sehr teuer waren (Preise zwischen 4000 und 5000 Euro pro Stück) konnte sich kaum ein Student ein solches Gerät leisten. In der heutigen Zeit, in der es Notebooks schon für 700 Euro zu kaufen gibt, besitzen sehr viele Studenten einen tragbaren Computer. Würde der Preis für Notebooks nun wieder auf 5000 Euro pro Stück steigen, dann würde auch die Nachfrage nach ihnen rapide sinken. Da die Konsumenten **nicht unbedingt** auf Notebooks angewiesen sind (sie können ja ihre Arbeiten auch auf billigen, stationären Bürocomputern schreiben), reagieren sie sehr sensibel auf den Preis. Steigt der Preis von Notebooks, dann geht die Nachfrage nach ihnen stark zurück — die Nachfrage reagiert also elastisch. Notebooks haben — wie die meisten Güter — ein hohe Nachfrage- beziehungsweise Preiselastizität.
Neben Gütern, deren Nachfrage elastisch ist, gibt es auch Güter, die eine **inelastische** Nachfrage besitzen. Nehmen wir einen Augenblick lang an, wir würden uns ausschließlich von Brot ernähren. Weil wir Brot zum Leben brauchen ist es unverzichtbar. Würde der Preis von Brot nun massiv steigen, dann würden wir genauso viel Brot wie bei niedrigem Preis kaufen, weil wir es ja zum Leben **unbedingt** brauchen. Im Gegensatz zu Notebooks würden Preiserhöhungen bei Brot nicht dazu führen, daß weniger Brot gekauft wird. Im Gegensatz zu Notebooks reagieren Konsumenten bei Brot nicht sensibel. Die Nachfrage nach Brot ist also inelastisch.
Sucht man in der Realität nach einem Markt mit einer inelastischen Nachfrage, so stößt man sehr schnell auf den Ölmarkt. Weil sehr viele Menschen ihr Auto **unbedingt** brauchen, werden sie auch bei stark steigenden Spritpreisen nicht weniger autofahren.

Einkommenselastizität: Während die Preiselastizität etwas über die Reaktion von Preisänderungen auf die Nachfrage von Gütern aussagt, zeigt uns die Einkommenselastizität wie sich Einkommensänderungen auf die Nachfrage von Gütern auswirken. Die Einkommenselastizität gibt an, um wieviel Prozent sich die Nachfrage nach einem bestimmten Gut ändert, wenn das Einkommen der Konsumenten steigt oder fällt. Besitzt ein Gut eine hohe Einkommenselastizität heißt das, daß schon minimal steigende Einkommen den Bedarf nach diesem Gut explodieren lassen.

Autos besitzen zum Beispiel eine hohe Einkommenselastizität: So haben steigende Einkommen in Ostdeutschland kurz nach der Wiedervereinigung dazu geführt, daß die Nachfrage nach Automobilen explodiert ist. Weil die Einkommen der ostdeutschen Konsumenten wegen der hohen Arbeitslosigkeit heute wieder leicht sinken, ist auch die Nachfrage auf dem (ost-)deutschen Automarkt eingebrochen.

Anders als Automobile besitzen Bleistifte eine niedrige Einkommenselastizität. Wenn das Einkommen eines Haushalts oder Konsumenten steigt, wird es ihn wohl kaum dazu bewegen mehr Bleistifte als bei niedrigem Einkommen nachzufragen.

Energieeffizienz

Kennziffer, die den Einsatz von Energie in Relation zur wirtschaftlichen Leistung oder einer anderen Bezugsgröße in Beziehung setzt, oftmals das Verhältnis von Primärenergieverbrauch (PEV) zum Bruttoinlandsprodukt (BIP). Energieeffizienz = PEV/BIP

Energieintensität

Siehe Energieeffizienz

Energy Information Administration (EIA)

Die Energy Information Administration bietet Daten, Vorhersagen und Analysen zu den Energieträgern Erdöl, Erdgas, Kohle, Atom, Wasserkraft sowie erneuerbaren Energieträgern. Die EIA veröffentlicht diese Daten zu nahezu allen Lädern der Welt. Die EIA ist dem amerikanischen Energieministerium unterstellt und wird direkt vom US-Kongreß finanziert.

Exponentielle Wachstumsfunktion

Siehe lineare und exponentielle Wachstumsfunktionen

Fördermaximum

Das Fördermaximum ist der Punkt, ab dem die Rohölproduktion eines Landes rückläufig ist.

Kaufkraftparität (PPP)

PPP steht für das englische Wort »Purchasing Power Parity«. Die Kaufkraftparität ist ein Vergleich für die internationale Kaufkraft der Währung eines Landes. Sie gibt an, wieviel Einheiten der jeweiligen Währung erforderlich sind, um den gleichen repräsentativen Waren- und Dienstleistungskorb zu kaufen, den man für 1 US-$ in den USA erhalten könnte. Zum Beispiel betrug das Pro-Kopf-BIP von 2002 in Deutschland 22 740 US-$, während es in Polen nur 4570 US-$ erreichte. Weil aber in Polen die Lebenshaltungskosten wie Lebensmittel, Reparaturen oder der Friseurbesuche wesentlich billiger als in Deutschland sind, kann der durchschnittliche Pole tatsächlich Waren und Dienstleistungen im Wert von

10 450 US-$ (gemessen nach Kaufkraftparität) pro Jahr erwerben. Damit ist das Pro-Kopf-BIP nach PPP ein sinnvolles Instrument, um die wirtschaftlichen Verhältnisse verschiedener Länder miteinander zu vergleichen.

Kommerzielle Energie
Siehe Primärenergie

Lineare und exponentielle Wachstumsfunktionen
Die Eigenarten von linearen und exponentiellen Wachstumsfunktionen lassen sich am besten Graphisch darstellen.

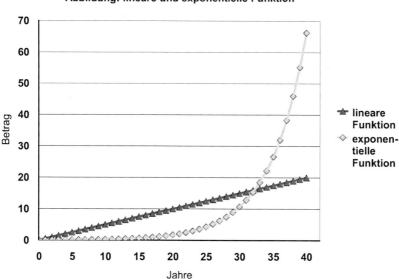

Abbildung: lineare und exponentielle Funktion

Quelle: Eigene Berechnung

Die Abbildung zeigt eine lineare und eine exponentielle Funktion. Die lineare Funktion — hier rot eingezeichnet — besitzt die Eigenschaft, daß sie sich im Zeitverlauf immer gleich ändert: Sie nimmt jedes Jahr um den genau gleichen Betrag zu. In der Abbildung sind das immer 0,5 Punkte pro Jahr. Weil die lineare Funktion jedes Jahr immer gleich stark wächst, hat sie die Form einer Geraden, die wie der Name der linearen Funktion schon verraten hat, auch mit einem Lineal eingezeichnet werden könnte.
Die exponentielle Funktion — hier in grün eingezeichnet — hat die Eigenschaft, daß sie im Zeitverlauf immer stärker wächst: Der Betrag, mit dem die Funktion wächst, wird von Jahr zu Jahr größer. In der Abbildung sind das im ersten Jahr 0,009 Punkte, im Zweiten 0,010 Punkte. Dieses Wachstum nimmt dann so stark zu, daß die exponentielle Funktion im 35. Jahr um 4,4 Punkte wächst. Weil die Funktion jedes Jahr immer stärker wächst, hat sie die Form einer immer steiler ansteigenden Kurve. Vergleicht man lineare und exponentielle Funktion miteinander, dann stellt man fest, daß die Exponentielle die ersten Jahre noch sehr

langsam wächst, während die lineare Funktion bereits von Anfang an relativ schnell ansteigt. Nach einem bestimmten Zeitraum aber — in unserer Abbildung sind das 33 Jahre — beginnt die exponentielle Funktion so schnell zu wachsen, daß ihr Punkte-Betrag geradezu explodiert und sie die rote lineare Funktion schlagartig überholt. Exponentielle Funktionen haben also die Eigenschaft zunächst sehr sehr langsam anzuwachsen und im späteren Zeitverlauf explosionsartig anzusteigen.

Midpoint of Depletion
Siehe Fördermaximum

Neue Fördergebiete
Siehe alte Fördergebiete

Nutzungsenergie
Siehe Primärenergie

Ölvorräte in Verbrauchsjahren
Siehe Reichweite

OECD
Organization for Economic Co-Operation and Development / Organisation für Wirtschaftliche Zusammenarbeit und Entwicklung. Internationale Organisation westlicher Industrieländer, die 1960 zum Zweck der Förderung wirtschaftlicher Entwicklung und Zusammenarbeit gegründet wurde. Ihre Gründungsmitglieder sind die Bundesrepublik Deutschland, Dänemark, Frankreich, Griechenland, Großbritannien, Island, Irland, Italien, Kanada, Luxemburg, die Niederlande, Norwegen, Österreich, Portugal, Spanien, Schweden, die Schweiz, die Türkei und die Vereinigten Staaten von Amerika. Der OECD traten später Australien, Finnland, Japan, Neuseeland und Mexico bei.

OSZE
Organisation für Sicherheit und Zusammenarbeit in Europa. 1973 als Konferenz für Sicherheit und Zusammenarbeit in Europa (KSZE) gegründet, wurde sie 1995 in OSZE umbenannt. Aufgabe der OSZE ist es, Sicherheit und Stabilität in Europa zu bewahren und zwischen Europäischen Ländern Kooperationsprojekte in den Bereichen Wirtschaft, Wissenschaft, Kultur, Umweltschutz und Abrüstung zu fördern. Die weitere Aufgabe ist die Förderung der Rechtstaatlichkeit, Demokratie, Markwirtschaft und der Menschenrechte in Europa. Zur OSZE zählen mittlerweile 53 Mitgliedsstaaten. Neben allen Europäischen Staaten auch die Nachfolgestaaten der UdSSR sowie die USA und Kanada.

OPEC

Organization of Petroleum Exporting Coutries / Organisation Erdöl exportierender Länder. Eine 1960 gegründete Schutz- und Kartellorganisation der Erdöl exportierenden Länder Algerien, Gabun, Indonesien, Irak, Iran, Katar, Libyen, Nigeria, Saudi-Arabien, Venezuela und Vereinigte Arabische Emirate. Zu den wichtigsten Zielen der OPEC zählen die Koordinierung der Erdölpolitik der Mitgliedsstaaten und die Stabilisierung der Weltmarktpreise für Rohöl.

Petrodollar

Amerikanische Dollar, die erdölproduzierende Staaten als Erlös aus dem Erdölverkauf erhalten und für diese entweder Importgüter kaufen oder diese auf dem internationalen Geldmarkt anlegen.

Politisch sichere und politisch nicht-sichere Fördergebiete

Politisch sichere Fördergebiete sind jene Fördergebiete, die in krisenfreien Weltregionen liegen und deren Ölproduktion nicht von politischen Krisen gefährdet sind. Politisch nicht-sichere Fördergebiete sind Fördergebiete, in denen es aufgrund von politischen Instabilitäten zu einer Beeinträchtigung oder einem Totalausfall der Ölförderung kommen kann. So gehört die USA, Mexico und die Nordsee zu den politisch sicheren Fördergebieten, während die Ölstaaten des Persischen Golfs zu den nicht-sicheren Fördergebieten gezählt werden.

Primärenergie

Unter Primärenergie, die am Anfang der Energieversorgungskette steht, wird die Rohenergie (Braunkohle, Steinkohle, Erdgas, Holz, Wind, Sonnenstrahlen, strömendes Wasser oder Uran) verstanden. Diese wird von Nutzungs-, Sekundärenergie oder kommerzieller Energie (wie Heizöl für den Brenner, Benzin fürs Auto, Strom für Licht oder Fernwärme für die Heizung) unterschieden.

PPP

Siehe Kaufkraftparität

real

In konstanten Geldeinheiten gemessen; inflationsbereinigt. Ökonomen verwenden inflationsbereinigte Daten, wenn sie eine wirtschaftliche Situation in der Vergangenheit mit der heutigen wirtschaftlichen Situation vergleichen möchten. Ein Vergleich zwischen einem wirtschaftlichen Zustand, der weiter in der Vergangenheit zurückliegt und dem wirtschaftlichen Zustand heute, bei dem die Inflation *nicht* herausgerechnet wird, ist alles andere als aussagekräftig.

Reichweite

Die Reichweite ist der Quotient aus sicher bestätigten Reserven und der momentanen Ölförderung. Sie sagt aus, wieviele Jahre das Öl noch unter den heutigen Bedingungen ausreicht. Weil man bei der Berechnung **R**eserven durch **P**roduktion teilt, wird die Reichweite im Englischen auch R/P-Ratio genannt. Natürlich kann auch für andere fossile Energieträger die Reichweite ermittelt werden. Für Erdgas liegt sie zur Zeit bei 67 Jahren; Kohle soll noch 230 Jahre reichen.

Reserven
Reserven sind Lagerstätten fossiler Rohstoffe, aus denen sich diese mit der heutigen Technologie wirtschaftlich fördern lassen.

Ressourcen
Unter dem Begriff Ressourcen versteht man die theoretisch geschätzte Menge an fossilen Energierohstoffen, die zu den derzeitigen Marktbedingungen mit den derzeitigen Techniken nicht wirtschaftlich gefördert und verarbeitet werden können.

R/P Ratio
Siehe Reichweite

Sekundärenergie
Siehe Primärenergie

Steinkohleeinheit (SKE)
Die Steinkohleinheit ist eine vor allem früher gebräuchliche Energiemaßeinheit. Sie dient dazu, die in verschiedenen Maßeinheiten erfaßten Energieträger Öl, Gas, Stein- und Braunkohle vergleichbar zu machen.

Wirtschaftssubjekt
Wirtschaftssubjekte können sowohl Einzelpersonen als auch Personenmehrheiten wie Privathaushalte, Unternehmen oder die staatliche Verwaltung sein. Wichtigstes Merkmal der Wirtschaftssubjekte ist, daß sie selbständig Wirtschaftspläne aufstellen und über die Durchführung ökonomischer Aktivitäten entscheiden können.

VDM

Verlag
Dr. Müller

Wissenschaftlicher Buchverlag bietet

kostenfreie

Publikation

von aktuellen

wissenschaftlichen Arbeiten

Diplomarbeiten, Magisterarbeiten, Master und Bachelor Theses
sowie Dissertationen und wissenschaftliche Monographien

innerhalb von Fachbuchprojekten (Monographien und Sammelwerke)

**in den Fachgebieten Wirtschafts- und Sozialwissenschaften
sowie Wirtschaftsinformatik.**

Sie verfügen über eine Arbeit zu aktuellen Fragestellungen aus den genannten
Fachgebieten, die hohen inhaltlichen und formalen Ansprüchen genügt,
und haben **Interesse an einer honorarvergüteten Publikation**?

Dann senden Sie bitte erste Informationen über sich und Ihre Arbeit per Email
an info@vdm-verlag.de. Unser Außenlektorat meldet sich umgehend bei Ihnen.